ALDOUS HUXLEY

ALDOUS

edição original
Michael Horowitz e
Cynthia Palmer

prefácio
Albert Hofmann

tradução
Adriano Scandolara

Moksha

os escritos clássicos
de Aldous Huxley
sobre psicodélicos
e a experiência visionária
(1931–1963)

BIBLIOTECA AZUL

Texto fixado conforme as regras do novo Acordo Ortográfico da Língua Portuguesa (Decreto Legislativo no 54, de 1995).

Título original: *Moksha: Writings on psychedelics and the visionary experience (1931–1963)*
Editor responsável: Lucas de Sena
Assistente editorial: Jaciara Lima
Preparação: José Ignacio Coelho
Revisão: Ana Tereza Clemente e Ellen Maria Vasconcellos
Capa: Thiago Lacaz
Diagramação: Ilustrarte Design
Foto do autor: UPPA/Photoshot/Avalon/AGB Photo Library

CIP-BRASIL. CATALOGAÇÃO NA PUBLICAÇÃO
SINDICATO NACIONAL DOS EDITORES DE LIVROS, RJ

H989m

Huxley, Aldous, 1894-1963
Moksha : os escritos clássicos de Aldous Huxley sobre psicodélicos e a experiência visionária, 1931-1963 / Aldous Huxley ; edição original de Michael Horowitz e Cynthia Palmer ; prefácio de Albert Hofmann ; tradução Adriano Scandolara. - 1. ed. - Rio de Janeiro : Biblioteca Azul, 2022.
484 p. ; 21 cm.

Tradução de: Moksha : writings on psychedelics and the visionary experience (1931-1963)
Apêndice
ISBN 978-65-5830-148-6

1. Alucinógenos - Aspectos psicológicos. 2. Alucinógenos e experiência religiosa. I. Horowitz, Michael. II. Palmer, Cynthia. III. Osmond, Humphry. IV. Hofmann, Albert. V. Shulgin, Alexander. VI. Scandolara, Adriano. VII. Título.

22-75844 CDD: 154.4
CDU: 159.961.2

Meri Gleice Rodrigues de Souza - Bibliotecária - CRB-7/6439

1ª edição | 2022
Direitos de edição em língua portuguesa para o Brasil adquiridos por Editora Globo S.A.
Rua Marquês de Pombal, 25 – 20230-240 – Rio de Janeiro – RJ
www.globolivros.com.br

Dedicado a
Sunyata, Jubal, Winona, Uri, Joaquin

Sumário

Apêndice

Nota da edição original

A APRESENTAÇÃO DOS TEXTOS está em ordem cronológica, exceto pelas palestras da "Experiência Visionária", situadas no apêndice no final do livro, e pequenas discrepâncias que surgem a partir de nossa tentativa de organizar a correspondência de cada ano. Os endereços foram alterados de acordo com as datas em que as cartas foram enviadas e não de acordo com as datas em que foram impressas; ensaios, de acordo com a data de sua primeira aparição impressa e não de sua publicação em formato de livro. As memórias de Humphry Osmond e Laura Huxley estão localizadas com base no período de tempo a que pertencem, em vez de sua data de publicação.

No interesse de reproduzir os textos completos de diversos ensaios e palestras escassos e difíceis de se obter, optamos por correr o risco da repetição ocasional, que esperamos que seja balanceado pela virtude de fornecer variações sutis de linguagem e ideias de um mestre no estilo da prosa.

Não foi padronizada a grafia da palavra "mescalina" — *mescalin(e)* —, e o livro se divide entre os momentos em que se faz o uso popular da forma abreviada e aqueles em que se recorre ao uso da forma mais longa, mais científica. A opção pessoal de Huxley de escrever "psicodélico" como *psychodelic* também foi mantida, pois era evidente sua preferência.

"Bedford" se refere à incrível edição de Sybille Bedford, *Aldous Huxley: A Biography* (Nova York: Knopf, Harper & Row, 1974). O número "Smith" ao final do cabeçalho de cada carta se refere à edição monumental do professor Grover Smith, *Letters of Aldous Huxley* (Nova York: Harper & Row, 1969). Embora estejamos referenciando as primeiras edições norte-americanas dos livros de Huxley, deve-se notar que todas as obras reimpressas naquele volume, exceto *O tempo deve parar*, foram publicadas originalmente em Londres pela editora Chatto and Windus.

Gostaríamos de agradecer a contribuição de Robert Barker, diretor da Fitz Hugh Ludlow Memorial Library, que concebeu esta antologia e forneceu o material de fonte e pesquisa. Agradecemos a Joan Wheeler Redington por fornecer a transcrição da gravação da "Experiência Visionária" e por comparar as versões inglesas e francesas dos artigos da *Planète* e *Fate*. Somos muitíssimo gratos à sra. Laura Huxley por seu apoio e auxílio inestimáveis a cada etapa de nossos esforços, e a Michael R. Aldrich, curador executivo da Ludlow Library, pela assistência editorial. Agradecemos também a Humphry Osmond, Alexander T. Shulgin, Timothy Leary e Ralph Metzner por fornecerem material de seus acervos pessoais.

O contato de leitores de Aldous Huxley que possam ter notícias ou possuir algum material adicional para *Moksha* será muito bem-vindo.

Michael Horowitz
Cynthia Palmer

Prefácio

Em meados da década de 1950, quando *As portas da percepção* e *Céu e Inferno*, de Aldous Huxley, vieram à tona, eu encontrei nessas obras as experiências e articulações de ideias que, desde a descoberta do LSD, doze anos antes, vinham ocupando constantemente os meus pensamentos.

Naquela época, eram realizadas pesquisas científicas de linhas mais amplas — muito amplas, aliás — com o LSD na medicina, na biologia, na farmacologia e na psiquiatria. Cerca de mil artigos já haviam sido publicados. Mas me parecia que uma potencialidade fundamental desse agente químico ainda não havia sido suficientemente considerada ou reconhecida: sua habilidade de produzir experiências visionárias. Muito me agradou, portanto, descobrir que uma pessoa de tamanho porte literário e espiritual quanto Aldous Huxley fazia uso de mescalina, que exibia efeitos qualitativos semelhantes aos do LSD, e conduzia um estudo profundo desse fenômeno. Havia pesquisas sobre a mescalina desde a virada do século, mas o interesse na droga, desde então, havia diminuído bastante.

Por volta da mesma época em que Huxley levou a cabo seus experimentos com mescalina, eu tive sessões de LSD com o famoso autor alemão Ernst Jünger, para chegar a um conhecimento mais profundo das experiências visionárias produzidas pela droga na mente humana. Ernst Jünger registrou suas experiências num ensaio intitulado *Besuch auf Godenholm* (Frankfurt am Main: Vittorio Klostermann, 1952), que transmite a essência de suas interpretações em formato literário. Por outro lado, Aldous Huxley, nos livros supracitados, não apenas fornece uma descrição magistral de seu encontro com a mescalina, como também fornece uma avaliação desse tipo de droga partindo da mais elevada perspectiva mental e espiritual e levando em consideração aspectos sociológicos, estéticos e filosóficos.

Aldous Huxley realmente defendia o uso de certas drogas, o que levou algumas pessoas que estudaram suas obras de forma superficial (ou não as estudaram em absoluto) a repreendê-lo, considerando-o culpado até certo grau pela onda em ascensão do abuso de drogas ou até mesmo acusando-o de ser, ele mesmo, um viciado. Essa acusação, evidentemente, não tem o menor fundamento, pois Huxley lidou apenas com as substâncias para as quais Humphry Osmond cunhou o termo "psicodélico". Trata-se de agentes psicotrópicos que até o momento haviam sido denominados na literatura científica pelos termos "*phantastica*", "alucinógenos" e "psicotomiméticos". Não são substâncias narcóticas viciantes como a heroína opiácea ou a cocaína, com suas consequências ruinosas para o corpo e a mente, as quais o próprio Huxley condenara de modo bastante enfático.

Substâncias psicotrópicas de origem vegetal foram usadas por milhares de anos no México como drogas sacramentais em cerimônias religiosas e como poções mágicas dotadas de efeitos curativos. Entre esses psicodélicos, os mais importantes são: a mescalina, encontrada no cacto *peyotl*; a psilocibina, que eu mesmo já consegui isolar a partir de cogumelos sagrados mexicanos chamados *teonanacatl*; e, claro, o LSD. Apesar do fato de o LSD (*Lysergsäure-diäthylamid*, dietilamida do ácido lisérgico) ser uma substância semissintética que eu mesmo preparei em laboratório a partir do ácido lisérgico contido no esporão, um fungo que cresce no centeio, ele pertence, na verdade, do ponto de vista de sua constituição química, bem como também de sua atuação psicotrópica, ao grupo das drogas sacramentais mexicanas. Essa classificação se justifica também por conta de encontrarmos, em outra droga sacramental mexicana, o *ololiuqui*, os princípios ativos da amida do ácido lisérgico e da hidroxietilamida do ácido lisérgico, os quais, como expressam os termos químicos, são bastante próximos da dietilamida do ácido lisérgico.

Ololiuqui é a denominação asteca para as sementes de uma certa espécie da trepadeira glória-da-manhã. O LSD pode ser visto como o *ololiuqui* elevado a uma potência maior, dado que uma dose ativa de *ololiuqui*, contendo amida do ácido lisérgico, chega a 2 mg, e um efeito semelhante pode ser obtido com apenas 0,05-0,1 mg de LSD.

Existem os profundos efeitos psíquicos, de alteração da consciência, do *peyotl*, *teonanacatl* e *ololiuqui* que inspiraram nos indígenas dos países da América Latina tamanho respeito e reverência por essas drogas que esses povos as consideravam tabu. Apenas uma pessoa ritualmente pura, preparada por um período de prece e jejum, tinha o direito e a qualificação necessários para ingerir essas drogas, e apenas num corpo com esse grau de purificação poderia desenvolver-se sua natureza divina, ao passo que os impuros tinham a impressão de que estavam enlouquecendo ou haviam sido mortalmente feridos.

Era o projeto de Aldous Huxley demonstrar como o poder interior dessas drogas sacramentais poderia ser usado em prol do bem-estar dos habitantes de uma sociedade tecnológica hostil a revelações místicas. Os ensaios e palestras reunidos no presente volume hão de promover uma melhor compreensão dessas ideias. Na visão de Huxley, o uso de psicodélicos deveria ser parte de uma técnica de "misticismo aplicado", que ele descreveu para mim numa carta de 29 de fevereiro de 1962 nos seguintes termos:

> uma técnica para auxiliar os indivíduos a aproveitarem ao máximo sua experiência transcendental e utilizarem as revelações obtidas no "outro mundo" para questões "deste mundo". Meister Eckhart escreve que "o que é recebido pela contemplação deve ser doado por amor". Em essência, isso é o que se deve desenvolver: a arte de doar, num gesto de amor e inteligência, o que é recebido a partir das visões e da experiência de autotranscendência e solidariedade com o universo.

Em sua obra final e também a mais comovente, o romance utópico *A ilha*, Aldous Huxley descreve um tipo de estrutura cultural em que os psicodélicos — em sua narrativa chamados de "pílulas de *moksha*" — poderiam ser aplicados de forma benéfica. *Moksha* é, portanto, um título bastante adequado para o presente volume, e devemos ser muito gratos aos seus editores por sua publicação.

Albert Hofmann

"Mas aquele que contempla o 3° mantra do OM, i.e., *que vê a Deus como a Si-Mesmo, se torna liberto e obtém* moksha. *Assim como a serpente, liberada de sua pele antiga, se renova, também o yogi que venera o 3° mantra é liberado da confusão da vida, de seus pecados e fraquezas terrenas e liberto com seu corpo espiritual para vagar pelo Universo de Deus, desfrutando da glória do Espírito Onisciente que a Tudo Permeia, para todo o sempre. A contemplação do mantra final o abençoa com* moksha *ou imortalidade."*

Do Upanixade Mandukya, *Mandukyopanishad,*
a Exposição do om, o Grande Nome
Sagrado do Ser Supremo nos Vedas.
Tradução Pandit Guru, Datta Vidyarthi.
Professor de Ciências Psíquicas, Lahore, 1893.

"Abram os olhos mais uma vez e olhem para Nataraja no altar. Olhem atentamente. Em sua mão direita, como vocês já viram, ele segura a tabla que convoca o mundo à vida e em sua mão esquerda, ele carrega o fogo da destruição. Vida e morte, ordem e desintegração, imparcialmente. Mas agora olhem para o outro par de mãos de Shiva. A mão direita mais baixa está levantada, e a palma da mão está virada para fora. O que esse gesto significa? Significa 'Não temam; está Tudo Bem'. Mas como alguém em sã consciência pode não ter medo? Como pode alguém fingir que não há problemas com o mal e o sofrimento, quando é tão óbvio que é justamente o contrário? Nataraja tem a resposta. Olhem para sua mão esquerda inferior. Com ela, ele aponta para os pés. E o que fazem seus pés? Vejam atentamente, e vocês verão que seu pé direito está firmemente plantado numa horrível e diminuta criatura sub-humana, um demônio: Muyalaka. Um anão, porém imensamente poderoso em sua malignidade. Muyalaka é a encarnação da ignorância, a manifestação da cobiça e da possessividade. Pisem nele, quebrem suas costas! E isso é precisamente o que Nataraja está fazendo. Esmagando o monstrinho sob seu pé direito. Mas notem que não é para esse pé que ele aponta; é para o esquerdo, o pé que, enquanto ele dança, está no ato de se levantar do chão. E por que ele aponta para ele? Por quê? Esse pé erguido, aquele desafio dançante da força da gravidade, é o símbolo do desprendimento, da moksha, *da libertação. Nataraja dança em todos os mundos de uma só vez; no mundo da física e da química, no mundo da experiência comum e puramente humana, e finalmente ao mundo da quididade, da mente, da luz..."*[1]

1 *A ilha*. 3. ed. Trad. Bruno Gambarotto. São Paulo: Biblioteca Azul, 2017. pp. 237-8.

Parte I – Precognição

Capítulo 1

1931
Um tratado sobre drogas

Phantastica, *um livro marcante de Louis Lewin que oferece uma visão geral sobre drogas psicoativas ao redor do mundo, fez sua primeira aparição em língua inglesa em 1931. Em algum momento naquele mesmo ano — fosse em Londres, onde sua peça* O mundo de luz *estava sendo produzida, ou na Riviera Francesa, onde esboçava o que viria a ser* Admirável mundo novo *— Aldous Huxley esbarrou nesse "tesouro que não parecia muito promissor" e o leu "de capa a capa, com um interesse crescente e apaixonado". É provável que o tratado de Lewin tenha servido para apresentar Huxley ao mundo das drogas e seus efeitos, mas vinte e dois anos ainda teriam de passar até ele mesmo experimentar mescalina pela primeira vez — e prestar seu tributo a Lewin com a primeira linha do livro que resultou desse experimento (não há provas para sustentar a afirmação de que teria sido Aleister Crowley quem apresentou Huxley à mescalina em Berlim nos anos 1920). O primeiro texto impresso de Huxley sobre o uso de drogas toca nos assuntos que, de novo e de novo, viriam a retornar em sua obra posterior: o uso amplo e universal das drogas, sua importância em cerimônias religiosas, a predileção do ser humano por tirar férias ocasionais do mundo cotidiano, o problema do vício, o fracasso da proibição e as drogas do futuro.*

Outro dia eu descobri, poeirento e abandonado numa das prateleiras superiores da livraria local, um volume imponente de um farmacologista alemão. Não custava caro, por isso eu fui lá, paguei por aquele tesouro, por mais que não parecesse lá muito promissor, e o levei para casa. Era um livro volumoso, denso e, em matéria de estilo, um exemplo de tudo que um registro literário não deveria ser. Em termos estritos, um livro ilegível. Em todo caso, eu o li de capa a capa, com um interesse crescente e apaixonado. Pois esse volume era um tipo de enciclopédia de drogas. O ópio e seus derivados modernos, a morfina e a heroína; a cocaína e o *peyotl* mexicano; o haxixe da Índia e do Oriente próximo; o agárico da Sibéria; a kava da Polinésia; o betel das Índias Orientais; o álcool, já universal; o éter, o cloral, o veronal do Ocidente contemporâneo — nenhuma droga foi omitida. Ao chegar à última página, eu já sabia alguma coisa sobre a história, a distribuição geográfica, o modo de preparação e os efeitos fisiológicos e psicológicos de todos os deliciosos venenos por meio dos quais os homens sempre construíram, em meio a um mundo hostil, seus breves e precários paraísos.

A história do uso de drogas constitui um dos capítulos mais curiosos, mas também, para mim, mais significativos da história natural dos seres humanos. Em toda parte e em todas as épocas, homens e mulheres procuraram — e encontraram, como esperado — os meios necessários para tirar férias da realidade de sua existência, em geral tediosa e muitas vezes pontualmente desagradável. Tirar férias do espaço e do tempo, na eternidade do sono ou do êxtase, no céu ou no limbo da fantasia visionária. "Qualquer lugar, qualquer lugar fora do mundo."

O uso de drogas, importante dizer, tem um papel-chave em quase todas as religiões primitivas. Os persas e, antes deles, os gregos, além dos antigos hindus, provavelmente, fizeram uso do álcool para obter o êxtase divino; os mexicanos procuraram a visão beatífica comendo um cacto venenoso; um cogumelo enchia os xamãs da Sibéria de entusiasmo e lhes concedia o dom das línguas. E assim por diante. Os exercícios devocionais dos místicos posteriores foram todos elaborados para reproduzir os efeitos milagrosos das drogas por meios puramente psicológicos. Quantas das ideias atuais da eternidade, do paraíso, de estados sobrenaturais são, no fim, derivadas das experiências dos usuários de drogas?

O ser humano primitivo explorou as avenidas farmacêuticas de fuga do mundo com uma minúcia de fato assombrosa. Nossos antepassados não deixaram nenhuma substância natural narcótica, estimulante ou alucinógena para descobrirmos no futuro. A necessidade é a mãe da invenção; o homem primitivo, assim como o seu descendente civilizado, sentia uma necessidade tão urgente de fugir da realidade, de vez em quando, que a invenção das drogas foi meio que uma obrigação.

Todas as drogas existentes são traiçoeiras e prejudiciais. O paraíso ao qual atraem as suas vítimas logo se transforma num inferno de enfermidade e degradação moral. Elas matam, primeiro a alma, depois, em alguns anos, o corpo. Qual é o remédio? "A proibição", respondem todos os governos contemporâneos, em coro. Mas os resultados da proibição não são dos mais encorajadores. Homens e mulheres sentem uma necessidade tão urgente de tirar essas férias ocasionais da realidade que farão quase qualquer coisa para procurar esses meios de fuga. A única justificativa para a proibição seria o seu sucesso, mas ela não é — nem pode ser — bem-sucedida, dada a natureza das coisas. O modo para se evitar que as pessoas abusem do álcool ou se tornem viciadas em morfina ou cocaína é dar a elas um substituto saudável a esses venenos deliciosos e (no imperfeito mundo atual) necessários. O homem que inventar essa tal substância há de ser incluído no rol dos maiores benfeitores da humanidade sofredora.

Capítulo 2

1931
Procura-se: um novo prazer

Morando na Riviera Francesa e observando os costumes de uma sociedade hedonista para a qual o álcool e a cocaína eram as drogas favoritas, Huxley neste breve ensaio — dando um tempo enquanto escrevia Admirável mundo novo *— assume um tom jocoso e irônico para descrever a "droga celestial, transfiguradora do mundo" que os cientistas do futuro poderiam criar. A sensação mais próxima à experiência dessa droga seria o estímulo da velocidade — ele fala em* "speed"*, em inglês, mas não com o sentido da anfetamina que leva esse nome, mas literalmente pensando na sensação de rapidez.*

A CIÊNCIA DO SÉCULO XIX DESCOBRIU as técnicas da descoberta, e a nossa era é, como consequência, a era das invenções. Sim, a era das invenções; jamais nos cansamos de proclamar esse fato. A era das invenções — e, no entanto, ninguém nunca obteve sucesso em inventar um novo prazer.

Foi durante uma visita recente àquela região que os anúncios de agências de viagens descrevem como um lar em particular dos prazeres — a Riviera Francesa — que me veio esse fato curioso, porém inquietante. Da fronteira italiana às montanhas de Esterel, há uma faixa de 56 quilômetros do litoral mediterrâneo que foram transformados num vasto "resort dos prazeres". Ou, para ser mais preciso, esse trecho foi transformado num vasto e disperso subúrbio — o subúrbio de toda a Europa e das duas Américas — pontuado aqui e ali por núcleos urbanos, como Mentone, Nice, Antibes e Cannes. Os franceses têm um gênio para a elegância, mas também foram dotados de um gênio para a feiura. Não existem subúrbios no mundo tão hediondos quanto aqueles que cercam as cidades francesas. A grande *banlieue* mediterrânea da Riviera não é exceção à regra. A esqualidez caótica dessa longa favela burguesa é, felizmente, sem igual. As cidadezinhas oferecem uma vasta superioridade, é claro, em relação aos subúrbios interconectados. Há uma certa grandiosidade agradável, meio chinfrim e absurdamente antiquada, que adorna Monte Carlo; Nice é grande, brilhosa e vívida; Cannes, severamente pomposa, como se tivesse consciência de sua inteligência expansiva. E todas estão equipadas com os mais elaborados e custosos aparatos para fornecer prazer aos convidados.

Foi enquanto eu espairecia — ou, melhor dizendo, tentava espairecer — no meio desse aparato todo, que cheguei à conclusão deprimente sobre a ausência de novos prazeres. Esse pensamento, eu me lembro, me ocorreu em meio a uma noite tenebrosa de inverno, enquanto eu saía do Restaurant des Ambassadeurs, em Cannes, sendo recebido pelos ventos ululantes, em parte alpinos, em parte marítimos, que em certos dias transformam a Croisette e a Promenade des Anglais nas imitações mais dolorosamente realistas do morro dos ventos uivantes. De repente me dei conta de que, no que dizia respeito a prazeres, nós não tínhamos nenhuma vantagem sobre os romanos ou os egípcios. No que diz respeito aos prazeres humanos, Galileu e Newton, Faraday e Clerk Maxwell viveram em vão. As grandes companhias de sociedade de ações que controlam as indústrias modernas do prazer não podem nos oferecer nada de essencialmente diferente das distrações que os cônsules ofereciam à plebe romana ou das lisonjas de Trimalquião preparadas para divertir os ricos cínicos e entediados da era de Nero. E isso é verdadeiro apesar da existência dos filmes — com som, inclusive —, do gramofone, do rádio e todos os aparatos modernos semelhantes para o entretenimento da humanidade. Esses instrumentos, verdade seja dita, são todos modernos, em essência; jamais existiu antes nada como eles. Mas o fato de as máquinas serem modernas não implica que os entretenimentos que elas produzem e disseminam também o sejam. Não são. Tudo que essas novas máquinas fazem é tornar acessível a um público mais amplo o teatro, a pantomima e a música que vêm entretendo os lazeres da humanidade desde tempos imemoriais.

Esses entretenimentos reproduzidos mecanicamente são baratos e, portanto, não são encorajados em resorts como os da Riviera, que existem para o único propósito de fazer com que os viajantes se despeçam do máximo possível de dinheiro dentro do mínimo espaço de tempo. Nesses lugares, o teatro, a pantomima e a música são, portanto, fornecidos em sua forma original, tal como foram aos nossos ancestrais, sem a interposição de qualquer intermediário mecânico. Os outros prazeres dos resorts não são menos tradicionais. Comer e beber demais; olhar para bailarinas e acrobatas parcial ou completamente nuas, na esperança de estimular algum apetite sexual esmaecido; dançar; jogar e assistir a jogos, de preferência do tipo sangrento ou selvagem; matar animais — estes sempre foram os esportes dos ricos e também dos pobres, quando tinham a oportunidade. O outro estranho divertimento tão característico da Riviera não é menos tradicional — a aposta. O jogo com aposta deve ser uma coisa pelo menos tão antiga quanto o dinheiro em si; muito mais antiga, eu imagino — tão antiga quanto a própria natureza humana ou, em todo caso, tão antiga quanto o tédio, tão antiga quanto a ânsia por estímulos artificiais e emoções fabricadas.

Isso, oficialmente, encerra a lista dos prazeres fornecidos pelas indústrias de entretenimento da Riviera. Mas não se deve esquecer que, para os pagantes, todos esses prazeres se situam, por assim dizer, dentro de um certo campo emocional — o complexo de dor e prazer dos esnobes. O fato de você poder comprar um ingresso para lugares de entretenimento "exclusivos" (o que, em geral, quer dizer caros) confere à maioria das pessoas uma satisfação considerável. Elas gostam de pensar nos pobres e no populacho vulgar lá fora do mesmo modo como, segundo Tertuliano e muitos outros Pais da Igreja, os Abençoados gostam de olhar das varandas do Céu para os Condenados que se debatem no abismo lá embaixo. Inflando-se de orgulho, em algum grau, eles gostam de ter a sensação de que se assentam em meio aos eleitos, ou de que são de fato os próprios eleitos, cujos nomes aparecem nas colunas sociais do *Daily Mail* continental ou da edição parisiense do *New York Herald*. É verdade que ser esnobe é, tantas vezes, também a fonte de uma dor excruciante. Mas é, não menos, a fonte de prazeres requintados. Esses prazeres, eu repito, são fornecidos livremente em todos os resorts e constituem um tipo de pano de fundo para todos os outros.

Ora, todos esses prazeres dos resorts, incluindo o de ser esnobe, são imemoriavelmente antigos — variações, na melhor das hipóteses, sobre temas tradicionais. Nós vivemos numa era de invenções; mas os descobridores profissionais ainda não conseguiram elaborar nenhum novo modo de estimular nossos sentidos que seja inteiramente novo ou de evocar reações emocionais agradáveis.

Mas, conforme eu fui avançando em minhas reflexões, enfrentando os vendavais que se opunham a mim em meu caminho na Croisette, percebi que isso não era, afinal, tão surpreendente. Nossa constituição fisiológica permanece basicamente a mesma em comparação ao que era dez mil anos atrás. É verdade que houve mudanças consideráveis em nosso modo de consciência; em época nenhuma, é óbvio, aconteceu de *todas* as potencialidades da psique humana terem sido realizadas simultaneamente; a história é, entre muitas outras coisas, o registro da série sucessiva de realização, abandono e redescobrimento em outro contexto de conjuntos diferentes dessas potencialidades quase indefinidamente numerosas. Apesar dessas mudanças (as quais se costuma chamar pelo termo incorreto de "evolução psíquica"), os sentimentos instintivos e simples, bem como os sentidos aos quais apelam os fornecedores de prazer, sempre permaneceram notavelmente estáveis. A tarefa dos mercadores do prazer é fornecer um tipo de máximo divisor comum do entretenimento que possa satisfazer a grandes números de homens e mulheres, sem precisar levar em consideração suas idiossincrasias psicológicas. É óbvio que tal entretenimento não pode ser especializado. Seu apelo deve ser o mais simples entre as características que os seres humanos partilham — as bases fisiopsicológicas da personalidade, não a personalidade em si. Ora, o número de apelos que se pode fazer ao que eu poderia chamar de Grandes Impessoalidades, comuns a todos os seres humanos, é estritamente limitado — tão estritamente limitado que, pelo visto, nossos inventores até agora não conseguiram criar nenhum apelo novo (existe um exemplo duvidoso de um novo prazer; vou tratar dele mais adiante). Ainda estamos contentes com os prazeres que encantavam nossos ancestrais na Idade do Bronze (por acaso, há bons motivos para considerarmos nossos entretenimentos intrinsecamente inferiores aos da Idade do Bronze. Os prazeres modernos são todos seculares e desprovidos da menor significância cósmica; ao passo que os entretenimentos da Idade do Bronze eram, em sua maior parte, ritos religiosos, percebidos pelos participantes como eventos grávidos de significados importantes).

Até onde eu entendo, o único novo prazer possível seria um prazer derivado da invenção de uma nova droga — um substituto mais eficaz e menos prejudicial do álcool e da cocaína. Se eu fosse milionário, encarregaria um grupo de pesquisadores da tarefa de descobrirem o entorpecente ideal. Se pudéssemos cheirar ou engolir algo que abolisse, durante cinco ou seis horas, todos os dias, nossa solidão enquanto indivíduos, que nos reconciliasse com nossos semelhantes numa exaltação exuberante de afetos e tornasse a vida, em todos os seus aspectos, algo não apenas que valesse a pena ser vivida, mas divinamente bela e significativa, e se essa droga celestial, transfiguradora do mundo, fosse de um tal tipo que pudéssemos acordar na manhã seguinte com a cabeça limpa e a constituição intacta — então, me pareceria que todos os nossos problemas (e não o único, mero, probleminha de descobrir um novo prazer) seriam totalmente resolvidos e a Terra passaria a ser um paraíso.

A abordagem mais próxima para a criação de uma tal droga — e o quanto é imensa a sua distância do entorpecente ideal! — é a droga da velocidade. A velocidade, me parece, fornece o único prazer genuinamente moderno. É verdade, os homens sempre gostaram de velocidade, mas sua fruição era limitada, até tempos muito recentes, às capacidades do cavalo, cuja velocidade máxima não passa muito de 50 quilômetros por hora. É verdade que 50 quilômetros por hora num cavalo *dão a impressão* de que você está indo muito mais rápido do que a quase 100 num trem ou 160 num avião. O trem é muito grande e firme, ao passo que o avião está distante demais de qualquer coisa ao seu redor que esteja parada para poder transmitir aos passageiros a sensação da velocidade. O automóvel é suficientemente pequeno e próximo ao chão para poder competir com o cavalo a galope enquanto fornecedor dessa velocidade inebriante. Os efeitos inebriantes da velocidade são perceptíveis a cerca de 30 quilômetros por hora, a cavalo, ou, num carro, a quase 100. Quando o carro passa de 115, mais ou menos, você começa a ter uma sensação sem precedentes — uma sensação jamais sentida por nenhum homem da era dos heróis. Ela se torna mais intensa a cada aumento da velocidade. Eu mesmo jamais viajei a muito mais do que 120 por hora de carro, mas aqueles que já beberam da destilação mais potente desse estranho inebriante me dizem que novas maravilhas aguardam qualquer um que tenha a oportunidade de passar de 160. A que ponto o prazer se transforma em dor, eu não sei. Em todo caso, há de ser muito antes de se chegar aos números fantásticos das corridas de Daytona. Deve ser uma completa tortura passar dos 300.

Mas nisso, é claro, a velocidade é como todos os outros prazeres; se desfrutados até o excesso, tornam-se seus opostos. Cada prazer em particular tem a sua dor, tédio ou nojo correspondentes. A desvantagem compensadora do excesso do prazer da velocidade deve ser, eu suponho, uma mistura horrível de desconforto físico e medo intensos. Não, alguém que procure os excessos provavelmente deveria se ater aos prazeres à moda antiga e se contentar em comer demais.

Capítulo 3

1932
Soma

Em seu romance futurista Admirável mundo novo, *uma tal "droga perfeita" é desenvolvida comercialmente e disponibilizada pelo mundo todo. Huxley a batizou de* soma *em homenagem à mais antiga droga de que se tem registro, nas antigas escrituras hindus, o* Rig Veda, *onde é entendida como uma bebida inebriante: "uma preparação alcoólica potentíssima [...] obtida pela fermentação de uma planta e venerada, juntamente com a planta em si" (Lewin,* Phantastica, *p. 161). R. G. Wasson mais tarde tentou demonstrar que o preparo de soma empregava o cogumelo psicoativo* Amanita muscaria. *Numa entrevista dada em 1960, Huxley descreve o soma de seu romance como "uma droga imaginária", sem qualquer semelhança com a mescalina ou o* LSD, *"com três efeitos diferentes: eufórico, alucinógeno e sedativo — uma combinação impossível".*

— Agora temos o Estado Mundial. E as comemorações do Dia de Ford, os Cantos Comunitários, os Ofícios de Solidariedade.

"Ford! Como eu os odeio!", pensava Bernard Marx.

— Havia uma coisa chamada Céu; entretanto, eles bebiam quantidades enormes de álcool.

"Tal como carne, como um pedaço de carne."

— Havia uma coisa chamada alma e uma coisa chamada imortalidade.

— Pergunte a Henry onde o comprou.

— Mas eles tomavam morfina e cocaína.

"E, o que é ainda pior, ela própria se considera uma carne."

— Dois mil farmacologistas e bioquímicos foram subvencionados pelo Estado no ano 178 d.F.

— Ele está mesmo com ar sombrio — disse o Predestinador-Adjunto, apontando para Bernard Marx.

— Seis anos depois, era fabricado comercialmente. A droga perfeita.

— Vamos mexer com ele.

— Eufórico, narcótico, agradavelmente alucinatório.

— Lúgubre, Marx, lúgubre. — A palmada no ombro sobressaltou-o, fez com que erguesse os olhos. Era Henry Foster, aquele animal. — Você precisa é de um grama de soma.

— Todas as vantagens do Cristianismo e do álcool; nenhum dos seus inconvenientes.

"Ford! Tenho vontade de matá-lo!" Mas limitou-se a dizer: — Não, obrigado — e a afastar o tubo de comprimidos que lhe ofereciam.

— Podem proporcionar a si mesmos uma fuga da realidade sempre que desejarem, e retornar a ela sem a menor dor de cabeça nem sombras de mitologia.

— Tome — insistiu Henry Foster. — Tome.

— A estabilidade estava praticamente assegurada.

— Com um centímetro cúbico se curam dez sentimentos lúgubres — disse o Predestinador-Adjunto, citando um aforismo comum da sabedoria hipnopédica.

— Faltava apenas vencer a velhice.

— Ora, não me amolem! — gritou Bernard Marx.

— Upa!

— Os hormônios gonadais, a transfusão de sangue jovem, os sais de magnésio...
— E lembre-se que um grama vale mais que o "ora" que se clama...
Os dois saíram rindo.

— Todos os estigmas fisiológicos da velhice foram suprimidos. E com eles, naturalmente...

— Não se esqueça de falar-lhe do cinto malthusiano — disse Fanny.

— Com eles, todas as peculiaridades mentais do velho. O caráter permanece constante por toda a vida.

— ...duas voltas de Golfe-Obstáculo antes do anoitecer. Tenho de ir correndo.

— No trabalho, nas diversões; aos sessenta anos, nossas forças e nossos gostos são o que eram aos dezessete. Os velhos, nos tristes dias de outrora, renunciavam, retiravam-se, dedicavam-se à religião, passavam o tempo lendo e pensando, *pensando*!

"Idiotas, porcos!", dizia Bernard Marx consigo mesmo, caminhando em direção ao elevador.

— Atualmente, tal é o progresso, os velhos trabalham, os velhos copulam, os velhos não têm um instante, um momento de ócio para furtar ao prazer, nem um minuto para se sentarem a pensar; ou se, alguma vez, por um acaso infeliz, um abismo de tempo se abrir na substância sólida de suas distrações, sempre haverá o soma, o delicioso soma, meio grama para um descanso de meio dia, um grama para um fim de semana, dois gramas para uma excursão ao esplêndido Oriente, três para uma sombria eternidade na Lua; de onde, ao retornarem, se encontrarão na outra margem do abismo, em segurança na terra firme das distrações e do trabalho cotidiano, correndo de um cinema sensível a outro, de uma mulher pneumática a outra, de um campo de Golfe-Eletromagnético a...

Sarojini desculpou-se e tomou o seu lugar entre Jim Bokanovsky e Herbert Bakunin. O grupo estava agora completo, o círculo de solidariedade estava perfeito e sem ausências. Um homem, uma mulher, um homem — num anel de alternância sem fim ao redor da mesa. Eram doze, prontos a se reunirem em um, esperando aproximarem-se, fundirem-se, perderem em um ser maior suas doze identidades distintas.

O Presidente levantou-se, fez o sinal do T e, ligando a música sintética, desencadeou o suave, infatigável rufar de tambores e um coro de instrumentos — de quase-sopro e supercordas — que repetiram expressivamente, muitas e muitas vezes, a melodia breve e obsedante do Primeiro Cântico de Solidariedade. Outra vez, mais outra — e não era o ouvido que percebia o ritmo martelado, era o diafragma; o gemido e o clangor daquelas harmonias reiteradas assombravam não o espírito, mas as entranhas, criando uma ardente compaixão.

O Presidente fez de novo o sinal do T e sentou-se. A cerimônia tinha começado. Os comprimidos de soma consagrados foram colocados no centro da mesa. A taça da amizade, cheia de refresco de morango com soma, foi passada de mão em mão e, com a fórmula "Bebo ao meu aniquilamento", levada doze vezes aos lábios. Depois, com o acompanhamento da orquestra sintética, cantaram o Primeiro Cântico de Solidariedade.

Nós somos doze, ó Ford; em tuas mãos reunidos
Como as gotas que caem no Rio Social;
Ah! Faz com que corramos destemidos
Como teu Calhambeque sem rival!

Doze estrofes ardentes. Depois, a taça da amizade passou novamente de mão em mão. "Bebo ao Ser Maior", tal era a fórmula. Todos beberam. Infatigavelmente, a música continuava a se fazer ouvir. Os tambores rufavam. Os sons plangentes e atroadores das harmonias eram uma obsessão nas entranhas enternecidas. Cantaram o segundo Cântico de Solidariedade:

Vem, Amigo Social, ó Ser Supremo e forte,
Ó Aniquilador dos Doze em Um, gigante!
Todos queremos morrer, porque a morte
É desta vida o mais sublime instante!

Novamente, doze estrofes. A essa altura, o soma já começara a atuar. Os olhos brilhavam, as faces estavam coradas, a luz interior da benevolência universal irradiava-se de cada rosto, em sorrisos felizes e amistosos. O próprio Bernard sentiu-se um pouco enternecido. Quando Morgana Rothschild virou-se e dirigiu-lhe um sorriso radiante, ele fez o que pôde para retribuí-lo. Mas a sobrancelha, aquela escura monocelha, continuava ali; Bernard não podia deixar de vê-la — por mais que se esforçasse, não podia. O enternecimento ainda não fora bastante. Se ele estivesse sentado entre Fifi e Joana, quem sabe... Pela terceira vez, a taça da amizade circulou. "Bebo à iminência de Sua Vinda", disse Morgana Rothschild, em sua vez de dar início ao rito circular. Sua voz era forte, exultante. Ela passou a taça a Bernard. "Bebo à iminência de Sua Vinda", repetiu ele, com um esforço sincero para sentir que a Vinda era iminente; mas aquela sobrancelha continuava a obcecá-lo, e a Vinda, para ele, era terrivelmente remota. Bebeu e passou a taça a Clara Deterding. "Será outro fracasso, eu sei", disse consigo mesmo, mas continuou a fazer o possível para ostentar um sorriso radiante.

A taça da amizade completara o seu circuito. Erguendo a mão, o Presidente fez um sinal; o coro entoou o Terceiro Cântico da Solidariedade.

Senti que vem a vós o Grande Ser dos dias!
Alegrai-vos com a sorte ideal que ele vos deu!
Fundi-vos ao cantar das melodias,
Porque enfim eu sou vós e vós sois eu.[2]

2 *Admirável mundo novo*. 22. ed. Trad. Vidal de Oliveira. São Paulo: Biblioteca Azul, 2014. pp. 75-8; 105-8.

Capítulo 4

1936
Propaganda e farmacologia

Lavagem cerebral era um assunto que Huxley buscou revisitar de novo e de novo. A ascensão do fascismo na década de 1930 fez com que surgisse um longo ensaio de sua autoria, "Escritores e leitores", que inclui um trecho sobre os mais recentes métodos químicos de violação mental. Mesmo após suas experiências positivas com substâncias psicodélicas, duas décadas depois, ele continuou emitindo seus alertas sobre os perigos do fenômeno do "ataque farmacológico".

Os propagandistas do futuro provavelmente serão tanto químicos e fisiólogos quanto escritores. Um papelote contendo três quartos de um grama de cloral e três quartos de um miligrama de escopolamina produzirá na pessoa que o absorve um estado de completa maleabilidade psicológica, semelhante ao de um indivíduo sob hipnose profunda. Qualquer sugestão feita ao paciente enquanto se encontra nesse transe artificialmente induzido penetra as próprias profundezas da mente subconsciente e pode produzir uma modificação permanente nos modos habituais de pensar e sentir. Na França, onde há muitos anos a técnica vem sendo empregada, de maneira experimental, descobriu-se que duas ou três sugestões feitas sob o efeito de cloral e escopolamina podem mudar os hábitos até mesmo das vítimas de vícios irrepreensíveis em álcool e sexo. Uma peculiaridade da droga é que a amnésia que se segue é retrospectiva; o paciente não tem qualquer lembrança do período que começa várias horas *antes* de a droga ser administrada. É só pegar um homem desprevenido e dar-lhe um papelote; ele voltará à consciência acreditando piamente em todas as sugestões que lhe foram feitas durante seu período de torpor, sem a menor ideia do modo como se deu essa conversão assombrosa. Um sistema de propaganda que combine a farmacologia com a literatura seria completa e infalivelmente eficaz. A ideia é perturbadora ao extremo…

Capítulo 5

1944
Uma ausência sem limites

O romance O tempo deve parar, *de Huxley, contém a descrição notável e profética de um estado pós-morte que apresenta fortes semelhanças com a aniquilação do ego sob efeito de psicodélicos moderada ou fortemente potentes.*

Não havia mais dor nem a angustiante necessidade de tentar respirar, e o chão de ladrilhos do lavatório deixara de ser frio e duro.

Todos os ruídos haviam desaparecido. A escuridão era completa. Mas, no vazio e no silêncio, ainda perdurava certo conhecimento, uma vaga percepção.

Percepção não de nome ou pessoa, não do presente, nem lembranças do passado, nem mesmo deste ou daquele lugar, pois não havia lugares. Havia apenas uma existência cuja dimensão única era saber que não pertencia a ninguém, que não possuía nada e que era solitária.

Essa percepção só conhecia a si mesma, e a si mesma unicamente como a ausência de alguma outra coisa.

O conhecimento expandiu-se para penetrar na ausência que era seu objetivo. Expandiu-se mais e mais, penetrando na escuridão. Invadiu o silêncio. Ilimitadamente. Não havia fronteiras.

Esse conhecimento reconhecia-se como uma ausência sem limites, dentro de outra ausência sem limites, que nem sequer tinha percepção.

Era conhecimento de uma ausência cada vez mais abrangente, uma privação cada vez mais excruciante. E percebia, com uma espécie de fome crescente, mas uma fome de algo que não existia, pois era apenas o conhecimento da ausência, da mais pura e absoluta ausência.

Essa ausência persistiu durante períodos cada vez mais prolongados. Períodos de inquietação. Períodos de fome. Períodos que se expandiram mais e mais, incessantemente, enquanto se intensificava a angústia da insaciedade, que se prolongavam em eternidades de desespero.

Eternidades do conhecimento insaciável e desesperante dessa ausência dentro da ausência, por toda a parte, sempre, numa existência de uma única dimensão...

E, abruptamente, surgiu outra dimensão, e o eterno deixou de ser eterno.

Já não se constituía em ausência aquilo dentro de que a percepção da ausência se reconhecia, pelo que era incluída e interpenetrada, mas transformara-se na presença de outra percepção. A percepção da ausência sábia agora, que era conhecida.

No silêncio de trevas, no vazio em que não havia sensações, algo começou a conhecê-la. Muito indistintamente, a princípio, vindo de uma distância incomensurável. Mas, pouco a pouco, a presença foi se aproximando. A intensidade desse outro conhecimento se tornou mais brilhante. E, de repente, a percepção se transformou numa percepção de luz. A luz do conhecimento pelo qual era conhecida.

Na percepção de que havia algo que não era ausência, a ansiedade encontrou apaziguamento; a fome encontrou satisfação.

Em vez de privação, havia essa luz. Havia esse conhecimento de ser conhecido. E esse conhecimento de ser conhecido era um conhecimento agradável e até mesmo alegre.

Sim, havia alegria em ser conhecido, em ser incluído assim dentro de uma presença reluzente, em ser assim interpenetrado por uma presença reluzente.

E, porque a percepção estava incluída nessa presença e era por ela interpenetrada, identificava-se com ela. A percepção não era apenas conhecida por essa presença, mas conhecia com o conhecimento que dela provinha.

Conhecia não a ausência, mas a negação luminosa da ausência; não a privação, mas a bem-aventurança.

Ainda havia fome. Fome de maior conhecimento, de uma negação ainda mais completa da ausência.

Fome, mas também a saciedade da fome, também bem-aventurança. E, então, à medida que a luz aumentava, surgia outra vez a fome de satisfações mais profundas, de uma bem-aventurança mais intensa.

Bem-aventurança e fome, fome e bem-aventurança. E, por períodos cada vez mais longos, a luz continuava a refulgir cada vez mais bela. E a alegria de conhecer, a alegria de ser conhecido aumentavam ambas a cada incremento dessa beleza abarcadora e interpenetrante.

Cada vez mais refulgente, ao longo de sucessivos períodos, que se expandiram, finalmente, numa eternidade de alegria.

Uma eternidade de conhecimento radiante, de bem-aventurança inalterável em sua intensidade última. Para sempre, para sempre.

Mas, gradativamente, o imutável começou a mudar.

O brilho da luz aumentou. A presença tornou-se mais premente. O conhecimento, mais exaustivo e completo.

Sob o impacto dessa intensificação, a alegre percepção de ser conhecido, a alegre participação nesse conhecimento, foi lançada contra os limites de sua própria bem-aventurança. Lançada com crescente impulso, até que por fim os limites começaram a ceder, e a percepção os ultrapassou e encontrou-se em outra existência. Uma existência em que o conhecimento de ser incluído dentro de uma presença luminosa se convertia no conhecimento de ser oprimido por um excesso de luz. Em que essa interpenetração transfiguradora se transformava numa força interior disruptiva. Em que o conhecimento era tão penetrantemente luminoso que participar dele transcendia a capacidade do participante.

A presença se aproximou; a luz cresceu em intensidade.

Onde houvera bem-aventurança eterna, havia uma inquietação imensamente prolongada, um período de dor imensamente prolongado e cada vez mais prolongado à medida que aumentava a dor; períodos de angústia intolerável. A angústia de ser forçado, pela participação, a conhecer mais do que era possível ao participante conhecer. A angústia de ser esmagado pela pressão dessa luz demasiada — esmagado a ponto de se transformar numa sempre crescente densidade e opacidade. A angústia de ser simultaneamente quebrado e pulverizado pelo impacto desse conhecimento interior interpenetrante. Desintegrado em fragmentos cada vez menores, até ser simplesmente poeira ou átomos de mera não identidade.

E essa poeira e a densidade sempre crescente dessa opacidade foram apreendidas pelo conhecimento participante como hediondas. Foram julgadas e consideradas repulsivas, uma privação de toda a beleza e realidade.

Inexoravelmente, a presença se aproximou, a luz ficou mais intensa.

E a cada aumento da premência, a cada intensificação desse conhecimento, invadindo do lado de fora, esse brilho disruptivo, impulsionado do lado de dentro, aumentava a agonia, a poeira e a escuridão compacta se tornavam mais vergonhosas, e foram percebidas pela participação como a mais hedionda das ausências.

Vergonhosas para sempre numa eternidade de vergonha e dor.

Mas a luz se tornou mais brilhante, angustiosamente mais brilhante.

Toda a existência era luminosidade — tudo, exceto esse pequeno coágulo de ausência não transparente, exceto esses átomos dispersos de um nada que, por percepção direta, se reconhece opaco e separado e, ao mesmo tempo, por uma excruciante participação na luz, se sabia a mais hedionda e vergonhosa das privações.

Luminosidade além dos limites do possível e depois uma incandescência ainda mais intensa e mais próxima pressionando pelo exterior e desintegrando interiormente.

E, ao mesmo tempo, havia este outro conhecimento, cada vez mais penetrante e completo à medida que a luz se tornava mais intensa, de uma coagulação e uma desintegração que pareciam cada vez mais vergonhosas à medida que os períodos se prolongavam interminavelmente.

Não havia como escapar. Uma eternidade de não evasão. E, por períodos sempre mais longos, sempre menos acelerados, de impossível em impossível, a luminosidade aumentava e chegava mais angustiosa e prementemente próxima.

De repente, houve um novo conhecimento contingente, uma percepção condicional de que, se não houvesse participação na luminosidade, metade da agonia desapareceria. Não haveria percepção da repugnância dessa privação coagulada ou desintegrada. Haveria apenas um estar separado sem transparência, reconhecido como algo diferente da luz invasora.

Uma infeliz poeira do nada, um pobre e pequeno coágulo inofensivo de mera privação, esmagado exteriormente, desintegrado internamente, mas ainda resistindo, ainda recusando-se, a despeito da angústia, a desistir do seu direito a uma existência em separado.

Abruptamente houve um novo e avassalador lampejo de participação na luz, no angustiante conhecimento de que não havia nenhum direito a uma existência separada, de que essa ausência coagulada e desintegrada era vergonha e tinha de ser negada, tinha de ser aniquilada — exposta decididamente ao resplendor desse conhecimento invasor e completamente aniquilada, dissolvida na beleza dessa incandescência impossível.

Durante um imenso período, as duas percepções se mantiveram equilibradas, por assim dizer — o conhecimento, que se sabia separado, conhecia seu próprio direito à separação, e o conhecimento que admitia a vergonha da ausência e a necessidade de sua aniquilação angustiante na luz.

Como se estivessem equilibrados, como sobre o fio de uma navalha, entre uma intensidade impossível de beleza e uma intensidade impossível de dor e vergonha, entre a fome de opacidade e isolamento e ausência e uma fome de participação ainda mais total na luminosidade.

E então, depois de uma eternidade, houve uma renovação desse conhecimento contingente e condicional: "Se não houvesse participação na luminosidade, se não houvesse participação...".

E, de imediato, não havia mais nenhuma participação. Havia um autoconhecimento do coágulo e da poeira desintegrada, e a luz que conhecia essas coisas era outro conhecimento. Ainda havia a invasão angustiante interior e exterior, mas não havia mais vergonha, apenas uma resistência ao ataque, uma defesa de direitos.

Gradualmente, a luminosidade começou a perder algo de sua intensidade, a retroceder, por assim dizer, a ficar menos premente. E, de repente, houve uma espécie de eclipse. Entre a luz insuportável e a percepção sofredora da luz como presença alheia a essa privação coagulada e desintegrada, algo interferiu bruscamente. Algo como uma imagem, algo que compartilhava de uma memória.

Uma imagem, uma memória de coisas relacionadas com outras de uma forma abençoadamente familiar, que não podia ainda ser claramente apreendida.

Quase completamente eclipsada, a luz perdurava, fraca e insignificante, nos bordes da percepção. No centro estavam apenas essas coisas.

Coisas ainda irreconhecidas, não totalmente imaginadas ou lembradas, sem nome ou até mesmo sem forma, mas definitivamente presentes, definitivamente opacas.

E agora que a luz desaparecera num eclipse e não havia participação, a opacidade já não era vergonhosa. A densidade percebia com alegria a densidade, o nada percebia o nada sem transparência. O conhecimento era sem bem-aventurança, mas profundamente encorajador.

E, gradativamente, o conhecimento se foi aclarando, e as coisas conhecidas se tornaram mais definidas e familiares. Cada vez mais familiares, até que a percepção pairava nos bordes do reconhecimento.

Uma coisa coagulada aqui, uma coisa desintegrada ali. Mas que coisas? E o que eram essas opacidades correspondentes por meio das quais estavam sendo conhecidas?

Houve um vasto período de incerteza, uma busca cega, muito, muito longa, num caos de possibilidades não manifestadas.

Então, abruptamente, era Eustace Barnack quem percebia. Sim, essa opacidade era Eustace Barnack, essa dança de poeira agitada era Eustace Barnack. E o coágulo exterior a si mesmo, essa outra opacidade da qual ele levava a imagem, era seu charuto. Ele se recordava de seu Romeo y Julieta, quando se havia desintegrado devagar no azul do nada entre seus dedos. E com a lembrança do charuto veio a memória de uma frase: "Para trás e para baixo". E depois, a lembrança de uma gargalhada.

Palavras em qual contexto? Gargalhada à custa de quem? Não havia resposta. Somente "Para trás e para baixo", e aquele toco de opacidade que se desintegrava. "Para trás e para baixo", e depois a gargalhada histérica e a alegria inesperada.

Ao longe, além da imagem daquele cilindro marrom de tabaco lambuzado de saliva, além da repetição daquelas palavras e da gargalhada que as acompanhou, permanecia a luminosidade, como uma ameaça. Mas, em sua alegria por haver encontrado de novo essa memória das coisas, esse conhecimento de uma identidade de lembranças, Eustace Bernack tinha praticamente cessado de perceber a existência da luminosidade.[3]

3 *O tempo deve parar*. 2. ed. Trad. Maria Luisa Alba. São Paulo: Biblioteca Azul, 2020. pp. 193-201.

Capítulo 6

1952 Transcendência inferior

No epílogo de Os demônios de Loudun, *seu relato histórico de um caso de histeria em massa e exorcismo que aconteceu num convento do séc. XVII na França, Huxley se baseou nas ideias de Philippe de Félice em* Foules en délire, extases collectives, *de que haveria três tipos de autotranscendência: a inferior, a superior e a horizontal. O uso de drogas, a sexualidade elementar e o inebriamento das multidões eram caminhos rumo à primeira categoria. Métodos químicos de autotranscendência eram capazes, na melhor das hipóteses, de conceder apenas revelações momentâneas e a um custo considerável. Após tomar mescalina, porém, ele escreveu (a Osmond) sobre sua crença de que essa droga "pode ser usada para ampliar a autotranscendência horizontal que se dá em grupos unidos por um propósito [...] de modo que ela possa se tornar uma transcendência superior".*

> Sem a compreensão do desejo profundo que os seres humanos têm de autotranscendência, da relutância natural que experimentam em tomar o caminho duro e difícil da ascensão espiritual, e da consequente procura de uma falsa libertação ou abaixo ou sob um aspecto de sua personalidade, não pode-

remos entender a época em que vivemos ou mesmo a história em geral, a vida como foi vivida no passado e como o é em nossos dias. Por essa razão, proponho discutirmos alguns dos sucedâneos mais comuns da Graça, nos quais e através dos quais homens e mulheres têm tentado escapar da consciência torturante de serem apenas eles mesmos.

Atualmente, na França, existe um comerciante de bebidas alcoólicas para cada cem habitantes. Nos Estados Unidos, há provavelmente pelo menos um milhão de alcoólatras inveterados, além de um número bem maior de beberrões contumazes, cuja doença ainda não se tornou fatal. Quanto ao consumo de inebriantes no passado, não temos dados estatísticos precisos. Na Europa ocidental, entre os celtas e os teutões, durante toda a Idade Média e o início da época moderna, o consumo do álcool era talvez maior do que é hoje. Enquanto tomamos chá, café ou soda, nossos ancestrais se refrescavam com vinho, cerveja, hidromel e, séculos depois, com gim, brandy e "usquebaugh". Beber água regularmente era uma penitência imposta aos malfeitores, ou então considerada pelos religiosos, juntamente com o vegetarianismo ocasional, como uma mortificação muito severa. Não consumir inebriantes era uma excentricidade bastante marcante, a ponto de despertar comentários e apelidos depreciativos. Daí tais sobrenomes como o italiano Bevilacqua, o francês Boileau e o inglês Drinkwater.

O álcool é apenas uma das muitas drogas utilizadas pelos seres humanos como meio de libertação para o eu insulado. Entre os narcóticos naturais, estimulantes e alucinógenos, não há um cujas propriedades não sejam conhecidas desde tempos imemoriais. Pesquisas modernas nos deram um bom número de novos sintéticos, mas, no que se refere aos venenos naturais, simplesmente desenvolveram métodos mais aperfeiçoados de extração, concentração e nova composição dos elementos já existentes. Do ópio ao curare, do cânhamo indiano à cocaína dos Andes e ao fungo siberiano, todas as plantas, arbustos e fungos capazes de entorpecer, excitar ou provocar visões quando ingeridos, já tinham sido descobertos e utilizados de forma sistemática. O fato é significativamente estranho; pois parece provar que sempre e em todos os lugares os seres humanos sentiram a precariedade absoluta de suas existências pessoais, a miséria de serem apenas o seu ser insulado e não outra coisa maior, alguma coisa, nas palavras de Wordsworth, "far more deeply interfused". Explorando o mundo à sua volta, o homem primitivo "experimentou todas as coisas que o cercavam e se fixou no bem". No que se refere a autopreservação, o bem era cada fruto e folha comestíveis, cada semente, raiz e noz salubres. Mas, em outro contexto — o da insatisfação pessoal e do desejo de autotranscendência —, o bem era tudo contido na natureza por meio do que a consciência individual pudesse ser transformada. As mudanças provocadas pelas drogas podem ser manifestamente para pior, podem causar mal-estar no momento e vício no futuro, assim como degeneração e morte prematura. Nada disso importa. Só o que interessa é a consciência, pelo menos por alguns momentos, por uma ou duas horas que seja, de ser alguém, ou, na maioria dos casos, ser outra coisa que não o ser insulado. "Eu vivo, ou melhor, não sou eu que vivo, mas o vinho, o ópio, a mescalina e o haxixe vivem em mim." Atravessar os limites do eu insulado representa uma tal libertação, que mesmo quando se obtém a autotranscendência por meio de náuseas que levam ao delírio, de paralisias que levam à alucinação e ao estado de coma, a experiência com drogas sempre foi considerada pelos primitivos e mesmo pelos civilizados como intrinsecamente divina. Êxtases através do uso de inebriantes constituem ainda uma parte essencial da religião de muitos africanos, sul-americanos e polinésios. Foi também outrora, o que fica provado em documentos que se conservaram, parte não menos essencial da religião dos celtas, teutões, gregos, povos do Oriente Médio e dos conquistadores arianos da Índia. A ideia não se reduz a que a "cerveja justifica melhor que Milton os objetivos de Deus em relação aos homens". A cerveja *é* o deus. Entre os celtas, Sabázio era o nome divino que se dava à alienação sentida quando sob os efeitos da cerveja. Mais ao sul, Dionísio era, entre outras coisas, a concretização sobrenatural dos efeitos psicofísicos provocados pelo excesso de vinho. Na mitologia védica, Indra era o deus de um entorpecente chamado Soma, hoje em dia desconhecido. Herói exterminador de dragões, Indra era a projeção aumentada no céu do não eu estranho e glorioso experimentado pelo intoxicado. Identificado com a droga, ele se torna, como Soma-Indra, a fonte da imortalidade, o mediador entre o humano e o divino.

Nos dias de hoje, a cerveja e os demais tóxicos, atalhos para a autotranscendência, não são mais adorados como deuses. Houve uma mudança na teoria, mas não na prática; pois muitos milhões de homens e mulheres civilizados continuam a prestar sua devoção, não ao espírito libertador e transfigurador, mas ao álcool, ao haxixe, ao ópio e seus derivados, aos barbitúricos e outros produtos sintéticos acrescentados ao velho catálago de venenos capazes de provocar a autotranscendência. Em cada caso, é claro, o que parece um deus é na verdade um demônio, o que simula liberação é de fato escravidão. A autotranscendência é invariavelmente descendente, no sentido do sub-humano, da degradação pessoal.

Do mesmo modo que o uso de inebriantes, a sexualidade primária, praticada por puro prazer e afastada do amor, foi outrora um deus, adorado não só como princípio de fecundidade, mas como manifestação do Não Ser absoluto, imanente em todo o ser humano. Teoricamente, a sexualidade primária há muito deixou de ser um deus. Mas na prática ainda pode se vangloriar de um número incontável de adeptos.

Existe uma sexualidade primária que é inocente, e outra que é moral e esteticamente sórdida. D. H. Lawrence escreveu de maneira encantadora sobre a primeira; Jean Genet escreveu detalhadamente, e com uma força terrível, sobre a segunda. A sexualidade do Éden e a sexualidade do esgoto — ambas têm o poder de levar o indivíduo além dos limites de seu eu insulado. Mas a segunda e (como tristemente se deduz) mais comum variedade leva aqueles que com ela compactuam ao mais baixo nível de subumanidade, desperta a consciência e deixa uma lembrança de mais total alienação do que a primeira. Eis aí, para todos aqueles que sentem necessidade de escapar de sua identidade aprisionada, a constante atração da libertinagem e de equivalentes exóticos da libertinagem, tais como os descritos no decorrer desta narrativa.

Na maioria das sociedades civilizadas, a opinião pública condena a depravação e o vício das drogas como sendo errados do ponto de vista ético. E à reprovação moral são somados o desencorajamento fiscal e a repressão legal. O álcool é altamente taxado, a venda de narcóticos é proibida em toda parte e certas práticas sexuais são consideradas criminosas. Mas quando passamos do vício dos entorpecentes e da sexualidade primária ao terceiro meio de obter a autotranscendência descendente, encontramos da parte dos moralistas e legisladores uma atitude bastante indulgente. Isso parece ainda mais espantoso quando se pensa que o delírio das multidões, como podemos denominar, é muito mais perigoso à ordem social, constitui uma ameaça muito mais dramática a esta tênue crosta de decência, razão e tolerância mútua que constitui uma civilização, do que a bebida ou a libertinagem. Na verdade, um hábito generalizado e já longamente arraigado de excesso de entrega total ao prazer ligado à sexualidade pode resultar, como argumentou J. D. Unwin, na redução do nível de energia de uma sociedade inteira, tornando-a, por conseguinte, incapaz de atingir ou manter um alto nível de civilização. Do mesmo modo, o vício das drogas, se suficientemente difundido, pode diminuir a eficiência econômica política e militar da sociedade em que prevalece. Nos séculos XVIII e XIX, o álcool era a arma secreta dos traficantes de escravos europeus; a heroína, a dos militares japoneses no século XX. Embriagado, o negro era uma presa fácil. Quanto ao chinês viciado, podia-se ter certeza de que não causaria problemas ao conquistador. Mas esses casos são excepcionais. Deixada a seu arbítrio, uma sociedade geralmente tende à aceitação do seu veneno favorito. O entorpecente é um parasita no organismo político, mas um parasita que seu hospedeiro (falando num sentido metafórico) tem forças suficientes e bastante bom senso para manter sob controle. E o mesmo se aplica à sexualidade. Nenhuma sociedade que baseasse suas práticas sexuais nas teorias do Marquês de Sade poderia sobreviver, e na verdade nenhuma sociedade nem sequer se aproximou de tais práticas. Até mesmo os mais liberais entre os paraísos polinésios possuem regras e regulamentos imperativos categóricos e mandamentos. Contra os excessos da sexualidade, assim como do vício das drogas, as sociedades parecem saber se proteger com bastante sucesso. As defesas contra os delírios das multidões e suas consequências desastrosas parecem ser, na maioria das vezes, muito menos apropriadas. Os moralistas profissionais que investem contra a embriaguez são estranhamente reticentes sobre o vício igualmente repugnante da intoxicação nas massas — da autotranscendência descendente no sentido da subumanidade provocada pelo processo de se reunir em multidão.

"Onde dois ou três se reúnem em meu nome, lá estou entre eles." Entre duzentos ou trezentos, a presença de Deus se torna mais problemática. E quando os números atingem o milhar, ou vários milhares, a probabilidade de Deus estar lá, na consciência de cada indivíduo, declina até o ponto de se extinguir por completo. Porque a natureza de uma multidão excitada (e toda multidão é automaticamente autoexcitante) é tal que, onde dois ou três mil se reúnem, há ausência não somente da divindade, mas mesmo de traços mínimos de humanidade. O fato de ser um na multidão liberta o homem da consciência de ser um eu insulado e leva-o a um estágio infrapessoal, em que não existe responsabilidade, bem ou mal, necessidade de pensamento, julgamento ou discernimento — somente um sentimento vago de estar junto, o sentimento de uma excitação partilhada, de uma alienação coletiva. E a alienação é mais prolongada e menos cansativa do que a provocada pela libertinagem; a manhã seguinte, menos deprimente do que a que se segue à autointoxicação pelo álcool ou morfina. Além disso, pode-se aderir ao delírio da multidão não somente sem sentimento de culpa, mas até na maioria dos casos com o positivo esplendor da consciência limpa. Porque, longe de condenar a autotranscendência descendente provocada pela intoxicação em meio à massa, os líderes da Igreja e do Estado encorajam-na ativamente sempre que vier a servir a seus próprios fins. Individualmente, assim como nos grupos coordenados e com um objetivo comum que constituem a sociedade, homens e mulheres demonstram uma certa capacidade para o pensamento racional e para o livre-arbítrio à luz dos princípios morais. Reunidos em multidão, os mesmos homens e mulheres comportam-se como se não possuíssem razão nem livre-arbítrio. A intoxicação provocada pela multidão os reduz a uma condição infrapessoal e de irresponsabilidade antissocial. Drogados pelo veneno misterioso que toda multidão excitada secreta, caem em um estado de alta sugestionabilidade, semelhante ao que se segue a uma injeção de sódio amital ou à indução, seja por que meio for, a um leve transe hipnótico. Enquanto estiverem nesse estado, acreditarão em qualquer bobagem que lhes gritarem e responderão a qualquer ordem ou comando que lhes derem, por mais criminoso, louco ou sem sentido que seja. Para os indivíduos sob a influência do veneno secretado pelas massas, "tudo que eu repetir três vezes é verdade" — e o que eu disser trezentas vezes é a revelação, é a palavra de Deus por inspiração direta. É por essa razão que os homens que detêm a autoridade — os padres e os dirigentes do povo — nunca proclamaram virtualmente a imoralidade dessa forma de autotranscendência descendente. Na verdade, os delírios de massas provocados pelos membros da oposição em nome de princípios heréticos foram sempre denunciados pelos que estão no poder. Mas aqueles provocados por agentes governamentais, em nome da ortodoxia, são um assunto totalmente diferente. Todas as vezes em que pode servir aos interesses dos homens que controlam o Estado e a Igreja, a autotranscendência horizontal pela intoxicação das massas é considerada legítima e altamente desejável. Romarias e reuniões políticas, manifestações religiosas e paradas patrióticas — essas coisas são eticamente corretas se se tratarem de "nossas" romarias, "nossas" reuniões, manifestações ou paradas. O fato de a maioria dos que tomam parte nessas atividades ficar temporariamente desumanizada pelo veneno coletivo é de pouca importância, se comparado com o fato de que sua desumanização pode ser usada para consolidar os poderes políticos e religiosos dominantes.

Quando o delírio das massas é explorado em benefício do governo e das Igrejas ortodoxas, os exploradores são sempre muito cuidadosos em não deixar a intoxicação ir muito longe. As minorias governantes aproveitam-se do desejo ardente que sentem os seus governados pela autotranscendência descendente para, em primeiro lugar, distraí-los e em seguida colocá-los num estado de não individualidade altamente sugestionável. Cerimônias políticas e religiosas são bem recebidas pelas massas, como oportunidades de se embriagarem com o veneno das multidões; e por seus governantes, como ocasiões de implantar ideias em mentes que cessaram momentaneamente de ter capacidade de raciocínio ou de livre-arbítrio.

O sintoma derradeiro de intoxicação das massas é uma violência maníaca. Exemplos de delírios de multidões que culminam em destruição gratuita, em automutilação brutal, em selvageria fratricida sem objetivo e contra os interesses elementares de todos os envolvidos são encontrados em quase todas as páginas dos livros de antropólogos e — um pouco menos frequentemente, mas com desoladora regularidade — nas histórias das mais adiantadas civilizações. A não ser quando desejam liquidar com uma minoria impopular, os representantes do Estado e da Igreja são prudentes em não provocar um furor capaz de escapar de seu controle. Tais escrúpulos não constrangem o líder revolucionário que odeia o *status quo* e que só tem um desejo: criar um caos sobre o qual possa — quando tomar o poder — impor um novo tipo de ordem. Quando o revolucionário explora essa ânsia de autotranscendência descendente, vai até o limite mais frenético e demoníaco. Para homens e mulheres desgostosos de serem seres insulados e cansados das responsabilidades que têm como membros de um grupo humano com determinados objetivos, ele oferece oportunidades animadoras de "livrar-se disso tudo" durante paradas, manifestações e reuniões públicas. Os departamentos de organizações políticas são grupos objetivos. Uma multidão é o equivalente social do câncer. O veneno que ela secreta despersonaliza seus membros até o ponto de começarem a agir com uma violência selvagem da qual em seu estado normal seriam inteiramente incapazes. O revolucionário encoraja seus seguidores a manifestar esse derradeiro e pior sintoma de intoxicação das massas e então passa a dirigir sua fúria contra os inimigos, os que detêm o poder econômico, político e religioso.

Nos últimos quarenta anos, as técnicas utilizadas na exploração do desejo do homem em relação a essa forma mais perigosa de autotranscendência descendente alcançaram um extremo de perfeição jamais visto na história. Para começar, há mais pessoas por milha quadrada do que em qualquer outra época, e os meios de transporte para arrebanhar grandes grupos e, percorrendo enormes distâncias, concentrá-los em um único edifício ou condomínio são muito mais eficientes que no passado. Enquanto isso, mecanismos novos e outrora inimagináveis para animar as multidões foram inventados. Existe o rádio, que ampliou enormemente o alcance da voz estridente do demagogo. Há o alto-falante, amplificando e repetindo incessantemente a música violenta que expressa os ódios de classe e o nacionalismo agressivo. A câmera (da qual já se disse ingenuamente que "não pode mentir") e seus frutos: o cinema e a televisão; esses três tornaram a concretização de fantasias tendenciosas absurdamente fácil. E há finalmente a maior de nossas invenções sociais, a educação gratuita e compulsória. Todos sabem ler e estão portanto à mercê dos propagandistas, tanto do governo quanto do comércio, que possuem as fábricas de papel, de máquinas de linotipo e de prensas rotativas. Junte uma turba de homens e mulheres previamente condicionados pela leitura diária de jornais; submeta-os a uma orquestra com amplificadores, luzes brilhantes e o discurso de um demagogo que (como acontece com todos os demagogos) é ao mesmo tempo explorador e vítima da intoxicação das massas, e em pouco tempo você pode reduzi-los a um estado de subumanidade. Nunca tão poucos foram capazes de transformar tantos em tolos, maníacos e criminosos.

Na Rússia comunista, na Itália fascista e na Alemanha nazista, os exploradores da tendência fatal da humanidade para a intoxicação das massas têm seguido o mesmo método. Quando em oposição revolucionária, encorajaram a multidão sob sua influência a se tornar destrutivamente violenta. Mais tarde, quando tomaram o poder, só permitiram à intoxicação das massas se expandir livremente em relação a estrangeiros e bodes expiatórios escolhidos. Tendo alcançado um *status quo* que desejavam manter, passaram então a controlar a descida até a subumanidade, conservando-a no ponto ideal aquém da agitação. Para esses neoconservadores, a intoxicação das massas tornou-se daí em diante de valor inestimável como um meio de aumentar a sugestionabilidade dos indivíduos e assim torná-los mais dóceis às manifestações de autoritarismo. O melhor antídoto conhecido contra o pensamento livre é estar em uma multidão. Daí a repulsa total dos ditadores à "psicologia pura" e à vida particular. "Intelectuais do mundo, uni-vos! Não tendes nada a perder senão vossos cérebros."

Drogas, sexualidade primária e intoxicação das massas — são esses os três caminhos mais conhecidos para a autotranscendência descendente. Há muitos outros, não tão trilhados quanto essas estradas em declive, mas levando não menos certamente para o mesmo objetivo de degradação pessoal. Basta pensar, por exemplo, no movimento rítmico. Nas religiões primitivas, o movimento rítmico prolongado é frequentemente usado com a finalidade de provocar um estado de êxtase impessoal e sub-humano. A mesma técnica visando o mesmo fim tem sido utilizada por muitos povos civilizados — pelos gregos, por exemplo, pelos hindus, por muitas seitas dervixes no mundo islâmico, e por seitas cristãs tais como as dos shakers e crentes. Em todos esses casos, o movimento rítmico, prolongado e repetitivo é uma forma de ritual praticada deliberadamente visando a uma autotranscendência descendente. A história também registra muitas explosões esporádicas de danças agitadas, balanços e meneios de cabeça involuntários e incontroláveis. Essas epidemias que numa região denominam de tarantismo, em outra de dança de são Vitor, têm ocorrido geralmente em tempos difíceis que sucedem a guerras, pestes e fome, e são mais comuns onde a malária é endêmica. O objetivo inconsciente dos homens e mulheres que se entregam a essas loucuras coletivas é o mesmo que perseguem os membros das seitas que usam a dança como um rito religioso — ou seja, o de fugir do eu insular através de um estado de irresponsabilidade, sem culpas passadas ou anseios futuros, mas apenas o presente com a feliz sensação de ser outro.

Intimamente associado com o rito produtor de êxtase do movimento rítmico encontra-se o ritual produtor do som ritmado. A música é tão grandiosa quanto a natureza humana e tem alguma coisa a dizer ao homem em todos os aspectos de seu ser, do sentimental ao intelectual, do visceral ao espiritual. Em uma de suas diversas modalidades, a música é uma droga poderosa, em parte estimulante e em parte narcotizante, mas inteiramente alteradora. Nenhum homem, não importa quão altamente civilizado seja, consegue ouvir durante muito tempo tambores africanos, contos indianos ou hinos patrióticos galeses e manter sua personalidade crítica e consciente intacta. Seria interessante juntar um grupo dos mais eminentes filósofos das melhores universidades, trancá-los num quarto quente com dervixes marroquinos ou voduístas haitianos e medir, com um cronômetro, a força de sua resistência psicológica aos efeitos do som ritmado. Os positivistas lógicos resistiriam mais que os idealistas subjetivos? Os marxistas se provariam mais fortes que os tomistas ou vedantistas? Que campo de experiência fascinante e fértil! Por enquanto, o que podemos seguramente prever é que, se expostos o suficiente aos ritmos monótonos e aos cantos, cada um de nossos filósofos acabaria por dar pulos e gritos juntamente com os selvagens.

Os movimentos rítmicos e o som ritmado são geralmente, por assim dizer, somados à intoxicação das massas. Mas existem também caminhos privados que podem ser tomados pelo viajante solitário que não gosta de multidões ou não tem fé suficiente nos princípios, instituições e pessoas em torno dos quais as multidões se reúnem. Um desses caminhos particulares é o do *mantra*, ao qual Cristo denominou de "vã repetição". Nos cultos religiosos públicos, a vã repetição é quase sempre associada com o som ritmado. As litanias e similares são cantadas ou pelo menos entoadas. É com música que obtêm seus efeitos semi-hipnóticos. A vã repetição, quando praticada na privacidade, age sobre a mente não devido à sua associação com o som rítmico (pois funciona mesmo quando as palavras são apenas imaginadas), mas por meio do poder de concentração e memória.

A repetição constante da mesma palavra ou frase leva frequentemente a um estado de percepção ou transe profundo. Uma vez induzido, o transe pode ser desfrutado em si mesmo como uma deliciosa sensação de não eu infrapessoal, ou então utilizado deliberadamente com o objetivo de melhorar a conduta pessoal através da autossugestão e de preparar o caminho para a realização máxima da autotranscendência ascendente. Da segunda possibilidade falaremos mais tarde em outro trecho. No momento, estamos preocupados com a vã repetição como um caminho descendente que leva à completa alienação infrapessoal.

Devemos agora considerar um método estritamente fisiológico de fugir ao eu insulado: o caminho da penitência corporal. A violência destrutiva, que é o sintoma final da intoxicação das massas, não é sempre dirigida para o exterior. A história da religião está repleta de casos sinistros de autoflagelações, automutilações, autocastrações e até suicídios coletivos. Esses atos são consequência de delírio da multidão e são praticados em estados de exaltação. Muito diferente é a penitência corporal praticada privadamente e de cabeça fria. Nesse caso, o ato de flagelação é iniciado por uma determinação da vontade pessoal, mas sua consequência (ao menos em alguns casos) é uma transformação temporária da personalidade insulada em alguma coisa diferente. Essa outra coisa é a consciência, em si mesma intensa demais, por ser única, da dor física. A pessoa que se autoflagela se identifica com sua dor e, ao se transformar em apenas a percepção de seu corpo sofredor, livra-se daquele sentimento de culpa ligado ao passado e da frustração presente, daquela ansiedade obsessiva em relação ao futuro, que constituem uma grande parte do ego neurótico. Houve uma fuga de individualidade, uma passagem descendente para um estado de martírio puramente fisiológico. Mas a autoflagelação não precisa permanecer necessariamente nessa região de consciência. Como o homem que faz uso da vã repetição para superar-se a si mesmo, há possibilidade de fazer uso da alienação temporária da individualidade como uma ponte, digamos, levando ascensionalmente para a vida do espírito.

Isso levanta uma questão muito importante. Até que ponto e em quais circunstâncias é possível a um homem usar o caminho descendente para atingir a autotranscendência espiritual? À primeira vista, tudo parece indicar que o caminho para baixo jamais terá a oportunidade de ser o caminho para cima. Mas no domínio da existência os problemas não são tão simples como são no nosso mundo bem organizado das palavras. Na vida real, um movimento descendente pode algumas vezes ser o início de um ascendente. Quando a concha do ego é partida e começa a surgir uma consciência subliminar e fisiológica do não eu sob nossa personalidade aparente, acontece algumas vezes que captamos um lampejo, rápido mas apocalíptico, daquela alteridade que é o Fundamento de todo o nosso ser. Enquanto permanecemos isolados em nossa identidade, não temos consciência dos diversos não eus aos quais estamos ligados — o não eu orgânico, o não eu subconsciente, o não eu coletivo do meio psíquico no qual nossos pensamentos e sentimentos possuem sua vida, e o não eu imanente e transcendente do Espírito. Qualquer fuga, mesmo através de um caminho descendente, para fora da individualidade insulada, torna possível uma percepção ao menos momentânea do não eu em cada nível, incluindo o mais elevado. William James, em seu *Varieties of religious experience*, dá exemplos de "revelações anestésicas" que se seguem a inalações de gás hilariante. Teofanias semelhantes são algumas vezes experimentadas por alcoólatras e talvez existam momentos, durante a intoxicação produzida por quase qualquer tipo de droga, quando a percepção de um não eu superior ao eu em processo de desintegração torna-se possível por um breve lapso de tempo. Mas esses surtos momentâneos de revelação custam muito caro. Para os viciados em drogas, o momento de percepção espiritual (se ele realmente acontece) cede lugar bem cedo a um estupor sub-humano, exaltação ou alucinação, seguidos por terríveis ressacas e, a longo prazo, por um enfraquecimento permanente e fatal da saúde física e mental. Uma vez ou outra, uma única "revelação anestésica" pode agir, como qualquer outra manifestação da divindade, no sentido de estimular quem a experimenta a um esforço de autotransformação e autotranscendência ascendente. Mas pelo fato de tal coisa poder eventualmente acontecer não se justifica o emprego de métodos químicos de autotranscendência. Esse é um caminho descendente, e a maioria dos que o tomam atingirá um estado de degradação em que períodos de êxtase sub-humano se alternarão com períodos de uma individualidade consciente tão miserável que qualquer fuga, mesmo que seja para o suicídio lento do vício das drogas, será preferível.[4]

4 *Os demônios de Loudun*. 3. ed. Trad. Sylvia Taborda. São Paulo: Biblioteca Azul, 2014. pp. 377-90.

Parte II – Psicodélicos e a experiência visionária

Capítulo 7

1953
Correspondência

O dr. Humphry Osmond foi um psiquiatra e pesquisador que estudava a relação entre a esquizofrenia e a experiência da mescalina na Universidade de Saskatchewan na época em que ele e Huxley se conheceram. O convite de Huxley feito ao dr. Osmond e o seu entusiasmo por tomar mescalina estão documentados nas seguintes cartas.

Ao dr. Humphry Osmond [Smith 623]

740 North Kings Road,
Los Angeles 46, Califórnia
10 de abril de 1953

Caro dr. Osmond,

Agradeço por sua carta interessante e pelo artigo que a acompanhou, bem como pelas coisas bastante compreensivas e gentis que o senhor disse acerca do meu *Demônios*. Parece que a hipótese mais satisfatória para o funcionamento da mente humana há de acompanhar, em algum grau, o modelo bergsoniano, segundo o qual o cérebro, junto com o estado normal do si-mesmo que lhe é associado, age como um aparelho utilitário a fim de limitar e fazer seleções dentro do enorme mundo possível da consciência e conduzir a experiência na direção de canais biologicamente produtivos. Doenças, a mescalina, choques emocionais, experiências estéticas e a iluminação mística têm o poder, cada uma a seu próprio modo e em graus variados, de inibir as funções do si-mesmo normal e sua atividade cerebral ordinária, permitindo, portanto, que o "outro mundo" surja à consciência. O problema básico da educação é: como chegar ao melhor dos dois mundos — o mundo da utilidade biológica e do bom senso, e o mundo da experiência ilimitada subjacente? Suspeito que a solução completa do problema só poderá vir àqueles que tiverem aprendido a se estabelecer no terceiro e final mundo do "espírito", o mundo que, subtendido aos outros dois, os interpenetra. Mas, antes dessa solução definitiva, é possível haver soluções parciais, por meio das quais a criança em desenvolvimento pode ser ensinada a preservar seus "prenúncios de imortalidade" até a idade adulta. Sob a configuração atual, a vasta maioria dos indivíduos perde, ao longo do processo educacional, qualquer abertura à inspiração, toda a capacidade de ter ciência de outras coisas além daquelas enumeradas nesse catálogo de loja de departamentos que constitui o mundo convencionalmente "real". Que esse não seja o preço necessário e inevitável cobrado em prol da sobrevivência biológica e eficácia civilizada, comprova-o a existência dos poucos homens e mulheres que mantêm seu contato com o outro mundo, mesmo enquanto realizam seus afazeres neste mundo aqui. Será que é demais nutrir esperanças de que possa algum dia ser elaborado um sistema educacional capaz de fornecer resultados, em termos de desenvolvimento humano, comensuráveis com o tempo, dinheiro, energia e devoção que são exigidos? Em tal sistema educacional, pode ser que a mescalina ou outra substância química desempenhe algum papel ao possibilitar aos jovens "provar e ver" aquilo que aprenderam de segunda mão ou diretamente, mas num nível menor de intensidade, nos escritos dos religiosos ou nas obras de poetas, pintores e músicos.

Tenho grandes esperanças de talvez ter uma chance de encontrá-lo por aqui durante o Congresso Psiquiátrico em maio. Uma das figuras mais estranhas que o senhor encontrará no congresso será um amigo seu, o dr. [———], que é talvez o maior virtuoso vivo em matéria de hipnose (por acaso, pelo menos em algumas pessoas, o transe hipnótico profundo é um dos caminhos para o outro mundo — um método menos dramático do que a mescalina, na medida em que as experiências são inteiramente interiores e não se associam a percepções sensoriais e o caráter das coisas e pessoas "lá fora", mas ainda assim é definitivamente um dos caminhos). Se o senhor vier junto à reunião, podemos fornecer uma cama e banho — mas infelizmente as acomodações são pequenas demais para mais de uma pessoa. O senhor estará livre para ir e vir à vontade e sempre teremos algo para comer — mas isso pode ser meio complicado nos dias em que o cozinheiro não estiver. Em todo caso, estou ansioso para encontrá-lo e para termos a oportunidade de discutir mais longamente alguns dos problemas trazidos à tona em sua carta e nos artigos seu e do dr. Smythies.

Atenciosamente,
Aldous Huxley

Ao dr. Humphry Osmond [Smith 624]

740 North Kings Road,
Los Angeles 46, Califórnia
19 de abril de 1953

Caro dr. Osmond,

Ótimo! Esperamos encontrá-lo no dia 3. Posso sugerir que o senhor apanhe o ônibus do aeroporto até o Hollywood Roosevelt Hotel, de onde podemos buscá-lo — ou onde o senhor também pode facilmente pegar um táxi. Encontrar as pessoas no desembarque do aeroporto anda sendo um pesadelo tão grande, com o aumento do trânsito, que a minha esposa, que é quem dirige o carro, implora a todos para virem até o Roosevelt — o que é mais rápido para o viajante, além de mais fácil para quem o encontra.

Hoffmann-La Roche contou a meu amigo, um jovem médico, que é preciso mandar buscar na Suíça o estoque de mescalina — por isso pode demorar algumas semanas até ele chegar. Enquanto isso, por acaso o senhor teria a substância à mão? Se sim, espero que possa trazer um pouco; pois estou ansioso para o experimento e ficaria particularmente feliz de realizá-lo sob a supervisão de um investigador experiente como o senhor.

Muito atenciosamente,
Aldous Huxley

Capítulo 8

1953
Manhã de maio em Hollywood

Dr. Humphry Osmond

Aqui o dr. Osmond relembra aquela "jornada improvável" que o levou a Los Angeles com uma dose (0,4 g) de mescalina para Huxley, a quem conduziu por uma viagem imortalizada em As portas da percepção. *As angústias clássicas do guia aparecem exprimidas com bom humor: embora Aldous "parecesse ser o voluntário ideal", Osmond teme por um momento acabar se tornando conhecido como "o homem que levou Huxley à loucura". Osmond continuou sendo um dos amigos mais próximos de Huxley ao longo de sua última década; muitas das cartas mais importantes do autor, no que diz respeito a drogas psicodélicas, são dirigidas a ele.*

Já faz onze anos agora desde que eu fiz aquela jornada improvável a Hollywood. Eu trabalhava num hospital psiquiátrico nas pradarias canadenses, a mais de 3.200 quilômetros de distância. Embora tivesse comigo um exemplar daquela esplêndida antologia de Aldous Huxley, *Textos e pretextos*, durante a *blitzkrieg* em Londres, em comboios no Atlântico ao ser escoltado por um destróier, e que ainda me acompanha em minhas andanças, eu nunca esperava que fosse conhecer seu formidável autor. De fato, se eu tivesse pensado nisso, teria duvidado que tivéssemos muito em comum, pois, na época, tanto quanto agora, meu principal interesse e preocupação era com o cuidado, intervenção e tratamento dos pacientes que sofrem de esquizofrenia.

O dr. John Smythies[5] e eu colaboramos num artigo para o *Hibbert Journal*[6] sobre o estado atual da medicina psicológica. Aldous o leu e gostou dele, então nos enviou uma carta, naquele estilo caracteristicamente amistoso e encorajador, escrita numa caligrafia com grandes letras pretas levemente cadentes no papel. Ele acrescentou que tinha esperanças de que fôssemos visitá-los quando viéssemos à Califórnia de novo. Nem John nem eu estávamos suficientemente aclimatados à América do Norte para acreditar que a distância de três a cinco mil quilômetros não seria um obstáculo em particular para esse encontro; isso foi antes de o avião a jato corroer completamente nossa noção espacial.

Porém, apenas um mês após receber aquela primeira carta, eu estava indo à Califórnia onde seria recebido como convidado por Aldous e Maria Huxley. Eu fui enviado, de forma bastante inesperada, para a reunião da Associação Americana de Psiquiatria (APA) que estava ocorrendo em Los Angeles. Lembro-me de me sentir um tanto constran-

5 Um sócio do dr. Osmond e dr. Abram Hoffer em pesquisas na área da esquizofrenia, no Hospital de Saskatchewan, em Weyburn.
6 *Hibbert J., L. I.*, 2 (jan. 1953), um resumo de seu relatório, "Schizophrenia: A New Approach", *J. Mental Sci.*, 98 (abr. 1952).

gido e orgulhoso ao dizer que não precisaria de um hotel, porque iria dormir na casa deles.

Maria me contou como tudo aconteceu. Certa manhã, durante o café, Aldous desviou os olhos da sua correspondência e disse: "Vamos pedir a esse camarada Osmond que fique aqui". Esse comentário pegou Maria de surpresa, porque Aldous raramente sugeria que alguém ficasse lá e ela jamais tinha ouvido falar "desse camarada". Aldous esclareceu: "É um psiquiatra canadense que trabalha com mescalina". Maria responde: "Mas é possível que ele seja barbado e que nós não gostemos dele". Aldous pensou um pouco e disse: "Se não gostarmos dele, sempre dá para sairmos de casa". Maria não achava essa uma boa solução. Porém, o convite de Aldous indicava que, embora eu fosse muito bem-vindo lá, a natureza desse trabalho obrigava ambos a passarem muito tempo fora de casa. Isso me deixou intrigado, sobretudo porque ele se disse interessado em nosso trabalho e se disponibilizou como voluntário, se fosse possível. Eu também fiquei apreensivo, mas minha esposa apontou: "São só alguns dias, e sempre é possível ficar depois do horário nas sessões da APA".

O convite foi uma honra e uma oportunidade. Eu estava curiosíssimo para conhecer esse homem notável, cujas ideias eu mesmo havia criticado, a distância, mas não sou um literato e, para mim, essa perspectiva me intimidava. Cheguei à casa dos Huxley, na Kings Road, não muito longe da Sunset Boulevard, cansado e preocupado. Não consegui achar nada sobre as leis no que diz respeito a trazer mescalina aos Estados Unidos. Quando as descobri, anos mais tarde, percebi que havia motivos para me preocupar.

Também me sentia tímido e constrangido. Tinha dúvidas quanto à possibilidade de conseguir manter uma conversa do nível que, pelo que eu pressupunha, os Huxley estavam acostumados.

Maria me tranquilizou imediatamente. Ela não era nem um pouco intimidadora. De sua parte, ficou aliviada que eu não tinha barba. Disse: "Eu sabia que o senhor e Aldous, sendo ingleses, haveriam de se dar bem". Para Maria, os ingleses eram incompreensíveis, exceto um para o outro.

Aldous veio, deslizando, na minha direção, saindo da escuridão fria de dentro da casa rumo à luz do sol da varanda. Ele parecia levitar a uma fração de centímetro acima do chão, como uma das figuras alegóricas de Blake. Era um homem muito alto. Sua cabeça era imensa, com um formato refinado e uma testa esplêndida. Seu olhar, com seu olho bom, era agudo e penetrante, mas parecia sempre focalizar um pouco acima ou abaixo de mim. Seu aperto de mão era duvidoso, incerto, como se não lhe agradasse o costume, o que de fato era o caso, pois essas pessoas frágeis, de constituição leve e esbeltas, a quem Sheldon chama de cerebrotônicas[7], não apreciam o excesso de contato físico.

7 Huxley aqui alude à hipótese elaborada pelo médico e psicólogo William Sheldon (1898–1977), que entendia a disposição psicológica como um desdobramento da fisiologia, uma tendência muito em voga na época, associando tipos físicos a tendências de temperamento, numa taxonomia que usava os termos "cerebrotônico", "viscerotônico" e "somatotônico". Hoje, entendemos esse pensamento como pseudocientífico, mas ele desfrutou de grande popularidade à época, e Huxley foi um entusiasta dessa tipologia. Ele dedica todo o capítulo VII de sua *Filosofia Perene* a tratar dessa questão mais longamente. (N. T.)

Sua voz era clara e belamente modulada, dotada de uma qualidade penetrante, quase como um pássaro, fato de que me dei conta alguns dias depois, na reunião da APA. Estávamos no saguão, fora do hall principal, quando a voz de Aldous chegou cortando os burburinhos como uma lâmina: "Mas, Humphry, que incrível isto num país marxista como este...". Era 1953, no auge da era McCarthy. Marxismo era uma palavra diabólica na cidade dos anjos.

O que me impressionou desde o começo e continuou me impressionando ao longo dos anos de nossa amizade foi a generosidade e a tolerância desse homem, cujos escritos por vezes me fizeram imaginar que ele fosse uma pessoa desiludida, cínica e até mesmo selvagem.

Demorou um pouco para eu entender que, quando ele se referia a "Bertie", queria dizer Bertrand Russell, que "Tom Eliot" era T. S. Eliot, e "Lawrence" era, claro, D. H. Maria me disse que, enquanto ela datilografava o manuscrito de *Lady Chatterley*, Lawrence apareceu para ela um belo dia enervado e constrangido. Ele deixou escapar: "Maria, a senhora não deve nunca mais usar de novo essa palavra". Maria lhe perguntou qual seria essa palavra proibida, e Lawrence, relutante, pronunciou a palavra de quatro letras à qual já estamos familiarizados. "Mas, Lawrence", ela protestou, "o senhor a usa o tempo todo em *Lady Chatterley*. Além do mais, é uma ótima palavra." Lawrence lhe explicou, gentilmente, que ela não deveria usá-la mais porque "deixaria Aldous chocado. Não é uma ótima palavra de forma alguma, e de qualquer modo não serve". Maria ficou perplexa, porque Aldous não parecia perturbado pela palavra, mas como claramente Lawrence estava, ela parou de usá-la. Os dois sempre falaram de Lawrence com bastante ternura.

Eu já esperava que Aldous fosse um homem bem-informado, mas, desde a primeira até a última vez em que nos encontramos, em Estocolmo, no ano passado, o alcance, a audácia, a flexibilidade e a pura graciosidade de sua mente esplêndida nunca deixaram de ser, para mim, fonte de assombro e deleite. Sempre que estava relaxado, ele jogava por aí suas ideias com uma graciosidade, uma elegância e um divertimento como se fosse um golfinho treinado brincando com uma bola. Não importava se estivéssemos numa reunião científica, fazendo turismo em Nova York, visitando o grande cemitério de Forest Lawn, caminhando pela Surrey Commons, que ele tanto adorava, atravessando o deserto de Mojave, adentrando o Athenaeum, onde, segundo ele, "sequer é possível escutar os próprios pensamentos no meio do alarido dos debates políticos, acadêmicos e eclesiásticos", ou em expedições para compras na Ohrbach's, Aldous sempre discutia questões sérias e triviais com seu imenso repertório de conhecimento especializado. Ele adorava uma boa fofoca sobre toda e cada variedade de assuntos — as últimas descobertas científicas, princípios teológicos, livros, pinturas, novos desenvolvimentos no tratamento de esgoto, utopias, o sistema de fornecimento de água de Los Angeles (esse era um de seus favoritos), o impacto da produção de roupas em massa sobre os sistemas políticos e sociais, a parapsicologia ou o futuro da megalópole — contanto que lhe fornecesse a oportunidade para refletir sobre e comentar a infinita estranheza da vida. Embora fosse um homem muito bem-informado, estava sempre procurando aprender mais, e era uma grande honra ouvi-lo dizer, com deleite, "Que coisa absolutamente incrível!".

Aqueles que não o conheciam ou não estavam familiarizados com o assunto em particular que ele estivesse discutindo poderiam se enganar e pressupor que seu conhecimento fosse superficial, pois tratava sua grande erudição com leveza e nunca de forma pomposa. Ele se via como um homem de boa educação se esforçando ao máximo para acompanhar a época em que vivia e considerava natural que assim fosse. Acredito que ele tinha consciência de ser um homem imensamente inteligente e dotado, mas não considerava isso motivo para orgulho ou presunção. O que mais lhe dava orgulho era conseguir ganhar a vida escrevendo, a ocupação de que desfrutava e pela qual tinha todo o amor e preocupação de um artesão. Ele se enxergava como um escritor que deveria ser capaz de se comunicar com todo tipo de gente, não apenas com os sofisticados e os eruditos. Nunca se achava bom demais para escrever para o cinema ou revistas populares. No momento, tinha planos para transformar *Admirável mundo novo* num musical, porque ficou com a impressão de que conseguiria comunicar melhor suas ideias desse modo. Escrevia para a *Playboy* e para a *Daedalus*, para a *Life* e a *Encounter*, considerando todas essas revistas como canais igualmente aceitáveis para se comunicar com as pessoas. Ele se correspondia com e gostava de encontrar homens e mulheres interessantes de todos os lugares e parecia estar igualmente confortável com sábios, cientistas, milionários, gurus, dramaturgos e administradores, bem como com pessoas estranhas e mal-humoradas. E todas elas pareciam encontrar um enorme prazer em sua inteligência crítica, desapegada, sábia, porém gentil e entusiasmada.

Eu levei Aldous a uma das principais sessões da conferência. Ele se sentou lá prestando a mais profunda atenção, fazendo o sinal da cruz em devoção toda vez que o nome de Freud era mencionado. Em *Admirável mundo novo*, o Salvador se chamada "Nosso Ford" ou, como certas pessoas, por motivos inexplicados, preferiam chamá-lo, "Nosso Freud". Aqui tínhamos uma congregação, incluindo diversos freudianos devotos, e isso serviu para mantê-lo ocupado. Por sorte, meus colegas psiquiatras ficaram tão absortos com essas invocações que ninguém reparou nele.

Quando a reunião terminou, o assunto da mescalina veio à tona, pois eu havia admitido ter trazido uma pequena quantidade comigo. Maria me garantiu que Aldous estava ansioso para experimentá-la, pois havia adivinhado corretamente que "vocês ingleses" evitavam discutir o assunto. O médico da família não se opôs. Aldous não padecia de qualquer doença do fígado. Apesar dos comentários que ouvi, algumas vezes, sobre "tendências místicas infelizes nos seus últimos anos", eu o considerava, tanto na época quanto mais tarde, uma figura astuta, direta e pé no chão; mas é claro que a história do misticismo, apesar das noções populares em contrário, diz respeito a grandes números de pessoas práticas, pragmáticas e socialmente funcionais.

Aldous arranjou um ditafone para a ocasião. Eu não consegui encontrar nenhuma forma decente de fugir disso e concordamos em conduzir o experimento. Passei uma noite maldormida. Na manhã seguinte, fui mexendo a água e observando os cristais prateados de mescalina girarem e se dissolverem com uma leve oleosidade e me perguntei se era o suficiente ou se não era demais. Era uma manhã deliciosa de maio em Hollywood, sem o menor indício do *smog* que faz arder os olhos. Também não fazia muito calor, porém eu estava inquieto. Aldous e Maria ficariam tristes se não funcionasse, mas e se funcionasse bem até demais? Será que não era melhor cortar a dosagem pela metade? O ambiente não poderia ser melhor, Aldous parecia ser o voluntário ideal, Maria era uma figura visivelmente sensata, e todos gostávamos um do outro, o que é importantíssimo para se ter uma boa experiência. Mas não me agradava a possibilidade, não importa quão remota, de eu acabar sendo conhecido como o homem que levou Aldous Huxley à loucura. Meus medos eram infundados. A amarga substância química não agiu com a rapidez que Aldous esperava, não sem alguma impaciência. Lentamente ela corroeu o verniz do pensamento conceitual; as portas da percepção foram limpas, e Aldous percebeu as coisas com menos interferência de seu cérebro imensamente racional. Dentro de duas horas e meia, pude ver que a substância estava agindo e, depois da terceira hora, eu tive certeza de que tudo correria bem. Aldous e Maria ficaram imensamente contentes. E eu também, com uma dose ainda de alívio.

Três dias depois, peguei um avião de volta para o Canadá e descobri que as pradarias foram tomadas por uma borrasca fora de época. Eu me diverti muito e estava ansioso para ler o relato de Aldous, que ele transformou num de seus livros mais amplamente conhecidos — *As portas da percepção*. Dali em diante, passamos a nos encontrar pelo menos uma vez por ano e sempre mantivemos contato por correspondência. Eu tenho comigo agora a última carta que ele me enviou, escrita em 15 de outubro de 1963. Nela, Aldous discute em linhas gerais um estudo do potencial humano no qual ambos estávamos envolvidos. É típico dele... "Mas, sendo como o velho de Termópilas que nunca faz nada direito, eu não consigo colocar as mãos na cópia de carbono disso". A carta termina dizendo: "Tenho a impressão de que jamais prestarei para qualquer coisa, mas espero e acredito que essa situação há de passar no tempo certo (isso vai passar — o único lema que serve para qualquer situação humana, boa ou má)".

Aldous tinha um interesse agudo na relação entre o corpo e o temperamento. Era um amigo próximo do dr. William Sheldon, um dos pioneiros notáveis dessa área. Foi por meio dele que eu conheci Sheldon, que me disse que Aldous era um dos poucos que entendia o que ele queria dizer. Numa de nossas expedições para compras na Ohrbach's, em Los Angeles, fui apresentado por Aldous à arte da somatotipia nas escadas rolantes. As pessoas em escadas rolantes não prestam atenção em si mesmas, não percebem que estão sendo observadas e por isso relaxam. No que as pessoas passavam por nós, na direção oposta, Aldous me chamava: "Humphry, o senhor reparou naquela mulher maravilhosamente somatotônica com os traços astecas?". Ele mesmo ilustrava as limitações impostas pela constituição física sobre até mesmo a mais vívida das imaginações quando disse: "Sabe, eu não consigo imaginar como seria ser Joe Louis". Eu imaginava que, com sua compreensão profunda dos temperamentos, não seria muito difícil entrar no mundo daquele grande boxeador. É um mundo em que tudo se concentra naqueles momentos altamente ritualizados e atemporais no ringue; são as horas da verdade em que vive o grande boxeador e durante as quais ele está realmente vivo. Mas para Aldous, com seus ossos leves, poucos músculos, seu corpo linear, esbelto e cerebrotônico, com sua sensibilidade à dor e preocupação com as possibilidades de se ferir, a ideia de que qualquer um possa gostar de assistir ou participar de um combate em que ossos são quebrados, cérebros são lesados e os corpos sofrem grandes impactos, isso lhe parecia incompreensível.

Não foi muito tempo após a minha segunda visita a Los Angeles que Maria faleceu. Ciente de que não tinha muito tempo, ela compartilhou comigo suas preocupações quanto a Aldous; mas, quando isso aconteceu, ele demonstrou ser mais engenhoso e adaptável do que a maioria dos seus amigos esperava.

Ele me apresentou a muitas pessoas às quais acreditava que nosso trabalho poderia interessar. Muitos desenvolvimentos posteriores surgiram com base nisso. Por exemplo, o fato de ele ter me apresentado à sra. Eileen Garrett[8] resultou numa variedade de estudos que associam a parapsicologia à psicofarmacologia. E, a partir daí, de novo, houve desenvolvimentos interessantes na área da hipnose, um dos assuntos favoritos de Aldous. E com seu irmão Julian[9], meu colega, o professor Abram Hoffer, e eu viemos explorando algumas das vantagens genéticas da esquizofrenia. Em nos-

8 Presidente da Fundação de Parapsicologia.
9 Sir Julian Huxley (1887-1975), célebre biólogo e irmão mais velho de Aldous.

so trabalho com psicodélicos (substâncias que manifestam ou revelam a mente), Aldous defende uma audácia cautelosa, aconselhando os exploradores a trabalharem às escondidas e evitarem a publicidade. Infelizmente seu conselho não foi sempre levado a sério.

Quando nos encontrávamos em Nova York, ele geralmente corria até alguma galeria, onde passava de quadro em quadro, espiando pela sua pequena luneta, sempre vendo coisas que eu, cuja visão era muito melhor, jamais tinha observado.

Foi enquanto ele escrevia *A ilha* que fiquei sabendo do câncer que viria a vitimá-lo. Foi em novembro de 1960, o dia da eleição presidencial, e eu peguei um avião para vê-lo em Cambridge, Massachusetts, onde estava lecionando. Parecia cansado, pálido e abatido. Disse-me que estava com câncer na língua, mas seu médico achou que tinha boas chances de reagir a um tratamento com agulhas radioterápicas. Considerou a ideia de passar por uma cirurgia, mas optou pelo contrário ao descobrir que certamente afetaria a sua fala. Ele me pediu para que eu não discutisse sua saúde com outros familiares, porque isso os deixaria preocupados e não lhe ajudaria. Então ele deixou o assuntou de lado e leu para mim um capítulo de *A ilha* que tratava do remédio *Moksha*, o uso de psicodélicos para ajudar as pessoas a se prepararem para mudar num mundo de mudanças, ensinando-as como aprender a mudar para melhor e como se preparar para morrer. É um livro repleto de suas melhores ideias, que compensa um estudo e consideração profundos, cujo valor ainda não foi plenamente reconhecido.

No começo de 1961, ele e Laura perderam sua casa nova num furioso incêndio florestal, no qual todas as suas posses, incluindo livros e documentos, foram destruídas. Foi um tipo de morte, que o privou de tudo. Como mais tarde me disse: "Eu interpretei isso como um sinal de que o ceifador estava já de olho em mim". Mas ele também aguentou firme e, em suas visitas à Inglaterra em 1961 e 1962, embora estivesse magro como uma ripa, a ponto de fazer imaginar que um sopro de vento poderia derrubá-lo, sua atitude era maravilhosamente vívida.

Apenas um ano antes de morrer, ele visitou a casa onde nasceu, em Surrey, e ficou comovido e surpreso ao descobrir que o proprietário atual o reconheceu e o convidou a entrar. Era-lhe difícil ser uma figura pública e se levar a sério como um grande homem. Disse-me que sentia desconforto em receber elogios, porque ficava com vontade ou de rir ou de procurar por aí quem seria essa pessoa admirável de quem tanto falavam. Mas gostou de sua recepção no Rio de Janeiro, onde, durante todos os dias de sua estadia, um dos jornais publicou uma coluna chamada "O Sábio". "É o único lugar do mundo onde qualquer pessoa teria interesse em ler a opinião de alguém da literatura sobre o dia a dia em geral." Apesar de ter ficado com a impressão de que Brasília era um lugar cansativo e um tanto inumano, o ponto alto de sua visita foi a viagem até a Amazônia para encontrar uma tribo de indígenas que vivia como no paleolítico. Foi recebido por um dos esplêndidos antropólogos oficiais do Serviço de Proteção aos Índios. Ao ouvir o nome Huxley, esse senhor perguntou: "Sir Julian?" e, quando a resposta foi: "Não, Aldous", irrompeu em lágrimas de alegria. Eu acho que, para ele, não poderia havia maior homenagem.

No último mês de agosto, em Estocolmo, na World Academy, Aldous já estava transparente de tão pálido e não tinha certeza de que conseguiria dar conta da viagem. O câncer havia retornado, mas estava de volta sob controle, por ora. Apesar disso, ele seguiu trabalhando com grande zelo para persuadir os membros da Academia a fim de que estudassem o potencial humano. Uma vez bem-sucedido nessa empreitada, ele preparou um resumo do projeto. Eu me sentei com ele enquanto completava esse trabalho no seu quarto de hotel. Estava muito envolvido em sua tarefa. Ao observá-lo, fiquei com a impressão de que jamais o veria de novo, por isso tirei algumas fotos desse mestre artesão trabalhando. Pois seu estilo coloquial fácil não era obtido sem um trabalho cuidadoso de revisão. Disse-me que escrever não era nem um pouco mais fácil agora do que era vinte e cinco anos atrás. Ele não conhecia nenhum atalho para a boa escrita, exceto reescrever tudo de novo e de novo. Fiquei incomodado quando partimos, mas tentei ignorar meus receios. Ele viria me visitar em Princeton, em outubro, dois meses depois. Em nossos últimos minutos juntos, discutíamos quem deveria ser convidado a participar do novo trabalho. Mas, quando chegou outubro, ele estava doente demais para viajar. O tempo que ele conseguiu ganhar por causa do tratamento de radioterapia já tinha se esgotado e, logo, o meu querido amigo, o sábio e gentil trifíbio, pois tal era sua própria definição do ser humano, havia deixado de existir.

Capítulo 9

1953 Correspondência

O seguinte apanhado de cartas, escritas após a primeira experiência de Huxley com mescalina, demonstram seu considerável entusiasmo ("sem dúvida, a experiência mais extraordinária e significativa fora a Visão Beatífica") e seu interesse cada vez maior nas áreas da parapsicologia, transtornos mentais, experiências visionárias e a política da pesquisa sobre drogas. O extenso ensaio a que ele se refere, As portas da percepção, *é claro, foi escrito durante os meses de verão que se passaram após fazer uma longa viagem, de automóvel, em que atravessou os Estados Unidos.*

PARA O DR. HUMPHRY OSMOND [SMITH 631]

740 North Kings Road,
Los Angeles 46, Califórnia
21 de junho de 1953

Caro Humphry,

Nossa viagem só terminou ontem, por isso o longo atraso em responder à sua carta. Certamente conversarei com Hutchins sobre o seu projeto[10] quando tiver uma boa oportunidade para tanto. Nesse ínterim, acredito que seria bom se o senhor pudesse me enviar algumas páginas datilografadas sobre a natureza do projeto. Pode tocar na importância em potencial dos estudos com a mescalina a partir de uma perspectiva puramente médica[11], depois prosseguir tratando de sua importância nos campos mais generalizados da psicologia, filosofia, teoria do conhecimento. Aponte para o fato de que os materiais disponíveis ainda são ridiculamente escassos, de que é necessário um maior número de casos para determinar como pessoas de diferentes tipos físicos e temperamentos reagem à droga. *E.g.*, será que visualizadores, em termos galtonianos, reagem de modo diferente dos não visualizadores? (Tenho certeza que sim. Eu não visualizo e vi pouquíssima coisa em termos de imagens. Porém há visões relatadas por muitos que fizeram uso da substância.) De novo, será que há qualquer diferença pronunciada entre as reações medianas de cerebrotônicos, viscerotônicos e somatotônicos nos pontos extremos do espectro? Será que as pessoas com notáveis dons musicais recebem complementos auditivos às visões e às transfigurações de seu mundo externo, tal como outros já relataram? Como a experiência afeta os pensadores da matemática pura e filósofos profissionais? (Seria interessante fazer um teste

10 O projeto envolvia gravar entrevistas com um número de cinquenta a cem pessoas de destaque em campos diversos, sob efeito de mescalina. Quem o elaborou foi Osmond e seu colega, o dr. Abram Hoffer, junto com um projeto, já encaminhado, de pesquisas estritamente farmacológicas sobre drogas psicoativas. [Nota de Smith]

11 Ford evita a questão medicinal, mas tem interesse nas humanidades e estava disposto a financiar o projeto como uma contribuição à filosofia aplicada. Ainda assim, é bom mencionar a questão médica — para dar a impressão de estarem matando dois coelhos com uma cajadada só.

com um positivista lógico. Será que aconteceria com ele o que aconteceu com são Tomás de Aquino ao final de sua vida, quando obteve uma experiência de "contemplação infusa" e afirmou que toda a filosofia era como "palha e joio", e desde então se recusou a continuar com suas intelectualizações?) Munido desse resumo do projeto e também do meu próprio ensaio sobre o assunto [*As portas da percepção*] (que promete se tornar algo bem mais longo, dadas as questões que traz à tona, os diferentes tipos de luz que ele lança, em tantos campos), eu irei até Hutchins e tentarei despertar seu interesse. Acho bem provável que ele queira experimentar a substância pessoalmente; considerando que há um grande número de pessoas, de idiossincrasias distintas, que já expressaram ou certamente expressarão um desejo em participar do experimento, talvez não seria possível dar um jeito para que o senhor ou John Smythies possam vir até aqui, mais para frente, e passarem uns dias para conduzirmos a investigação? As partes interessadas poderiam cobrir as despesas de viagem, e a acomodação fica por nossa conta, ou por conta de Hutchins ou outro pesquisador, se for necessário irmos até Pasadena para fazermos testes com o pessoal da Ford Foundation ou os físicos da Caltech. Se o senhor achar essa ideia viável, por favor me avise e eu darei início aos preparativos. Enquanto isso, me envie o seu resumo. Quando meu ensaio estiver concluído, eu hei de enviá-lo ao senhor.

Maria e eu desejamos tudo de bom ao senhor e sua família.

Atenciosamente,
Aldous H.

A Harold Raymond[12] [Smith 632]

740 North Kings Rd.,
Los Angeles 46, Cal.
21 de junho de 1953

Meu caro Harold,

Nós retornamos ontem de uma viagem de três semanas pelo noroeste do país e encontramos a sua carta sobre a Penguin. Estou inclinado a concordar com o senhor de que essa é uma mudança desejável, por isso decidimos prosseguir.

O volume de ensaios no qual eu venho trabalhando esporadicamente há algum tempo está pegando um bom embalo e espero conseguir concluir a coletânea por volta do outono. No momento, estou trabalhando no que promete ser um extenso ensaio sobre uma experiência com mescalina, que eu tive no último mês de maio, quando um jovem psiquiatra inglês, extremamente capaz, que hoje trabalha no Canadá com um grupo de jovens doutores e bioquímicos igualmente inovadores, pesquisando a questão da esquizofrenia, veio passar um tempo conosco. É provável que o senhor já tenha lido relatos sobre a experiência com mescalina — escritos por Havelock Ellis, por exemplo, ou por Weir Mitchell[13]; e houve muitos outros. É, sem sombra de dúvida, a experiência mais extraordinária e significativa disponível aos seres humanos fora a Visão Beatífica; e abre toda uma variedade de problemas filosóficos, lança uma luz intensa e traz à tona todo tipo de questões nos campos da estética, religião, teoria do conhecimento. O fato

12 O editor de Huxley na Chatto & Windus.
13 Sobre Ellis e Mitchell, cf. o trecho extraído de *As portas da percepção*.

mais extraordinário sobre a mescalina — o princípio ativo no cacto *peyotl* usado pelos indígenas norte-americanos em suas cerimônias religiosas e agora sintetizado — é que ela é quase completamente atóxica. Não há nenhum resultado físico desagradável, exceto um vago enjoo no começo, nenhuma diminuição da capacidade intelectual e absolutamente nenhuma ressaca — apenas a transformação da consciência de modo que você sabe exatamente o que Blake quis dizer quando afirmou: "Se as portas da percepção fossem limpas, tudo apareceria como é, infinito e santo". O esquizofrênico atinge esse tipo de consciência às vezes; mas ele tem o medo como ponto de partida, um medo que tende a ser amplificado dado o fato de que ele não sabe quando e como vai sair dessa condição de consciência alterada. Por esses motivos, sua experiência mais comum é a de um Outro Mundo, não divino, mas próximo do inferno e do purgatório. O que esses jovens no Canadá estão acompanhando é algo de imensa importância — um elemento bioquímico da causação da esquizofrenia. A mescalina e outra droga recém-sintetizada, o ácido lisérgico, que tem o mesmo efeito, são muito próximas, quimicamente falando, da adrenalina. E um dos subprodutos da decomposição da adrenalina, o adrenocromo, que pode ocorrer no corpo, é capaz de produzir, ao ser isolado, experiências muito parecidas com as produzidas pela mescalina. Assim, talvez eles possam estar chegando perto de uma cura ou um modo de prevenir essa grande peste moderna. Quem sabe?

Muito amor a vocês dois,
Atenciosamente,
Aldous

Ao dr. Humphry Osmond [Smith 642]

740 North Kings Road,
Los Angeles 46, Califórnia
31 de outubro de 1953

Caro Humphry,

[...] Obrigado pelo exemplar da *Mclean's*. O artigo foi interessantíssimo[14]. O ácido lisérgico produz sempre esses resultados aterrorizantes? Ou foi a cobaia que recebeu uma dose cavalar? Ou, então, por acaso ele começou com uma leve neurose que foi sendo exagerada a ponto de se tornar irreconhecível? Qualquer que seja a resposta, permanece o fato inexplicável da natureza das visões. Quem inventa essas coisas assombrosas? E por que é que o não eu que concebe essas imagens vai direto para esse exato tipo de coisa? As joias e as arquiteturas parecem ser de uma natureza quase específica — um sintoma regular da experiência da mescalina. Eu me pergunto, será que isso tem qualquer coisa a ver com as fantasias das *Mil e uma noites* e outros contos de fadas? Os palácios de cristal são, em parte, sem dúvida, realizações de desejos — o oposto da experiência cotidiana. Mas também podem ser *choses vues* — itens da paisagem ordinária para certos tipos de pessoas. Seria interessante saber se algo do tipo seria visto por crianças que nada sabem sobre joias, ou por primitivos, a quem diamantes, rubis etc., nada significam.

Atenciosamente,
Aldous

14 Um artigo de Sidney Katz, publicado na *Maclean's Magazine*.

Capítulo 10

1954
As portas da percepção

A publicação desse pequeno volume, em meio ao deserto psíquico e intelectual da administração Eisenhower e das audiências McCarthy, teve um profundo impacto cultural. O quadragésimo livro de Huxley — cujo título derivava do Matrimônio do céu e do inferno, *do poeta visionário William Blake — são algumas das palavras-chave da literatura psicodélica. No começo da sua última década de vida, apenas alguns meses antes de completar sessenta anos, Huxley havia encontrado a "chave ao acesso químico".*

Na medida em que a obra é um tratamento literário dado a um experimento científico, as referências empregadas são tipicamente diversas; e o tom, dos mais razoáveis, é acompanhado de testemunhos pessoais e comprovações históricas. Além de Blake, outra fonte literária importante foi O livro tibetano dos mortos, *que viria a ter um papel significativo em sua vida e escritos posteriores. Huxley conclui que, embora seja superior à maioria das drogas usadas pela humanidade, "a mescalina ainda não é a droga ideal". Mas ele chegou muito mais perto do conceito de* moksha *após sua primeira experiência com mescalina. Além do dr. Osmond, que forneceu a supervisão médica para o experimento, a esposa de Aldous, Maria, a quem ele dedicou* As portas da percepção, *também estava presente em sua iniciação psicodélica.*

Confrontado com uma cadeira que parecia o Juízo Final — ou melhor, com um Juízo Final em que, muito tempo depois e com considerável dificuldade, reconheci uma cadeira —, vi-me de súbito à beira do pânico. Senti de repente que aquilo, embora rumasse para uma beleza sempre mais intensa, um significado sempre mais profundo, estava indo longe demais. O medo, numa análise retrospectiva, era o de ser esmagado, de desintegrar-me sob a pressão de uma realidade maior do que a mente, acostumada a viver a maior parte do tempo no confortável mundo dos símbolos, poderia suportar. A literatura da experiência religiosa abunda em relatos das dores e terrores que assoberbam aqueles que se viram, de modo demasiado repentino, face a face com alguma manifestação do *mysterium tremendum*. Em linguagem teológica, esse medo é devido à incompatibilidade entre o egoísmo do homem e a pureza divina, entre a separatividade em que o ser humano se enclausura e a infinitude de Deus. Seguindo Boehme e William Law, podemos dizer que a Luz divina em todo o seu fulgor só pode ser apreendida pelas almas não regeneradas como um fogo abrasador e purgatorial. Doutrina quase idêntica encontra-se no *Livro tibetano dos mortos*, onde se relata que a alma do falecido recua em agonia diante da Pura Luz do Vazio e mesmo diante das Luzes menores, mais moderadas, refugiando-se a toda pressa na confortável escuridão da individualidade e renascendo como um ser humano, ou mesmo como um animal, um espírito faminto, um cidadão do inferno. Qualquer coisa é preferível ao brilho abrasador da Realidade sem limites — qualquer coisa!

O esquizofrênico, além de ser uma alma não regenerada, é também desesperadamente doente. Sua doença consiste na incapacidade de se refugiar da realidade interior e exterior (como faz habitualmente a pessoa sã) no universo prosaico do senso comum — no mundo estritamente humano das noções úteis, dos símbolos compartilhados e das convenções socialmente aceitas. O esquizofrênico é comparável a um homem sob a influência permanente da mescalina, sendo, portanto, incapaz de isolar-se da experiência de uma realidade com a qual ele não é santo o suficiente para conviver e cuja existência, sendo ela a mais obstinada de todos os fatos primários, ele não é capaz de negar; uma realidade que, pelo fato de nunca lhe permitir ver o mundo com olhos meramente humanos, leva-o, pelo medo, a interpretar a sua insistente estranheza e a intensidade abrasadora de seu significado como manifestações de uma malevolência humana ou mesmo cósmica, malevolência essa que suscita reações desesperadas, desde a violência homicida, num extremo do espectro, até a catatonia, ou o suicídio psicológico, no outro. E, uma vez encetado esse caminho descendente, infernal, a pessoa é incapaz de parar. Naquele momento, isso era mais que evidente.

"Se a pessoa tomasse o caminho errado no começo", eu disse, respondendo às perguntas do pesquisador, "tudo o mais que acontecesse seria prova da conspiração contra ela. Cada coisa confirmaria as outras. A pessoa não seria capaz sequer de respirar sem saber que isso também faz parte da trama."

"Então você acha que sabe qual é a raiz da loucura?"

Minha resposta foi um "sim" convicto e sincero.

"E você não poderia controlar o processo?"

"Não poderia. Se tomasse o medo e o ódio como premissas maiores, teria necessariamente de proceder até a conclusão."

"Você seria capaz", perguntou-me minha esposa, "de concentrar sua atenção naquilo que o *Livro tibetano dos mortos* chama de Clara Luz?"

Tive minhas dúvidas.

"Se você conseguisse manter a concentração, isso afastaria o mal? Ou você não conseguiria mantê-la?"

Pensei um pouco na pergunta.

"Talvez", respondi por fim. "Talvez conseguisse, mas somente se houvesse alguém que me lembrasse da Clara Luz. Não conseguiria fazê-lo sozinho. É este, suponho, o objetivo do ritual tibetano: ter alguém sentado ao lado que lhe diga o tempo todo o que é o quê."

Depois de ouvir a gravação dessa parte do experimento, tomei meu exemplar da edição de Evans-Wentz do *Livro tibetano dos mortos* e abri-o ao acaso. "Ó alma de nobre origem, que tua mente não se perturbe." Era este o problema — não se deixar perturbar. Não se deixar perturbar pela lembrança dos pecados passados, por prazeres imaginados, pelo gosto amargo de antigas injustiças e humilhações, por todos os medos, ódios e desejos que eclipsam habitualmente a Luz. Não poderiam os modernos psiquiatras fazer pelos loucos o que aqueles monges budistas faziam pelos moribundos e mortos? Que haja uma voz que lhes assegure, de dia e mesmo durante o sono, que, apesar de todo o terror, perplexidade e confusão, a realidade última permanece inabalavelmente igual a si mesma e sua substância é idêntica à da luz interior de todas as mentes, mesmo das mais atormentadas. Por meio de aparelhos como gravadores de voz, temporizadores e sistemas de alto-falantes, inclusive sob os travesseiros, deve ser bem fácil manter os internos de qualquer instituição, mesmo das que não contam com funcionários suficientes, constantemente conscientes desse fato primordial. Pode ser que, desse modo, algumas das almas perdidas sejam ajudadas a adquirir alguma medida de controle sobre o universo — ao mesmo tempo belo e assustador, mas sempre extra-humano, sempre totalmente incompreensível — em que se encontram condenadas a viver.

Em boa hora minha atenção se desviou dos inquietantes esplendores da cadeira de jardim. Descaindo da cerca viva em parábolas verdes, as folhagens de hera refulgiam com uma espécie de brilho vítreo, semelhante ao jade. Não demorou um instante para que uma touceira de lírios-tocha, em plena floração, explodisse em meu campo de visão. As flores, tão apaixonadamente vivas que pareciam querer falar, esforçavam-se para alcançar o azul. Como a cadeira sob as ripas, era muito o que elas protegiam. Olhei para baixo, para as folhas, e descobri um cavernoso labirinto de delicadíssimas luzes e sombras verdes, pulsando com um mistério indecifrável.

Rosas: As flores são fáceis de pintar; As folhas, difíceis.

O haicai de Shiki (que cito na tradução de R. H. Blyth) expressa, de modo oblíquo, exatamente o que então senti —

a glória excessiva, demasiado óbvia, das flores, contrastando com o milagre mais sutil de sua folhagem.

Saímos para a rua. Um grande automóvel azul-claro estava estacionado junto ao meio-fio. Ao vê-lo, fui subitamente tomado de riso. Que autocomplacência, que absurda autossatisfação irradiava daquelas gordas superfícies do mais brilhante esmalte! O homem havia criado o objeto à sua própria imagem — ou, antes, à imagem do seu personagem de ficção favorito. Gargalhei até escorrerem-me lágrimas dos olhos.

Tornamos a entrar em casa. Uma refeição fora preparada. Alguém, que ainda não era idêntico a mim mesmo, devorou-a com sôfrego apetite. Bem de longe, sem muito interesse, eu apenas olhava.

Ingerida a refeição, entramos no carro e partimos para um passeio. Os efeitos da mescalina já estavam declinando, mas as flores nos jardins ainda tremeluziam nos limites da sobrenaturalidade, as aroeiras-salsos e alfarrobeiras ao longo das ruas laterais ainda pertenciam claramente a algum bosque sagrado. Ao Éden sucedia-se Dodona; a Yggdrasil sucedia-se a Rosa Mística. Então, abruptamente, vimo-nos numa intersecção, esperando para cruzar o Sunset Boulevard. Diante de nós, os carros deslizavam numa corrente ininterrupta — aos milhares, todos reluzentes e luminosos como num sonho de marketing e cada qual mais ridículo que o anterior. Tive convulsões de riso mais uma vez. O Mar Vermelho do trânsito abriu-se por fim e o atravessamos rumo a outro oásis de árvores e gramados e rosas. Em poucos minutos havíamos subido a um mirante nas colinas, e a cidade estendia-se aos nossos pés. Com certa decepção, constatei que ela se parecia muito com a cidade que eu vira em outras ocasiões. A transfiguração era, para mim, proporcional à distância: quanto mais próximo, mais divinamente outro. Aquele vasto panorama fumacento era pouquíssimo diferente de si mesmo.

Seguimos em frente. Enquanto permanecemos nas colinas, com vistas distantes sucedendo-se umas às outras, o grau de significância manteve-se em seu nível cotidiano, bem abaixo do ponto de transfiguração. A magia só voltou a operar quando, descendo, fizemos uma curva, entramos num novo subúrbio e vimo-nos flutuando entre duas fileiras de casas. Ali, apesar da arquitetura particularmente hedionda, houve renovações da alteridade transcendente, insinuações do paraíso da manhã. Chaminés de tijolo e telhados verdes sobrepostos luziam ao sol como fragmentos da Nova Jerusalém. E, de repente, vi exatamente o que Francesco Guardi havia visto e (com rematada e incomparável habilidade) tantas vezes representado em suas pinturas uma parede caiada sobre a qual projetava-se uma sombra oblíqua, pálida, mas inesquecivelmente bela, vazia, mas imbuída de todo o sentido e o mistério da existência. A revelação sobreveio e se foi numa fração de segundo. O carro avançara; o tempo descobrira ainda outra manifestação da eterna Esseidade. “Dentro da igualdade, há diferença. Mas que a diferença seja diferente da igualdade não é, de modo algum, a intenção de todos os Budas. Sua intenção é tanto a totalidade quanto a diferenciação.” Esse canteiro de gerânios alvirrubros, por exemplo — era totalmente diferente da parede caiada a cem metros na mesma rua, mas a “qualidade de ser” de ambos era idêntica, a qualidade eterna de sua transitoriedade era exatamente a mesma.

Uma hora e dezesseis quilômetros depois, tendo deixado para trás a Maior Loja de Departamentos do Mundo, estávamos de volta em casa e eu havia retornado àquele estado seguro, mas profundamente insatisfatório chamado de "perfeito juízo".[15]

15 *As portas da percepção e Céu e inferno*. 3. ed. Trad. Marcelo Brandão Cipolla e Thiago Blumenthal. São Paulo: Biblioteca Azul, 2015. pp. 9-12; 45-51.

Capítulo 11

1954 Correspondência

As portas da percepção *revelaram-se a obra mais polêmica de Huxley. A reação do público, segundo sua biógrafa Sybille Bedford, "foi desde empolgação, discriminada ou indiscriminada, até desaprovação moral e intelectual, apatia, constrangimento [...] Os racionalistas de respeito enxergaram ali provas fresquinhas de charlatanismo e abdicação intelectual, enquanto os homens sérios e religiosos ficaram incomodados pela promessa de um atalho" (BEDFORD, p. 544). Mas Aldous, energizado pela sua experiência, já pensava em dar sequência a* Portas, *mergulhando em viagens, correspondência e as diversas áreas de estudo, algumas novas, outras revisitadas: a parapsicologia, a privação sensorial (na época chamada "ambiente restritivo"), o ascetismo, a esquizofrenia, o alcoolismo, as metáforas para o céu e o inferno, além de imagens da literatura e da arte. Ele e Maria também experimentaram uma droga psicoativa pouco usada nos* EUA: ololiuqui *(sementes de glória-da-manhã contendo amidas de ácido lisérgico), mas a dosagem (seis sementes) acabou sendo baixa demais para produzir em Aldous qualquer efeito além de uma sensação de euforia e relaxamento.*

Uma longa viagem à Europa e ao Oriente Médio incluiu uma palestra sobre a experiência visionária num congresso in-

ternacional de parapsicologia. Ele tratou do mesmo assunto ao falar com os alunos da Universidade Duke em seu retorno aos EUA. *Por volta do fim do ano, já estava ocupado trabalhando para transformar seus apontamentos em livro.*

PARA J. B. RHINE[16] [SMITH 649]

740 North Kings Road,
Los Angeles 46, Califórnia
17 de janeiro de 1954

Caro dr. Rhine,

[...] Estou enviando ao senhor uma coletânea de provas de um ensaio sobre a experiência com mescalina [*As portas da percepção*], que no momento se encontra no prelo. O assunto do que poderíamos chamar de a fauna e a flora do subconsciente profundo me fascina. Pois parece que, além de nosso subconsciente pessoal (preocupado com os problemas de nossa história particular) e além do subconsciente coletivo de Jung, com seus arquétipos que são simbólicos dos problemas imemoriais da espécie, encontra-se um mundo que tem pouco ou nada a ver com nossos interesses humanos pessoais ou coletivos — um mundo a partir do qual poetas e profetas derivaram suas descrições do inferno e do paraíso e outras áreas, mais remotas, do Outro Mundo. O que aparece sob efeito da mescalina e na esquizofrenia são

16 Um dos principais pesquisadores, nos EUA, de fenômenos parapsicológicos e extrassensoriais, assuntos pelos quais Huxley tinha grande interesse.

coisas diversas, mas a diversidade exibe muitas características comuns, que surgem em descrições dos paraísos cristão, muçulmano e budista e, quando a experiência toma uma guinada negativa, nas descrições do inferno. Há diversos itens em Dante que são muito próximos do que os esquizofrênicos e usuários de mescalina vivenciaram e relataram. É simplesmente inimaginável o porquê de carregarmos por aí esse vasto universo não humano. É só "uma dessas coisas que existem" — como os marsupiais na Austrália, as girafas na África, só que, claro, muito mais estranhas. Pois pelo menos os marsupiais e as girafas são seres adaptados às condições do nosso planeta, ao passo que os fenômenos do céu e do inferno do subconsciente profundo parecem ser completamente irrelevantes à nossa experiência particular ou à experiência da raça [...]

Muito atenciosamente,
Aldous Huxley

Ao dr. Humphry Osmond [Smith 653]

740 North Kings Road,
Los Angeles 46, Califórnia
2 de março de 1954

Caro Humphry,

[...] Três coisas interessantes vieram à tona recentemente. Minha velha amiga, Naomi Mitchison, me escreveu da Escócia, após ter lido as *Portas*, relatando ter tido experiências quase idênticas de transfiguração do mundo externo nas várias vezes em que passou pela gravidez. Será que isso pode ser por conta de um distúrbio temporário no fornecimento de glicose ao cérebro? (Além disso, uma estranha relatou ter tido uma experiência de mescalina durante ataques de hipoglicemia.)

Outro estranho me escreveu, de Seattle, relatando ter produzido alterações extraordinárias da consciência que ele mesmo não descreveu — por meio de jejuns e privação de sono durante um fim de semana. Isso, é claro, é o que já fizeram tantos místicos, do Oriente e Ocidente. O ascetismo é apenas parcialmente motivado pela noção do pecado e um desejo de expiação e apenas em parte, no nível subconsciente, pelo masoquismo. Outra motivação é o desejo de entrar em contato com o Outro Mundo e o conhecimento, pessoal ou vicário, de que a "mortificação" leva ao outro lado da porta na parede.

Outro estranho me escreveu de Los Angeles. É um ex-alcoólatra, que teve experiências extáticas nos seus primeiros dias de alcoolismo e insiste, apesar do que podem dizer os freudianos, que o anseio pelo êxtase é um forte motivador de muitos alcoólatras. Ele também tem amigos indígenas, conhece alguns que tomaram peiote, mas tiveram uma experiência aterrorizante e sugere ainda saber ou ser capaz de descobrir muitas coisas sobre a relação entre o peiotismo e o alcoolismo em meio aos indígenas. Eu nunca vi esse homem na vida e tenho dúvidas de que terei tempo de encontrá-lo antes de nossa partida. Mas (espero que o senhor não se incomode) eu pedi a ele para que colocasse essas informações no papel e as enviasse ao senhor. Acredito que possam ser de valor considerável. Ele sugere que seria muito interessante experimentar o efeito da mescalina em alcoólatras e ex-alcoólatras. E eu acredito que, caso o seu projeto de pesquisa tome fôlego (e mesmo que isso não aconteça), esse experimento possa ser frutífero[17].

Eu tenho um amigo [...] muito capaz e amigável [A. L. Kitselman] que elaborou, a partir dos textos mais antigos do budismo (textos que ele consegue estudar a partir do idioma páli original) uma forma de psicoterapia que batizou de "Terapia E" ("E" sendo equivalente à "enteléquia", o *Bodhi*). Ele mesmo já tomou peiote e propõe misturá-lo com mescalina, sob a supervisão do doutor. Nesse ínterim, ele vem fazendo experimentos com *ololiuqu*[*i*] e descobriu que, em alguns casos, ele parece aumentar a sugestionabilidade, concede a libertação de tensões de longa data e ajuda quem toma a obter revelações sobre sua verdadeira natureza. Ao mesmo tempo, parece facilitar, para aqueles que estão próximos, a criação de um tipo de elo telepático — ou, devo dizer, um elo subtelegráfico, na medida em que as experiências partilhadas não são pensamentos, mas dores e desconfortos, que os assistentes sentem de forma vicária (como já aconteceu sob efeito de hipnose profunda) e que, de certo modo, eles "descarregam", para benefício do usuário, o qual se sente muito melhor depois. O *ololiuqu*[*i*] é usado pelos curandeiros mexicanos e cubanos a fim de ampliar as faculdades extrassensoriais e aliviar doenças; por isso, pode ser que haja algo de psicologicamente objetivo nisso tudo. Quando experimentamos, não

17 Osmond, Hoffer e seus sócios mais tarde demonstraram os efeitos estatisticamente benéficos da psicoterapia combinada com o uso da mescalina e LSD no tratamento do alcoolismo.

aconteceu muita coisa nem comigo, nem com Leslie LeCron[18], exceto a sensação de euforia e relaxamento. Maria recebeu umas visões bastante divertidas e coerentes — de qualidade distinta daquelas que ela ordinariamente recebe sob hipnose e, óbvio, mais significativas num sentido simbólico. Uma dessas visões foi um capítulo complementar àquela maravilhosa alegoria chinesa, traduzida por Arthur Waley, *Macaco*. Era uma visão do Macaco tentando subir aos céus usando seu próprio rabo — um comentário admirabilíssimo sobre as pretensões do intelecto discursivo.

O senhor acaso já fez experimentos de mescalina com homens ou mulheres cegos de nascença? Os resultados certamente seriam interessantes.

Muito amor de nós dois para o senhor e sua família.

Atenciosamente,
Aldous

Para Harold Raymond [Smith 657]

740 North Kings Road,
Los Angeles 46, Califórnia
8 de março de 1954

Caro Harold,

Obrigado por sua carta e pelas boas notícias sobre a venda do livro [*As portas da percepção*] — excelente para um ensaio,

18 Psicoterapeuta amigo de Huxley.

eu diria. Eu li a resenha de Young — da qual gostei muito e também agradou ao meu amigo, o dr. Osmond, o psiquiatra que supervisionou o meu experimento com a substância. O próprio Osmond está escrevendo uma resenha do livro para a *Tomorrow,* e seu jovem colega, o dr. Smythies, também vai publicar um artigo, sobre mescalina em geral, no mesmo periódico. As coisas não param de aparecer aqui e ali — trabalhos em Boston, trabalhos em Chicago, trabalhos em Buenos Aires. No que diz respeito a essa última cidade, faz um ou dois dias, para minha supresa, tomei ciência de um autor ítalo-argentino, muito capaz, que parece ser a maior autoridade que há no assunto da química de alcaloides, incluindo, é claro, a mescalina[19].

O que disse Steedman[20] sobre a droga ter, por vezes, resultados aterrorizantes é, claro, perfeitamente verdadeiro (eu mencionei o fato no meu ensaio). Um ótimo relato desse terror é fornecido por um jornalista canadense chamado Katz na edição de outubro (se não me engano) da *Maclean's Magazine* (uma publicação canadense). Ele tomou a droga sob supervisão de Osmond, e seu artigo é um relato, passo a passo, baseado nas gravações e anotações de suas experiências — que são perfeitamente assombrosas. É bizarro que autores como Belloc e Chesterton possam cantar os louvores ao álcool (responsável por dois terços dos acidentes de automóvel e três quartos dos crimes violentos) e, ao mesmo tempo, serem vistos como bons cristãos e figuras nobres,

19 Dr. Ladislao Reti, autor do estudo *Cactus Alkaloids and some Related Compounds* (Viena, 1950).
20 Um resenhista.

ao passo que qualquer outro que se aventurar a sugerir a existência de outros atalhos menos prejudiciais para a autotranscendência é tratado como um drogado perigoso e um perversor maligno da vontade debilitada da humanidade!...

Atenciosamente,
Aldous

Ao dr. Humphry Osmond [Smith 671]

740 North Kings Road,
Los Angeles 46, Califórnia
25 de outubro [1954]

Meu caro Humphry,
Acabei de receber sua carta, anunciando a sua chegada por volta do dia 15 ou 17 de novembro. Espero que o senhor fique aqui o quanto puder. Acaso sinta necessidade de maior silêncio, podemos partir para algum lugar no deserto por uns dias, ou para o litoral ou talvez uma viagem que combine as duas coisas, o que é bastante viável por estas bandas.

Nós demos a maior parte da nossa mescalina ao dr. Godel, no Egito, que sabia um pouco sobre o assunto, mas queria descobrir mais. Sendo assim, peço que, por favor, traga o seu estoque; pois o senhor sabe o quanto é difícil obter qualquer coisa por aqui. Não me lembro se eu lhe contei do uso de ácido lisérgico pelo dr. Puharich em experimentos de percepção extrassensorial — que descobriu haver um período de habilidade amplificada perto do começo da experiência, um longo período sem qualquer habilidade e então um outro período lúcido no fim. Ele está para realizar um experimento de cortar a dose de tal modo que o voluntário se mantenha nessa zona lúcida o tempo todo, sem ser levado além dos limites rumo à totalidade do Outro Mundo[21]. É óbvio que precisamos pensar na mente em termos de um sorvete napolitano estratificado, com um sabor peculiar da consciência a cada nível. A farmacologia pode nos permitir chegar exatamente no nível desejado, sem passar dos limites.

Em tempo, por acaso o senhor chegou a enviar as peças?

Nosso amor a todos vocês.

Atenciosamente,
Aldous

Ao dr. Humphry Osmond [Smith 672]

740 North Kings Road,
Los Angeles 46, Califórnia
7 de novembro de 1954

Caro Humphry,

O senhor pode, por favor, me dar mais algumas informações? Onde foi publicado o trabalho de [D. O.] Hebb sobre os efeitos de ambientes restritos? Ou, melhor dizendo, o senhor po-

21 Andrija Puharich, pesquisador pioneiro na interconexão entre os psicodélicos e a parapsicologia, autor de *In Search of the Magic Mushroom* (1959).

deria me dizer, brevemente, qual a natureza das experiências induzidas ao ser trancado, em silêncio, no escuro? As visões, por acaso, eram como as da mescalina? Eu queria poder, pelo menos, mencionar essa obra em meu ensaio sobre "A experiência visionária, arte visionária e o Outro Mundo", que eu estou no processo de ampliar no momento[22].

Ansioso por revê-lo em breve.

Atenciosamente,
Aldous

22 Huxley também tinha ciência da obra do dr. John Lilly nesse campo. Ele e seu irmão Julian visitaram o laboratório de Lilly em 1956.

Capítulo 12

1954
Os continentes distantes da mente

Aldous Huxley

O seguinte pronunciamento faz parte das muitas palestras de Huxley sobre o modo de se obter experiências visionárias. Eileen J. Garrett, uma amiga de longa data, era a presidente da Fundação de Parapsicologia, responsável por organizar simpósios anuais que atraíam as principais figuras da área. O interesse de Huxley em parapsicologia remonta à década de 1930, quando visitou o dr. J. B. Rhine na Universidade Duke em 1937.

É difícil falar de eventos mentais, exceto por meio de símiles derivados do universo familiar das coisas da matéria. Pode-se dizer que um homem consiste num Velho Mundo da consciência pessoal e, do outro lado do oceano que o separa, uma série de Novos Mundos. Esses Novos Mundos do subconsciente jamais podem ser colonizados, raramente explorados por completo e, em muitos casos, ainda aguardam ser descobertos. Como é na terra, se você for aos antípodas da personalidade consciente de si, você vai encontrar todo tipo de criaturas pelo menos tão estranhas quanto os cangurus. Em todo caso, não fomos nós que inventamos essas criaturas. Elas têm uma vida independente de nós, além do nosso controle. Mas podemos ir até o lugar onde elas estão e observá-las. Elas existem "lá fora" no equivalente mental do espaço distante. A partir "daqui", nós podemos, às vezes, observá-las enquanto realizam seus afazeres misteriosos.

Alguns nunca descobrem conscientemente seus antípodas. Outros de vez em quando desembarcam lá. Uns outros, poucos, são capazes de ir e vir à vontade. Para nós, os naturalistas da mente — que precisamos reunir nossos dados antes de nos tornarmos os verdadeiros zoólogos da mente —, a necessidade primária é encontrar algum método fácil, seguro e confiável para transportarmos entre os dois mundos. Há dois métodos. Nenhum dos dois é perfeito; ambos são suficientemente confiáveis, fáceis e seguros de usar de modo a justificar seu uso por aqueles que sabem o que fazem. O primeiro é o uso da mescalina, um produto químico alcaloide. O segundo é por meio do hipnotismo. As duas embarcações levam a consciência às mesmas regiões; a droga tem um alcance mais amplo e é capaz de levar o viajante mais longe rumo à *terra incógnita*.

Quanto à hipnose, ainda não sabemos como ela produz os efeitos observados. Tampouco precisamos saber. Quanto aos efeitos fisiológicos da mescalina, sabemos um pouco. Ela interfere no sistema de enzimas regulador do funcionamento cerebral, prejudica a eficiência do cérebro e permite a entrada num estado de consciência de certos tipos de atividade mental normalmente excluídas por não possuírem qualquer valor para a sobrevivência. Nós temos visões, mas não são visões aleatórias. O que acontece nessas visões segue padrões com um mesmo grau de lógica interna quanto as coisas vistas nos antípodas do mundo externo. São estranhas, mas com uma certa regularidade.

Nossa experiência visionária costuma impor certos traços comuns a esse padrão. O primeiro e o mais importante é a experiência da luz. Tudo é iluminado de forma brilhante, brilhando com uma luz interna, e um arroubo de cores se intensifica até chegar a um ponto desconhecido no estado normal (a maioria dos sonhos normais são apenas em preto e branco ou com cores embotadas). As cores em sonhos e visões provavelmente representam a visão de "algo dado", distinto dos símbolos dramáticos de nossos próprios anseios e lutas, que geralmente não têm cores. As visões vistas nesses antípodas da mente nada têm a ver com os sonhos do sono normal, que nós mesmos geramos. Nós as vemos por que estão lá, mas não são nossas criações. Essa luz sobrenatural é característica da experiência visionária.

Junto com a luz, vem um reconhecimento de um significado ampliado. Os objetos autoluminosos possuem um sentido tão intenso quanto suas cores. Aqui, o significado é idêntico ao ser: os objetos não representam qualquer coisa que não eles próprios. Seu sentido é precisamente este: que eles são intensamente eles próprios e, assim sendo, são manifestações da datidade e alteridade essenciais do universo.

A luz, a cor e o significado não existem em isolamento. Eles modificam ou são manifestados pelos objetos. Certas classes de imagens perceptuais reaparecem de novo e de novo; formas geométricas coloridas, fluidas, vivas, que ondulam até se tornarem percepções mais concretas de coisas dotadas de padrões, como tapetes, gravuras, mosaicos, continuamente transmutando-se até se tornarem outras formas com uma cor e grandiosidade aguçadas. O observador é separado de seu passado; ele contempla uma nova criação. Muito disso é semelhante aos céus e terras feéricas do folclore e da religião, o protótipo de muitos paraísos.

Mas podem ocorrer experiências infernais também, tão terríveis quanto as outras são gloriosas. Nas visões paradisíacas, há uma sensação de dissociação do eu e seu corpo; nas visões infernais, a consciência do corpo é ampliada e continuamente degradada, o que ocorre quando falta aquela fé e confiança amorosa que garantem, por si só, que a experiência visionária será de êxtase. E o que acontece nas visões pode ser apenas um aperitivo do que virá após o momento da morte.

Capítulo 13

1955
A mescalina e o "Outro Mundo"

Aldous Huxley

No primeiro simpósio sobre substâncias psicodélicas, Huxley foi o único dos presentes que não era da área da saúde, em meio aos "Rapazes do Eletrochoque, os Clorpromazineiros e as 57 Variedades de Psicoterapeutas" (como ele mesmo disse, em carta a Humphry Osmond). Sua fala, como era de esperar, era a única que tratava da experiência de indivíduos "relativamente sãos" com drogas em vez dos mentalmente transtornados. Ideias que ele viria a elaborar melhor em Céu e Inferno *— o valor do acesso aos "antípodas da mente", a experiência visionária por meio da hipnose, alucinógenos, o "transporte" de objetos como pedras preciosas, as qualidades mágicas que governam tais estados — são desenvolvidas primariamente por meio de referências artísticas e literárias.*

Meu propósito, esta noite, é discutir as experiências de mescalina, não de neuróticos, mas daqueles que, assim como eu mesmo, são pessoas relativamente sãs. As descrições clássicas dessa experiência foram dadas muito anos atrás, por

Weir Mitchell e Havelock Ellis, cujos relatos acompanham bem de perto aquilo que eu mesmo pude relatar, assim como todas as outras pessoas que a experimentaram e que eu conheço pessoalmente. Essas experiências clássicas de mescalina diferem em muitos aspectos das que ouvimos serem discutidas hoje. Quase todos os casos discutidos esta noite foram coloridos pelo medo e pela ansiedade. Além do mais, há uma abundância de referências a memórias pessoais dos voluntários e experiências traumáticas de sua infância. Como é diferente a experiência clássica da mescalina! Aqui a característica mais marcante, enfatizada com maior veemência por todos que passaram por ela, é a sua profunda impessoalidade. A experiência clássica da mescalina não é a de eventos rememorados consciente ou inconscientemente, ela não se preocupa com traumas de infância e não é, na maioria dos casos, tonalizada pela ansiedade e pelo medo. É como se aqueles que passam por ela fossem transportados pela mescalina rumo a alguma região remota e impessoal da mente.

Vamos usar uma metáfora geográfica e comparar a vida pessoal do ego ao Velho Mundo. Nós deixamos o Velho Mundo, atravessamos um oceano que nos separa e nos encontramos num mundo do subconsciente pessoal, com sua flora e fauna de repressões, conflitos, memórias traumáticas e coisas assim. Indo além, chegamos a um tipo de Velho Oeste, habitado por arquétipos junguianos e a matéria-prima da mitologia humana. Além dessa região, há um vasto oceano Pacífico. Levado além nas asas da mescalina ou da dietilamina do ácido lisérgico, alcançamos o que se pode chamar de os antípodas da mente. Nesse equivalente psicológico da Austrália, descobrimos os equivalentes aos cangurus, wallabies e ornitorrincos — toda uma multidão de animais extremamente improváveis, mas que existem ainda assim e podem ser observados.

Logo, o problema é: como podemos visitar as áreas remotas da mente, onde vivem essas criaturas? Está evidente que algumas pessoas são capazes de chegar lá de maneira espontânea e mais ou menos à vontade. Alguns desses viajantes foram grandes artistas, que conseguiram não apenas visitar os antípodas, mas também fornecer relatos do que foi visto, em palavras ou imagens. Ainda mais numerosos são aqueles que chegaram aos antípodas e depararam com seus estranhos habitantes, mas foram incapazes de dar uma expressão adequada ao que observaram. No momento presente, até mesmo uma expressão inadequada da sua experiência, eles ficam relutantes a dar. O clima mental de nossa era não é favorável aos visionários. Aqueles que têm tais experiências espontâneas e cometem a tolice de falar sobre isso são vistos com suspeita. Dizem-lhes que deveriam ver um psiquiatra. No passado, experiências desse tipo eram consideradas valiosas e aqueles que as tinham eram admirados. Esse é um dos motivos (embora talvez não o único) de haver mais visionários nos séculos passados do que há hoje. Aqueles que não conseguem visitar os antípodas da mente à vontade (e são a maioria) devem encontrar algum método artificial de transporte. Um dos métodos que funciona em certa proporção dos casos é a hipnose. Há pessoas que, sob um grau moderadamente profundo de hipnose, conseguem chegar ao estado visionário.

Mais certos em seus efeitos são os chamados alucinógenos, a mescalina e o LSD. Pessoalmente eu nunca tomei LSD, por isso posso falar, com base em minha experiência, apenas da mescalina. A mescalina nos transporta, de forma bastante indolor — pois sequer há aquela náusea horrível que acompanha a ingestão do cacto do peiote e também não há ressaca — aos antípodas da mente, onde encontramos uma fauna e flora marcadamente distintas da que habita o Velho Mundo da consciência pessoal ao qual estamos familiarizados. Mas, assim como os marsupiais, por mais improváveis que sejam, não são de forma alguma fenômenos aleatórios ou sem lei, assim também ocorre com os habitantes dos antípodas mentais. Eles se conformam a leis próprias, podem ser classificados, e sua estranheza possui uma certa regularidade em seus padrões. Como apontou [Heinrich] Klüver em seu livro sobre o peiote[23], as experiências visionárias, embora variem de indivíduo para indivíduo, ainda assim pertencem à mesma família. As experiências de mescalina do tipo clássico exibem certas características bem delineadas também.

A mais marcante dessas características é a experiência de luzes. Há uma grande intensificação da luz; essa intensificação é percebida tanto com os olhos fechados quanto com eles abertos. A luz parece sobrenaturalmente intensa em tudo que é visto com o olho interior. Ela também parece sobrenaturalmente intensa no mundo exterior.

Com essa intensificação da luz, há uma tremenda intensificação da cor, o que se aplica no mundo exterior tanto quanto no interior.

Por fim, há uma intensificação do que podemos chamar de significância intrínseca. Sente-se que aquilo que en-

23 *Mescal: The 'Divine' Plant and Its Psychological Effects* (Londres, 1928; Chicago, 1966).

xergamos com os olhos, abertos ou fechados, passa a ter um significado profundo. Um símbolo representa outra coisa e essa representação de outra coisa é o seu significado. Mas as coisas significativas vistas na experiência de mescalina não são símbolos. Elas não representam outra coisa, não significam nada exceto a si mesmas. A significância de cada coisa é idêntica a seu ser. A questão é que ela *existe*. De um modo paradoxal, mas inteiramente autoevidente (para aqueles que já tiveram a experiência dessa amplificação dos significados intrínsecos), o relativo se torna absoluto, e o transitório, particularmente universal e eterno.

A luz intensificada, a cor intensificada e significância intensificada não existem em isolamento, mas são inerentes aos objetos. E aqui, de novo, as experiências daqueles que consumiram alucinógenos, num bom estado de saúde física e mental, além de um grau adequado de preparação filosófica, parecem acompanhar um padrão mais ou menos regular. Quando os olhos se fecham, as experiências visionárias começam com a aparição de geometrias vivas, em movimento, no campo visual. Essas formas abstratas e tridimensionais são intensamente iluminadas e dotadas de cores brilhantes. Depois de um tempo, elas costumam assumir a aparência de objetos concretos, como tapetes de padrões requintados, mosaicos ou entalhes. Estes, por sua vez, são modulados até formarem construções ricas e elaboradas, estabelecidas em paisagens de uma beleza extraordinária. Nem as construções, nem as paisagens permanecem estáticas, mas estão em contínua mudança. Em nenhuma de suas metamorfoses elas lembram qualquer construção ou paisagem em particular que já tenha sido vista pelo participante em seu estado ordinário e lembradas a partir de um passado próximo ou distante. São coisas inteiramente novas. O voluntário não se lembra delas, nem as inventa; ele as descobre, "lá fora", no equivalente psicológico de uma região geográfica inexplorada.

Em meio a essas paisagens e entre essas arquiteturas vivas, vagam figuras estranhas, por vezes, seres humanos (ou o que parece ser até mesmo sobre-humanos), por vezes, animais ou monstros fabulosos. Ao conferir uma descrição, direta, em prosa, do que via em suas visões espontâneas, William Blake, com frequência, relata ter visto seres aos quais deu o nome de querubins. Esses seres eram vistos a mais de 30 metros de altura, empenhados (o que é característico de personagens observados em visões) em tarefas que em nada pareciam ser simbólicas ou dramáticas. A esse respeito, os habitantes dos antípodas mentais divergem das figuras que habitam o mundo arquetípico de Jung, pois nada têm a ver nem com a história pessoal do visionário, nem com os problemas ancestrais da raça humana. Num sentido bastante literal, são os habitantes do "Outro Mundo".

Isso me leva a uma questão interessante e, acredito, significativa. À experiência visionária, seja ela espontânea ou induzida por drogas, pela hipnose ou por qualquer outro meio, tem uma semelhança chocante com a do "Outro Mundo", como o encontramos descrito nas várias tradições da religião e do folclore. Em todas as culturas, a morada dos deuses e das almas bem-aventuradas é uma terra de extrema beleza, que reluz em várias cores e se banha em luz intensa. Nessa terra vê-se construções de uma magnificência indescritível, e seus habitantes são criaturas fabulosas, como os serafins de seis asas da tradição hebraica ou os touros alados, homens de cabeça de gavião, leões de muitas cabeças e os personagens de muitos braços e cabeça de elefante da mitologia egípcia, babilônica e indiana. Entre essas criaturas fabulosas, deslocam-se anjos e espíritos sobre-humanos, que jamais fazem nada, exceto desfrutar da visão beatífica.

As roupas dos habitantes, as construções e até mesmo muitos detalhes da paisagem do "Outro Mundo" estão sempre incrustados de pedras preciosas. É interessante que o mesmo se aplique ao mundo interior contatado sob efeito da mescalina ou em visões espontâneas. Weir Mitchell e muitos dos outros voluntários que deixaram relatos de suas experiências de mescalina registraram uma profusão de pedras preciosas vivas. Essas pedras que, nas palavras de Mitchell, lembram bagas de frutas transparentes, brilhando com uma luz interna, estão incrustadas nas construções, montanhas, margens de rios e árvores. Ao lermos essas descrições da experiência com a mescalina, somos lembrados do que várias das literaturas religiosas do mundo dizem do mundo vindouro. Ezequiel fala em "pedras de fogo" que se encontram no Éden. No Apocalipse, a Nova Jerusalém é uma cidade de pedras preciosas e de uma substância que, aos nossos ancestrais, deveria ser quase tão maravilhosa quanto as pedras — o vidro. A muralha da Nova Jerusalém é de um "ouro puro, como vidro transparente" — isto é, uma substância transparente e autoluminosa com a cor do ouro. O vidro reaparece nas mitologias celta e teutônica da Europa Ocidental. O lar dos mortos, entre os teutônicos, é uma montanha de vidro, e entre os celtas era uma ilha cristalina, com caramanchões de vidro.

Os paraísos hindu e budista, assim como a Nova Jerusalém, abundam em pedras preciosas, e o mesmo se pode dizer da ilha mágica que, na mitologia japonesa, faz um paralelo com Avalon e as Ilhas dos Bem-Aventurados.

Entre os povos primitivos, que desconhecem o vidro e não têm acesso a pedras preciosas, o paraíso se adorna de flores autoluminosas. Essas flores mágicas têm um papel importante no Outro Mundo de povos mais avançados. Podemos pensar, por exemplo, no lótus da mitologia budista e hindu, bem como a rosa e o lírio da tradição cristã.

É possível propor a objeção de que o paraíso seja um desejo improvável e que o motivo pelo qual os paraísos se enfeitam de pedras preciosas seria precisamente pela sua preciosidade aqui na terra. Mas por que é que as pedras hão de ser consideradas preciosas? O que é que levou os homens a gastarem tamanha quantidade de tempo, esforço e dinheiro para encontrar e lapidar essas pedrinhas coloridas? Em termos de qualquer filosofia utilitária, o fato permanece inteiramente inexplicável. A minha própria perspectiva é que uma explicação para a preciosidade das pedras preciosas deve ser procurada, antes de tudo, nos fatos da experiência visionária. Objetos que lembram pedras — reluzentes, autoluminosos, que brilham com uma cor e significância sobrenatural, existem nos antípodas da mente, são vistos pelos visionários e transmitem a todos que os veem uma noção de um enorme significado. No mundo objetivo, as coisas que mais lembram esses objetos visionários autoluminosos são as pedras. Pedras preciosas são consideradas preciosas porque lembram os seres humanos do Outro Mundo, nos antípodas mentais — o Outro Mundo dos quais os visionários têm plena consciência e as pessoas ordinárias, alguma noção obscura e subterrânea. Há um tipo mágico de beleza, que dizemos que é "arrebatadora". O adjetivo foi bem escolhido, pois é literalmente verdade que certos espetáculos levam para longe a mente do contemplador — levam-na para longe do mundo da experiência comum, conceitualizada, rumo ao Outro Mundo mágico da consciência não verbal e visionária.

As flores são quase tão arrebatadoras quanto as pedras preciosas, e a minha inclinação seria atribuir a paixão quase universal pelas flores, o uso quase universal de flores em ritos religiosos, ao fato de que lembram os homens e as mulheres daquilo que sempre está lá, com seu brilho sobrenatural, claro, colorido e significativo, lá no fundo da mente.

Quanto à conexão entre a experiência visionária e certas formas de arte, eu não tenho tempo para tratar desse assunto. Basta dizer que a conexão é real, e há um poder quase mágico exercido por certas obras de arte que nasce do fato de que elas nos lembram, consciente ou inconscientemente, na maior parte do mundo, daquele Outro Mundo, no qual o visionário natural é capaz de entrar à vontade e que o restante de nós é capaz de acessar apenas sob efeito da hipnose ou de uma droga como a mescalina ou LSD.

Capítulo 14

1955 Correspondência

Nesse ano, Aldous tomou mescalina duas vezes. A primeira ocasião foi na companhia de seu amigo de longa data, o escritor inglês Gerald Heard, e do capitão Alfred M. Hubbard, magnata do urânio. "Já que eu estava em grupo", escreve Huxley, "a experiência tinha um conteúdo humano que a experiência anterior, solitária, com seu aspecto de um Outro Mundo e a intensificação da experiência estética, não possuía." A segunda sessão de mescalina, guiada por Laura Archera, foi de um teor predominantemente espiritual, trazendo "a consciência direta, total [...] do Amor como o fato cósmico primário e fundamental". Entre essas sessões, deu-se a morte de Maria, com quem ele havia se casado em 1919. Maria havia tomado mescalina e ololiuqui, *teve experiências visionárias sob efeito de hipnose e revelações místicas no deserto. Ela e Aldous estiveram presentes no leito de morte de D. H. Lawrence, em 1930. Nas últimas horas de Maria, Aldous leu a ela o* Bardo Thodol, *a partir da edição conhecida como o* Livro tibetano dos mortos.

A maior parte do ensaio Céu e Inferno *foi escrita durante 1955. O ano terminou com o primeiro experimento de Huxley com* LSD, *de novo na companhia de Heard e Hubbard. Aldous tomou uma dose pequena, mas a experiência foi extremamente sig-*

nificativa: enquanto ouvia Bach, ele compreendeu "como tudo no universo essencialmente é como tem que ser [...] a reconciliação dos opostos [...] a natureza nirvânica do Samsara". Ele também fez um experimento com um gás psicoativo composto de dióxido de carbônio e oxigênio (carbogênio). Outra faceta da figura de Huxley é revelada em sua tentativa de angariar assistência jurídica para um indivíduo que foi preso pela posse de peiote.

Para Roger e Alice Godel [Smith 676]

740 North Kings Road,
Los Angeles 46, Califórnia
10 de janeiro de 1955

Meus caros Roger e Alice,

[...] Eu venho trabalhando bastante, tendo concluído um breve romance[24], que deve sair no próximo mês de abril ou maio, e um volume de ensaios[25], incluindo um ensaio sobre a experiência visionária e o Outro Mundo, que vocês puderam ler na primavera passada e que agora foi bastante ampliado, de modo a incluir uma discussão sobre arte visionária.

E, falando em visões, eu tomei mescalina ontem, pela segunda vez. Essa experiência não foi menos notável do que a primeira, mas inteiramente diferente; pois já que estávamos num grupo, com três outras pessoas, a experiência teve um conteúdo humano ausente na anterior, que foi solitária,

24 *O gênio e a deusa.*
25 *Céu e Inferno.*

com seus elementos do Outro Mundo e a intensificação da experiência estética. Ao longo de cinco horas, eu recebi uma série de ilustrações luminosas de Cristo dizendo "não julgueis para não serdes julgados" e do provérbio budista "contrapor o que você gosta com o que não gosta é uma doença da mente". Por acaso, há desenvolvimentos notáveis ocorrendo agora no campo da mescalina. Um grupo de psicólogos e assistentes sociais em Vancouver e Seattle desenvolveu técnicas para o uso terapêutico da mescalina, que age de uma maneira oposta à narcossíntese. Quando se faz tratamento psicológico sob o efeito de barbitúricos, o ego se torna sonolento e passa a ser possível chegar a alguns conteúdos do subconsciente pessoal. Mas com a mescalina, não ocorre o estreitamento da consciência e sim sua ampliação, de um modo imenso, e todo o amplo leque da psique, até os mais altos níveis do superconsciente, se abre. O primeiro tratamento é negativo em sua natureza; o segundo, positivo. E os resultados nos casos tratados até então (ainda são poucos) têm sido espetaculares. Jovens delinquentes acabaram transformados numa única sessão, e a metanoia persistiu. Ao mesmo tempo, há um número considerável de acadêmicos, profissionais e homens de negócios que também já tomaram a substância — e todos, sem exceção, declararam-na a experiência mais significativa de suas vidas, tendo descoberto, particularmente ao realizarem-na em grupos, que a mescalina suscita uma mudança profunda e duradoura de perspectiva. Há ainda a possibilidade de criarem uma comissão mista — de médicos, psicólogos, filósofos, assistentes sociais — para se considerar o assunto como um todo. Como um homem cujo livro teve um grande papel nesse aumento considerável de interesse pela mescalina, eu tenho a esperança de poder participar no trabalho dessa comissão.

E os seus diálogos, já saíram[26]? No que o senhor está trabalhando no momento? (Digo isto como se o seu trabalho no hospital não fosse o suficiente!) E como está a família de Alice? E o Hellous?

Espero que o ano de 1955 seja frutífero para os dois e muito feliz.

Meu afeto sempre, minha cara Alice,
e ao senhor também, meu caro Roger,
Aldous

Ao dr. Humphry Osmond [Smith 678]

740 North Kings Road,
Los Angeles 46, Califórnia
12 de janeiro de 1955

Caro Humphry,

Foi bom ouvir sua voz[27] tão nítida do outro lado dos espaços entre nós. Seu capitão testou um novo experimento — a

26 Godel, *Un Compagnon de Socrate: dialogues sur l'expérience libératrice* (Paris, 1956).

27 Huxley havia telefonado a Osmond aparentemente para pedir a sua aprovação antes de participar do experimento. Maria Huxley, num cartão-postal datado de 11 de janeiro, disse a Osmond: "Eu provavelmente deveria saber que eles sabem quem é o chefe — ou o Sumo Sacerdote — se assim preferir. Mas fiquei aliviada em ouvir que ligaram para o senhor". O capitão Alfred M. Hubbard administrava um centro de pesquisa de drogas em Vancouver. A "senhora farmacológica" era a madame Steiner de Paris. [Nota de Smith]

mescalinização em grupo. Comigo e com Gerald Heard funcionou muito bem, mas não fez quase nada para [— — —], que recebeu uma dosagem muito pequena (só 200 mg, comparados com os nossos 300) e que tinha tremendo poder em sua resistência subconsciente. Também não deu muito certo para Hubbard, que tentou fazer o grupo funcionar como funcionou em outros grupos em Vancouver, onde a droga agiu como um mecanismo para trazer à tona culpas e traumas enterrados, permitindo às pessoas fazerem as pazes consigo mesmas. Gerald e eu fugimos dele e fomos para outro lugar — mas não os remotos Outros Mundos dos experimentos anteriores. Em ambos os casos, ainda que de formas distintas, foi uma experiência transcendental *neste* mundo mesmo, com suas referências humanas. Espero poder escrever algo sobre a minha experiência e então enviarei ao senhor uma cópia em breve. Nesse ínterim, espero que o bom capitão, cujas conexões com a venda de urânio parecem servir como passaporte para as mais exaltadas esferas políticas do governo, do mercado e da igreja, esteja prestes a partir para Nova York, onde espero que invada as Nações Unidas e leve Nelson Rockefeller para um passeio ao Paraíso, retornando com milhões de dólares. Que coisas desamparadas somos nós, os literatos e homens profissionais! O Mundo em seu sentido mais amplo solicita, de vez em quando, os seus serviços e se diverte, de leve, com os meus; mas sua consideração e atenção plena são prestadas ao Urânio e aos Grandes Negócios. Assim, que sorte extraordinária a minha, que um representante desses Poderes Superiores tenha (a) desenvolvido um interesse tão apaixonado pela mescalina e (b) seja um homem tão gentil.

Estou enviando também uma carta da França, que acabei perdendo e recuperei agora das profundezas de um bolso de casaco. Pedi a esta senhora farmacológica que lhe envie diretamente uma cópia de sua tese. Talvez lhe seja interessante...

Atenciosamente,
Aldous

Ao dr. Humphry Osmond [Smith 679]

740 North Kings Road,
Los Angeles 46, Califórnia
16 de janeiro de 1955

Meu caro Humphry,
Obrigado por sua carta e pelo roteiro da sua palestra, a qual muito me agradou. Minhas únicas sugestões no que diz respeito a possíveis alterações seriam o acréscimo de uma ou duas linhas indicando, de forma mais específica, o que se pode esperar da pesquisa sistemática com a mescalina e outras substâncias. É de esperar, por exemplo, que uma nova luz seja lançada sobre as operações da revelação artística e científica, e talvez se obtenha algum controle sobre o processo da inspiração, até então aleatório e gratuito. É de se esperar também que se lance luz sobre o problema da parapsicologia. E também sobre a filosofia e a religião.

Gerald e eu passamos outro dia com Al Hubbard, num passeio em Long Beach. Ele nos forneceu uma mistura de dióxido de carbono e oxigênio[28]. Eu já experimentei isso antes, sem muito resultado. Mas suspeito que não tenha feito a administração adequada e talvez haja, afinal, algo a se aprender com esse procedimento simples e inofensivo. O próprio Hubbard professa grande entusiasmo pela coisa…

Atenciosamente,
Aldous

Ao dr. Humphry Osmond [Smith 713]

Newcomb House, Clapboard Hill Road,
Guilford, Connecticut
26 de julho de 1955

Caro Humphry,

Já estou lhe devendo umas boas duas cartas. Não tenho desculpas, exceto que estou tentando correr atrás do prejuízo com vastas quantidades de correspondência atrasada e tentando terminar a série de apêndices que será publicada junto com o ensaio sobre a "Experiência visionária e arte visionária", que deverá sair no próximo mês de janeiro[29]. O prazo da editora é 1° de agosto; por isso ando bastante ocupado. Já fiz um dos apêndices sobre arte visionária popular — *e.g.* fogos de artifício, desfiles, espetáculos teatrais, shows

28 O carbogênio (uma mistura de sete partes de oxigênio e três partes de carbono) já foi usado como um agente psicoterapêutico; seus efeitos são discutidos num apêndice em *Céu e Inferno*.
29 *Céu e Inferno*.

de lanterna mágica (muito importantes no passado) e certos aspectos do cinema. Um tema curioso e interessante. Um dos fatos marcantes é o quanto tais artes dependem da tecnologia. Por exemplo, o progresso feito na área da iluminação artificial desde 1750 — velas de espermacete de baleia, os bicos de Argand para lâmpadas a óleo, as lâmpadas de gás, a luz oxídrica de 1825 em diante, os refletores parabólicos usados desde 1790, a luz elétrica usada desde os anos [18]80 — tudo isso ampliou imensamente o poder mágico de desfiles e espetáculos teatrais. A coroação de Elizabeth II foi melhor do que qualquer coisa que tenha ocorrido no passado, por conta dos holofotes. As cenas também puderam ser preservadas em filme — ao passo que todas as pompas anteriores foram espetáculos efêmeros que só poderiam nutrir a esperança de "viver, nas peças de Settle, mais um dia"[30]. Os produtores das mascaradas jacobinas sofriam da falha incorrigível que era a falta de uma iluminação decente. São interessantíssimas as lanternas mágicas. É significativo o fato de a invenção de Kircher ter sido chamada de "mágica" e esse nome acabar sendo universalmente aceito. A luz intensa somada à cor transparente resulta em visões. Aliás, o senhor já se deu conta de que a palavra "fantasmagoria" foi cunhada em 1802 pelos inventores de uma lanterna mágica, nova e aperfeiçoada, que avançava e recuava atrás de uma

30 Verso 90 do livro I do poema narrativo *A Imbecilíada* de Alexander Pope: "Mas vivia, nas peças de Settle, mais um dia" (trad. José Ignacio Mendes, ed. Faria e Silva, 2021). Trata-se de uma obra satírica que narra a vinda da deusa Tôrpia às Ilhas Britânicas. Elkanah Settle foi um autor contemporâneo de Pope. O livro começa com a morte de Settle e o anúncio de um sucessor. (N. T.)

tela semitransparente e era capaz de projetar imagens de tamanhos variados, mantendo o foco por meio de um aparelho automático? Não consigo nem acreditar que muitos traços da imaginação romântica derivaram dos espetáculos de lanterna mágica com suas "visões dissolventes" (produzidas por duas lanternas com imagens convergentes e obturadores que poderiam ser parados e abertos em correspondência um com o outro), suas "fantasmagorias", seus "slides cromotrópicos" (que produziam padrões tridimensionais, muito parecidos com os da mescalina). É possível observar indícios do espetáculo de lanternas em Shelley e, em outro aspecto, em Keats, em Fuseli e John Martin. E, falando em lanternas — eu já lhe disse que o meu amigo dr. [L. S.] Cholden[31] descobriu que o estroboscópio ampliava os efeitos da mescalina, uma descoberta também feita por Al Hubbard? As suas próprias visões geométricas se transformavam, conforme a luz piscava, em paisagens japonesas. Como diabos é possível encaixar isso com a noção de que os efeitos estroboscópicos resultam da interferência de dois ritmos, o da lâmpada e o das ondas cerebrais, isso eu também não consigo imaginar. Em todo caso, o que afinal são as correlações neurológicas das experiências de mescalina e LSD? E se há padrões neurológicos formados, como presume-se que deva ocorrer, será que podem ser reativados pela sondagem de um eletrodo, do mesmo modo como [Wilder] Penfield reativou sequências de memórias, evocando recordações completamente vívidas?

31 Psicanalista que presidiu o simpósio sobre mescalina e LSD em 12 de maio, em Atlantic City. Sofreu uma morte trágica num acidente automobilístico.

Eu também faço aniversário, hoje mesmo.

> Com que pressa o sutil ladrão da idade, o Tempo,
> Roubara o meu primeiro e sexagésimo ano!

Afetuosamente,
Aldous

À sra. Eileen J. Garrett [Smith 717]

Guilford, Connecticut
27 de agosto de 1955

Minha cara Eileen,

[...] Eu passei alguns dias, no começo deste mês, em Glen Cove, no estranho domicílio constituído por Puharich — Alice [Bouverie] e a sra. P[uharich], que se comportavam, uma diante da outra, de um modo visivelmente amistoso; Elinor Bond, que fazia um trabalho notável de adivinhação telepática, mas não produziu nada de interessante ou útil na leitura mediúnica que ela me fez; Frances Farrelly, com sua máquina diagnóstica — que os testes de Puharich revelaram ser um mero instrumento, como a bola de cristal, para concentrar as capacidades extrassensoriais; Harry, o escultor holandês, que entra em transes em gaiolas de Faraday e produz escritas automáticas em hieroglifos; Narodny, o homem-barata, que prepara experimentos para testar os efeitos da telepatia humana em insetos. Foi tudo muito animado e divertido — e, acredito eu, de verdade, promissor; pois, digam o que quiserem de

Puharich, ele é certamente muito inteligente, extremamente bem lido e altamente empreendedor. Seu objetivo é reproduzir por métodos farmacológicos, eletrônicos e físicos as condições usadas pelos xamãs para entrarem em estados de clarividência viajante e, então, se conseguir, enviar as pessoas ao "Outro Mundo" a fim de poderem explorá-lo. Essa parece ser uma boa nova abordagem ao problema da sobrevivência (bem como muitos outros problemas), pelo menos tanto quanto qualquer outra, e pode dar resultados interessantes. Nesse ínterim, para o imenso deleite de todos, eles encontraram espécimes de *Amanita muscaria* verdadeiramente crescendo na propriedade — após terem recebido instruções de onde encontrá-las por intermédio de um tabuleiro Ouija enquanto tentavam contatar a *curandera* do sr. [Gordon] Wasson, que havia entrado em transe, sob efeito de cogumelos, no México. Tudo isso se torna ainda mais notável pelo fato de que a literatura da sociedade micológica da Nova Inglaterra registra apenas um único caso de descoberta de uma *Amanita* no Maine. Em Glen Cove, eles já descobriram oito belos espécimes no mesmo local. Os efeitos, quando se esfrega um pedaço do tamanho da cabeça de um alfinete na pele do couro cabeludo, já são alarmantemente poderosos e é óbvio que será preciso experimentar com muita cautela para determinarmos qual a dosagem de cogumelo para ampliação das capacidades psíquicas.

Eu cheguei a Nova York na segunda-feira e devo ficar na casa de Anita Loos e discutir a minha peça [*O gênio e a deusa*] com o meu diretor e produtor, depois retorno a Los Angeles na quinta-feira. Ellen e Matthew mandam lembranças.

Afetuosamente,

Aldous

Capítulo 15

1955
Ignorada na escuridão

Laura Huxley

A experiência de Aldous com a mescalina em outubro de 1955 pode ser avaliada tanto pelo relato de Laura Archera — que foi quem o orientou durante a sessão e logo viria a ser sua esposa — quanto pelo seu próprio relato numa carta ao dr. Osmond. A descrição sensível dada por Laura é reveladora não apenas como uma visão objetiva de Aldous sob a influência de um psicodélico, mas também pela luz que ela lança sobre a função do companheiro ou guia durante a sessão. Huxley pretendia explorar sua infância — Laura tinha experiência em despertar memórias e trabalhar com ab-reações em procedimentos dianéticos — mas, em vez disso, o que ocorreu foi uma análise da natureza do amor na relação entre ele mesmo e sua guia como se "não houvesse separação entre sujeito e objeto".

O processo criativo por meio do qual Huxley se inspirou em suas experiências pessoais ao escrever os episódios de A ilha *é discutido nesse relato.* This timeless moment *também contém uma descrição da experiência inicial de Laura com psicodélicos, além das respostas que Huxley lhe deu, incluindo uma declaração que tantas vezes ela o ouviu repetir nos anos por vir: "Esta droga parece fazer, a cada pessoa, aquilo de que ela precisa".*

AGORA, EM 1967, quando o LSD já havia se tornado um nome popular, eu percebi a sorte que nós tivemos de nos aproximarmos do LSD antes que assumisse as vibrações demoníacas ou paradisíacas que tem agora — numa época em que ainda não havia os ecos de gurus e heróis, doutores ou marginais. Embarcamos nessa experiência sem saber o que aconteceria, sem a expectativa de que seria como a experiência da festa do sábado passado ou como a experiência da Mary Jones cujos olhos alucinados e assombrosos me encaram das páginas de uma revista. O LSD — essas três letras já famosas — na época ainda estava livre das associações com a justiça — própria dos cientistas e da conformidade dos beatniks, do paraíso terrestre e de pais preocupados — livre também das mentes fechadas, do obscurantismo e do preconceito. Inevitavelmente se dá agora uma relação inconsciente dessas ideias, sentimentos e medos, com consequências desastrosas.

Qual foi a minha iniciação ao LSD? Muito simples: Aldous me pediu para que lhe fizesse companhia ao longo de um dia inteiro quando ele foi tomar a substância[32].

32 Mais provável que tenha sido mescalina. Vide a carta de Huxley a Osmond, datada de 29 de outubro de 1955. Ele tomou LSD pela primeira vez apenas em dezembro.

"Eu adoraria ficar com você o dia inteiro", respondi. "Tem mais alguma coisa que eu precise saber ou fazer?" Aldous sorriu. "Nada — só seja como você é." Será que foi a ingenuidade, mais que a sabedoria, que me levou a tratar essa declaração de modo tão leviano?

Eu cheguei à casa de Aldous por volta das nove. Aldous tomou as pílulas e me deu um papel onde havia anotado seu principal propósito para esta sessão. Não consigo citar as palavras exatas que ele utilizou — no entanto, a essência era esta: "Quero conhecer e estar constantemente no estado de amor".

Eu fiquei em dúvida. Para mim, Aldous parecia estar sempre no estado de amor! Porém, a questão toda não era a minha opinião; eram os seus sentimentos e sua busca apenas que importavam.

Isso foi em outubro de 1955. Exceto pela minha leitura das *Portas da percepção*, eu não tinha ideia do que era uma sessão psicodélica. Porém, já contava com cinco anos de experiência como terapeuta. A melhor atitude, nessas sessões, é anular, durante o período, as próprias opiniões e deixar de lado a tendência de julgar os outros — você só tem que estar lá, atenta e livre. Não que esse estado livre seja sempre alcançado ou sequer seja alcançável — mas é um dos objetivos. Esse estado de atenção seria muito adequado, eu pensei, para o dia do LSD.

Os níveis nos quais existimos são provavelmente infinitos — embora haja certos níveis nos quais nos encontramos na vida cotidiana, mais ou menos. Mas a pessoa num estado psicodélico opera em níveis completamente diferentes. Eu vi um exemplo disso no começo do nosso dia do LSD: Aldous olhava para o meu cabelo bem de perto e sorria com aquele sorriso que mais tarde eu viria a reconhecer toda vez que ele entrava num estado psicodélico. Com a voz mais baixa e mais calorosa do que de costume, ele dizia, bem devagar: "Ah, se você apenas pudesse *ver* o seu cabelo". E, após um longo silêncio: "Você não imagina...".

Eu não disse nada, mas lembrei da nova tintura que havia passado no cabelo no dia anterior. Será que dava para ver? Será que era a cor certa? É uma coisa típica dos níveis diferentes da consciência. Aldous olhava para o cabelo e via nele o próprio mistério e maravilhamento da vida. Ele estava operando num nível cósmico, ao passo que eu, no nível cosmético, me preocupava com a nova tintura. Permaneci em silêncio, mas fiquei contente quando ele parou de olhar.

Aldous disse, naquele dia, coisas que eu só comecei a compreender mais tarde. No começo do dia, tentamos entrar naquele período da infância de Aldous do qual ele se lembra muito pouco. Nossas tentativas foram um completo fracasso. Logo eu desisti de tentar, conforme fui tomando consciência de que alguma coisa impressionante estava acontecendo. Eu não sabia o que era, mas senti que não tinha o direito de perturbar o que acontecia usando as técnicas usuais da psicoterapia de recordação. Achei que seria como tentar encontrar uma fotografia desbotada de uma grande catedral dentro da própria catedral.

Aquele primeiro dia de psicodelia enquanto acompanhava Aldous fluiu fácil e tranquilamente. Há tanto mistério quanto à psicodelia, acontece tanta coisa na pessoa que tem a experiência, que ela não consegue expressar. Naquele dia, como em tantos outros em que eu servi de companhia para um "viajante", eu mesma fui afetada de leve pela droga, embora não a tivesse tomado — e nunca tomarei quando estiver no papel de companhia. É uma das muitas qualidades inexplicáveis dessas substâncias químicas. Talvez o hálito da pessoa que toma LSD contenha algum vestígio; talvez saia pelos poros. Ou acaso é um fenômeno que se dá graças à hipnose, imaginação, transferência de energia, telepatia? Ou será que é um processo osmótico ainda sem explicação? Eu não sei. É um fato, porém, que alguns dos meus companheiros mais sensíveis sentem um leve efeito na presença de uma pessoa que tomou LSD. As gírias falam em termos de "pegar uma carona de graça". É um evento desejável, pois então o companheiro não fica muito separado do viajante — ele pode até mesmo participar, embora em menor grau, da viagem. Essa participação natural é um elemento básico da companhia psicodélica.

A primeira viagem com Aldous me vem à memória como uma redondeza atemporal, só que essa redondeza atemporal não era eu, mas Aldous. A superfície da minha mente ainda avançava no seu ritmo miúdo, no entanto, eu tinha consciência o suficiente dessa redondeza atemporal a ponto de não perturbá-la. No caso de Aldous, perturbá-la era impossível, mas em pessoas com menos preparação que a dele, os sentimentos, a revelação e a reação podem ser de uma natureza diferente. Assim é com os estados da consciência. A companhia não deve interferir com esses estados, nem julgá-los com palavras, gestos ou sentimentos — pois é importante que o viajante aceite-os todos, sejam eles deleitosos ou infernais, intelectuais ou emotivos, ou inqualificáveis — e os relacione à sua vida, pois são todos aspectos diferentes de si mesmo e de sua história.

Como escreveu Aldous ao dr. Albert Hofmann, o descobridor do LSD, "em *A ilha*, o relato de experiências [psicodélicas] individuais é considerado conhecimento de primeira mão". Mas eu não tinha a menor ideia, nem naquele dia, nem durante muito tempo após, que essas experiências seriam a matéria-prima para a escrita de Aldous. Eu estava tão totalmente insciente de qualquer coisa que fosse ligada ao processo de escrita que acabou sendo uma imensa surpresa, para mim, encontrar tanto de nossas vidas em *A ilha*.

O primeiro dia com LSD foi repleto de revelações estéticas. Nós ouvimos o *Quarto concerto de Brandemburgo*, de Bach:

> Era, é claro, como o *Quarto concerto de Brandemburgo* que ele tantas vezes ouvira no passado — o mesmo e, no entanto, completamente diferente. Aquele movimento, o "Allegro" — ele o sabia de cor. O que significava que ele estava na melhor posição possível para perceber aquilo que ele jamais havia escutado antes. [...] Pois havia momentos em que esse "Allegro" se manifestava como o *próprio* êxtase luminoso; como o próprio entendimento para além do conhecimento de tudo que fosse passível de ser apreendido com a abstração do saber; como a própria consciência indiferenciada dividida em notas e frases e, no entanto, ainda absolutamente inteiriça em sua integridade. E, é claro, tudo isso não pertencia a ninguém. Estava a um só tempo aqui, ali e em lugar nenhum. [...] Sem dono, o *Quarto concerto de Brandemburgo* tinha uma intensidade de beleza, uma pro-

fundidade de sentido intrínseca, incomparavelmente maior do que qualquer coisa que ele já tivesse encontrado na mesma música quando esta lhe fora propriedade privada.

[...] o *Quarto concerto de Brandemburgo* não era apenas uma Coisa em Si indiferente a proprietários e propriedade; ela era também, de alguma forma impossível, um Acontecimento Presente de duração infinita. Ou melhor (e de maneira ainda mais impossível, uma vez que tinha três movimentos e estava sendo tocado em sua velocidade costumeira), não tinha duração. O metrônomo governava cada frase, mas a soma das frases não indicava uma expansão de segundos e minutos. Havia um *andamento*, mas não tempo. Então o que havia ali?

"A eternidade" [...] Ele começou a rir.

"O que é tão engraçado?", ela perguntou.

"A eternidade", ele respondeu. "Acredite ou não, ela é tão real quanto merda."[33]

Eu conseguia acompanhá-lo no mundo da música e das cores; mas quando Aldous falava da fusão de sujeito e objeto, isso eu não entendia. Eu não entendia, mas sabia que ele sabia e que, em algum momento, eu saberia também. "Sujeito e objeto", ele dizia de um modo tranquilo e amoroso várias vezes. "Nenhuma separação entre sujeito e objeto." No silêncio daquele casarão, na redondeza daquele dia, havia esse saber da parte dele e ignorância, da minha. Eu tinha consciência de ambas as coisas e a ausência de conflito entre as duas coisas. Todo o seu indivíduo emanava

33 *A ilha*, pp. 237-8.

amor e sua voz era cheia de admiração: — "Sujeito e objeto — as duas coisas são uma só".

Naquele dia, em parte por conta de minha experiência com a psicoterapia, eu esperava — apesar, infelizmente, de tentar não esperar nada — que Aldous pudesse falar de Maria. Eu tinha esperança de que ele falasse e expressasse sua dor emocionalmente. Não tinha me dado conta ainda de que Aldous tinha um método próprio e melhor de direcionar a insondável alquimia por meio da qual transformamos continuamente nossos sentimentos e ideias em outra coisa. Aldous havia transformado seu amor por Maria e a dor de sua perda na morte de Lakshmi, um trecho inesquecível da *Ilha*.

Naquele dia do LSD, Maria esteve muitas vezes presente em pensamento. Estávamos na casa dela, onde nada havia mudado desde a sua morte. Ficamos um bom tempo em silêncio, ouvindo música. E agora o disco chegava ao fim — eu queria parar a vitrola para evitar o choque do som de clique feito pela parada automática. Para isso, eu precisei me afastar alguns passos de Aldous na direção da vitrola. No que eu dei o primeiro passo, tive a sensação súbita de que Maria estava presente. Presente, mas não alheia a mim — presente em mim. Impressionada e fascinada, eu sabia que os meus passos eram os passos de Maria — que era ela e não eu quem caminhava. Devo ter dado uns três ou quatro passos na direção da vitrola, afastando-me de Aldous de modo que sua voz chegou a mim e tocou meu ombro. De forma firme e gentil ao extremo, a voz dizia: "Nunca seja ninguém que não você mesma".

Aldous não precisou me lembrar disso de novo.

Agora que eu tive a minha própria experiência com o LSD, esse episódio — que durou dois ou três segundos no máximo — é menos surpreendente, embora não menos misterioso. Não consigo explicar o que nele fez com que eu tivesse a sensação, durante um segundo ou dois, de que eu era Maria — e o que diabos fez com que Aldous percebesse essa minha impressão fugaz? Certamente não foram os dois ou três passos que eu dei naquela sala obscura.

Desde aquele primeiro dia como companhia psicodélica, eu aprendi a me preparar para não ter segredos com o viajante. Uma pessoa em estado psicodélico é capaz de perceber muito mais nos outros seres humanos do que quando está em seu estado mental cotidiano. Um viajante pode ser capaz de ver seu acompanhante em diferentes etapas da vida, em diferentes períodos da história e como pessoas diferentes, que por vezes entram em conflito umas com as outras. Uma ou outra vez, durante a sessão psicodélica, o viajante olha para seu acompanhante. Muitas vezes é uma descoberta avassaladora. Qualquer um que esteja nesse papel precisa abrir mão de qualquer tentativa de esconder quem é. Não só é um esforço inútil, como também cria uma tensão cansativa e distrativa para ambos. "Quem é você?" — pronunciada ou não, essa pergunta ressoa alta em quase todas as viagens. Silente e nu, o acompanhante deve ter ciência de que não é capaz de respondê-la — pois a essência da resposta repousa tanto em quem pergunta quanto nele mesmo.

Capítulo 16

1955
Correspondência

Ao dr. Humphry Osmond [Smith 724]

740 North Kings Road,
Los Angeles 46, Califórnia
24 de outubro de 1955

Caro Humphry,

Tenho receio de que não vamos conseguir nos encontrar em Nova York, a não ser talvez no momento do seu retorno à Europa. Não espero chegar à costa leste até os últimos dias de dezembro — e talvez até mesmo mais tarde: no que diz respeito à questão do teatro, ninguém sabe. Quanto tempo o senhor propõe ficar na Suíça e na Inglaterra? Seria um feliz acaso se nossas trajetórias se cruzassem no seu caminho de volta.

Eu tive a experiência mais extraordinária com mescalina, outro dia[34]. Após ler um relato de um dos pacientes de Al — um jovem engenheiro canadense havia recuperado todo tipo de coisas enterradas e cronicamente debilitantes sob

34 Trata-se da sessão recontada no capítulo "Desprezada na escuridão", em *This timeless moment*, de Laura Huxley.

efeito do LSD, conseguiu resolvê-las com as ab-reações adequadas e teve uma visão beatífica jogada no meio, de bônus, de modo que sua vida inteira foi transformada da noite para o dia —, decidi que seria interessante descobrir o porquê de tanto da minha infância ter sido ocultado à minha memória, de modo que eu não consiga lembrar de grande parte da minha vida. Então eu me sentei para ter uma sessão com uma mulher já bastante experiente em suscitar recordações e provocar ab-reações pelo método dianético — o que, em muitos casos, produz resultados benéficos, apesar de todas as ressalvas que se pode e se deve ter em relação aos teóricos da dianética e seus praticantes. Tomei metade do conteúdo de uma cápsula de 400 mg às dez horas e a outra metade cerca de quarenta minutos depois, e os efeitos chegaram com força cerca de uma hora e meia após a primeira dose. Não havia muitas visões com os olhos fechados, assim como foi o caso durante o meu experimento sob os seus auspícios, mas notei uma grande transfiguração do mundo externo. Foram testados procedimentos dianéticos, nas linhas descritas no relato dado pelo paciente de Al; mas não veio absolutamente nenhuma memória. Em vez disso, aconteceu algo de uma importância incomparavelmente maior; pois o que veio do outro lado da porta fechada foi a percepção — não o conhecimento, pois não era verbal ou abstrato —, a consciência direta e total, interior, do Amor como o fato cósmico primário e fundamental. As palavras, é claro, têm um tipo de indecência e devem necessariamente soar falsas, parecendo mera tagarelice. Mas permanece o fato (era o mesmo fato, evidentemente, que os indígenas descobrem em cerimônias de peiote). Eu *era* esse fato; ou talvez seria mais adequado dizer que esse fato ocupava o espaço onde antes eu estava. O resultado foi que eu não me senti separado do mundo humano, como ocorreu no primeiro experimento. Havia essa consciência intensa do mundo, mas da perspectiva do fato cósmico, vivo e primordial, do Amor. E as coisas que haviam ocupado toda minha atenção naquela primeira ocasião eu agora percebi serem tentações — tentações para fugir da realidade central rumo a um Nirvana falso, ou pelo menos imperfeito e parcial, da beleza e mero conhecimento. Eu falei um bom tanto já sobre essas tentações e comentei como, à luz que essa percepção lançou sobre a lenda de santo Antão, sobre a declaração Zen de que, para o *Bodhisattva*, o *Samadhi* do Vazio, o Nirvana à parte do mundo, à parte do amor, da compaixão pelos seres sencientes, é tão terrível quanto as dores do inferno. E eu lembro que citei o comentário de Pascal, de que a veneração da verdade sem clareza é idolatria, pois a verdade é meramente um ídolo de Deus, ao qual não temos o menor direito de venerar. E é claro que o mesmo se aplica à beleza (na verdade, a trindade platônica do bem, do verdadeiro e do belo é uma expressão falha dos fatos. O bem implica o mal e assim perpetua o dualismo. O amor reconcilia todos os opostos e é o Uno).

Eu também falei bastante, em prol da minha própria iluminação subsequente, sobre objetos e sujeitos. Como é fácil, eu não parava de dizer, transformar tudo que se vê, mesmo um rosto humano, num puro objeto — um objeto da mais mágica beleza, estranheza, da mais intensa quididade, da pura existência! O senhor se lembra daquele relato dado por Blake, ao ver um rebanho de cordeiros no canto de um pasto e como, ao se aproximar, ele viu de repente que os cordeiros eram peças numa escultura das mais sofisticadas? Essa é uma boa descrição do processo de objetificação. É um efeito meio cabeça da Górgona — você olha para uma coisa apenas com o intuito de ver a verdade e a beleza, ela se transforma em pedra — uma pedra viva, mutável e autoluminosa, mas ainda assim pedra, ainda assim escultura. O amor desobjetifica a coisa ou pessoa percebida. Ao mesmo tempo, ela dessubjetifica quem a percebe, que não mais enxerga o mundo exterior com desejo ou aversão, não mais exerce julgamentos de forma automática ou irrevogável, não é mais um ego emocionalmente carregado, mas se flagra como um elemento na realidade dada, que não é uma questão de sujeitos e objetos, mas uma união cósmica do amor. A ideia dos esforços constantes, tanto meus quanto das outras pessoas, para impor a objetividade e a subjetividade sobre o fato cósmico, criando, portanto, mistérios incontáveis para todos os envolvidos, preencheu-me por um momento com uma intensa tristeza. Mas essa também era — eu logo vi — uma tentação da subjetividade num nível superior, em escala superior.

Olhei alguns livros de arte e fui atingido especialmente por um retrato de corpo inteiro de Boucher, uma senhora em trajes de corte da época do rei Luís XV. Parecia ser o mais perfeito exemplo de objetificação. A função do costureiro é transformar as mulheres em objetos — objetos para os homens e objetos para si mesmas. Ao olhar para o objeto no qual foram transformadas pelo modista e por seu próprio anseio bovarístico de ser alguma outra coisa além daquilo que se é de fato, as mulheres se tornam sujeitos satisfeitos e insatisfeitos consigo mesmos, ronronando com uma alegria silenciosa ou urrando de autopiedade ou cuspindo e arranhando, porque alguém blasfemou o objeto que agora é seu ídolo e nisso ofendeu o sujeito que venera o objeto. E é claro que o mesmo se aplica aos homens — só que não há aí imagens de roupas chiques masculinas para me lembrar do fato.

Também olhei para um volume de fotografias de nus — muitos dos quais eram bastante enganosos, pedaços de corpos em ângulos estranhos e sob condições esdrúxulas de iluminação. Objetos, mais uma vez. A luxúria significa relações sexuais com um objeto para o benefício de um sujeito — o qual também pode desfrutar, como um tipo de bônus, da manifestação do prazer subjetivo que deriva do objeto. O amor desobjetifica e dessubjetifica, substitui o fato primordial da unidade e a consciência da imanência mútua por um frenesi que cresce até o ponto do desespero, dada a impossibilidade de uma possessão total dos objetos, o objetivo ao qual o sujeito almeja equivocadamente.

Entre os subprodutos desse estado de ser, o fato do amor foi um tipo de compreensão intuitiva dos outros, um "discernimento dos espíritos", na linguagem da espiritualidade cristã. Eu me flagrei dizendo coisas sobre minha operadora dianética que, sem que eu o soubesse, revelaram-se verdadeiras. E isso, eu imagino, é o que é de se esperar quando você manifesta o fato primordial da unidade por meio do amor e o conhecimento da imanência mútua.

Outra coisa que eu me lembro de ter dito era que agora compreendia eventos até então incompreensíveis como são Francisco beijando o leproso. São ridículas as explicações em termos de perversões masoquistas etc. Esse tipo de coisa é apenas o transbordamento de um fato cósmico grandioso demais, por assim dizer, para o seu receptáculo, forjado pelo ego subjetivo em suas relações com objetos, mantidas ao longo da vida, e que ainda não se dissolveu por completo, de modo que o novo fato se encontra restringido pelos velhos hábitos de confinamento, com o resultado de que, sob a pressão, ele transborda, por assim dizer, e precisa se expressar de modos que, ainda que não particularmente desejáveis, são completamente compreensíveis e até mesmo lógicos, nesse contexto em particular.

Outra coisa que eu me lembro de ter dito e sentido foi a ideia de que não me incomodaria morrer, pois a morte deve ser como essa passagem do fato cósmico conhecido (constituído por toda uma vida de hábitos da existência sujeito-objeto) ao fato cósmico desconhecido.

Não consegui reter a intensidade da minha experiência do estado de amor, mas é certo que alguma coisa permaneceu e eu mantenho a esperança de não me permitir eclipsá-la sucumbindo aos velhos hábitos. Acredito e espero que, por meio da consciência do que ocorre de momento a momento, seja possível permanecer fora do seu próprio foco de luz.

O que emerge como uma conclusão geral é a confirmação do fato de que a mescalina genuinamente abre as portas e que tudo, incluindo o Desconhecido em sua forma mais pura e mais abrangente, pode entrar por ali. Após a teofania, depende do indivíduo momentaneamente iluminado "cooperar com a graça" — não tanto pela vontade quanto pela consciência.

Afetuosamente,
Aldous

Ao dr. Humphry Osmond

740 North Kings Road,
Los Angeles 46, Califórnia
29 de outubro de 1955

Caro Humphry,

Como é estranho as nossas cartas terem se cruzado! Eu tenho muito interesse em ouvir os detalhes de seu experimento conjunto e repetir o procedimento com Gerald e Al, quando este vier a Los Angeles. A partir da minha própria experiência, não consigo entender que seja necessário, não importa quem esteja envolvido no experimento, fazer qualquer coisa que seja para manter num patamar elevado a consciência sob efeito da mescalina — ela permanece lá por si mesma, o tempo inteiro, até onde eu sei. Um diretor ou mestre de cerimônias seria útil, ao meu entendimento, apenas para evitar que a consciência suba até o nível mais elevado, e apenas se quiser direcioná-la para outros canais laterais, por assim dizer, conduzindo-a a áreas "psíquicas" como a telepatia etc., ou a uma percepção dos arquétipos (se é que eles existem, o que eu me pergunto às vezes) de sombras, anima e animus, como possa ser o caso (todos eles, até onde eu mesmo sei, são entidades hipotéticas e pickwickianas). É claro que é perfeitamente legítimo e desejável realizar tais experimentos, contanto, claro, que seja mantido em mente o aviso dos místicos, as únicas pessoas que sabem qualquer coisa que seja do assunto. Primeiro que, embora os milagres aconteçam, claro, são graças gratuitas e não salvadoras, sendo, no fim, desprovidas de importância ou, em todo caso, não mais importantes do que qualquer outra coisa — pois, dada a abordagem correta, tudo é, por natureza, infinitamente importante. Em segundo lugar, os *siddhis* ou poderes estranhos são fascinantes e, por conta desse fascínio, perigosos para qualquer um que tenha interesse na libertação, pois, se lhes for dada atenção demais, podem se tornar impedimentos e distrações. Não importa o quanto seja interessante e satisfatória, uma expedição nas áreas do outro lado da rota direta à Luz Clara jamais deve ser tratada com idolatria, como se se tivesse chegado ao objetivo final. A minha própria perspectiva é a de que seria importante interromper os experimentos de tempos em tempos a fim de permitir que os participantes possam seguir, por conta própria, seus caminhos rumo à Luz Clara. Mas talvez uma alternância entre experimentação e visão mística seja psicologicamente impossível; pois quem, após chegar à percepção do fato primordial da unidade no Amor, iria querer retornar à experimentação no nível psíquico? Por isso é melhor encerrar os procedimentos com uma ascensão não direcionada rumo à mais alta consciência possível. Desse modo, não haverá necessidade de interromper a experiência daquilo que tem a importância suprema para cada participante, a fim de trazê-lo de volta às experiências de um valor menor e mais ambíguo. O ponto aonde quero chegar é que o abrir das portas valendo-se da mescalina ou do LSD é uma oportunidade preciosíssima, um privilégio grande demais para ser negligenciado em prol da experimentação. Deve haver experimentação, é claro, mas seria um equívoco se fosse só isso e nada mais. Chega um momento em que o diretor deve parar de direcionar os participantes e deixar que ele mesmo e os outros façam o que quiserem ou, melhor dizendo, façam aquilo que a Quantidade Desconhecida que assumiu os seus lugares quer fazer. O direcionamento pode se dar somente, ou principalmente, a partir de memórias nocionais acumuladas com experiências prévias, a partir daquilo que é conhecido conceitualmente; mas a mais elevada consciência mística surge apenas quando há liberdade em relação ao que já se sabe, quando não há propósito algum em vista, não importando sua excelência intrínseca, mas a pura abertura. O serviço a Deus é a perfeita liberdade e vice-versa, a perfeita liberdade é o serviço a Deus — e onde há um diretor dotado de um propósito científico e até mesmo ético, não pode haver a perfeita liberdade. Na prática, isso significa que, durante pelo menos a última hora da abertura induzida pela mescalina, o diretor deve se retirar e deixar as quantidades desconhecidas dos participantes fazerem o que quiserem. Se quiserem dizer qualquer coisa um para o outro, ótimo. Se não quiserem, ótimo também. O conselho de são Francisco de Sales a mme. Chantal no que diz respeito a "exercícios espirituais" era não fazer nada, mas apenas aguardar. Eu sou da opinião firme de que cada experimento deve terminar ou (caso se entenda que essa seria a melhor opção) deve ser interrompido por um período simples de espera, sem direcionamento nem de fora, nem de dentro. Se não fizermos isso, sinto que estaríamos cometendo um tipo de pecado contra o Espírito Santo. O direcionamento necessariamente exclui o Espírito Santo. Melhor darmos à Quantidade Desconhecidíssima pelo menos uma hora de nossa abertura. As outras três ou quatro podem servir para a experimentação direcionada.

E agora eu vou lhe pedir um favor. Há um homem desafortunado nesta cidade (não o conheço pessoalmente, mas é um amigo de um amigo) que vem aplicando peiote em si mesmo e em outras pessoas desejosas de explorar as regiões mais remotas de sua consciência, se livrar de traumas e compreender o sentido da caridade cristã. Pelo visto, é uma figura muito digna, muito honesta, mas cometeu um crime sem o saber. Pois a posse de um cacto de peiote é crime no estado da Califórnia e este homem possuía uma remessa das plantas que lhe foram enviadas por um jardineiro do Texas, onde o peiote é legalizado. Ele precisará confessar o crime, pois sem dúvida houve uma infração da lei. Nesse ínterim, porém, ele pode dar uma declaração sobre o peiote não ser uma droga perigosa. Ele tem algumas referências, e eu também lhe forneci outras. Se não for muito incômodo, o senhor poderia fornecer também outras referências, médicas, antropológicas e psicológicas? Eu seria extremamente grato se o senhor pudesse me enviar algumas das referências de que o senhor tem conhecimento, para que eu possa repassá-las a esse pobre homem, que está sujeito, sob as penalidades da lei, a ser enviado ao presídio de San Quentin por até cinco anos. Porém, caso as testemunhas de caráter deem um parecer positivo (o que há de acontecer) e com as devidas provas de especialistas que mostrem que a substância não é uma droga perigosa, é possível que ele escape com uma multa e um período de condicional.

Meu amor à sua família.

Afetuosamente,
Aldous

Ao dr. Humphry Osmond

740 North Kings Road,
Los Angeles 46, Califórnia
23 de dezembro de 1955

Meu caro Humphry,

Fiquei bastante feliz ao receber sua carta extensa, porém interessantíssima. O senhor certamente foi bem-sucedido em realizar um número assombroso de coisas num período curtíssimo de tempo.

Fizemos nosso experimento com LSD na semana passada, em que Al, Gerald e eu tomamos 75 microgramas, enquanto [———] tomou cerca de 30. Partindo de uma perspectiva física, eu achei essa substância mais potente do que a mescalina — *i.e.* ela produziu as sensações de frio intenso, como se estivéssemos em choque, que Maria só pode sentir quando tomou a dosagem completa de mescalina. Os efeitos psicológicos, no meu caso, foram idênticos aos da mescalina, e eu tive o mesmo tipo de experiência que se deu numa ocasião anterior — a transfiguração do mundo externo e a compreensão, por meio de uma percepção que envolvia o ser humano como um todo, de que o Uno é o Amor e de que é por isso que Atma é idêntico a Brâman e o porquê de, apesar de tudo, estar tudo bem com o universo. Não tive visões com os olhos fechados — ainda menos do que na minha primeira ocasião com a mescalina, quando havia geometrias móveis altamente organizadas e, em certos momentos, belíssimas e significativas (mas às vezes também bastante banais). Desta vez, mesmo os padrões não eram organizados e não houve nada correspondente ao que descreveram Al e [———] e seu amigo piloto [———] (é esse o nome?). É evidente que, se você não for um visualizador nato ou habitual, você não recebe visões internas sob efeito da mescalina ou do LSD — apenas a transfiguração externa. (Gerald também não teve visões. Eu não tive a oportunidade de discutir com ele em detalhes a natureza de sua experiência, mas certamente visões de olhos fechados não fizeram parte dela.) O tempo corria bem diferente. Tocamos a *Suíte em si menor* de Bach e a *Oferenda musical*, e a experiência foi avassaladora. Outras obras musicais, em comparação (Palestrina e Byrd), pareceram insatisfatórias. Bach foi uma revelação. O andamento das obras não sofreu a menor alteração, mas a música parecia que não parava, avançando e avançando ao longo de séculos e séculos, e era uma manifestação, no plano artístico, da criação perpétua, uma demonstração da necessidade da morte e a autoevidência da imortalidade, uma expressão de como tudo no universo essencialmente é como tem que ser — pois a música ia muito além da tragédia, mas incluía a morte e o sofrimento junto com todo o resto na imparcialidade divina que é o Uno, que é o Amor, que é o Ser ou *Istigkeit*. Quem diabos era Johann Sebastian? Certamente não o velho cavalheiro com dezesseis filhos em seu ambiente protestante opressivo. Em vez disso, era uma manifestação enorme do Outro — mas esse Outro canalizado, controlado, disponibilizado por meio da intervenção do intelecto, dos sentidos e da emoção. Todos nós, acredito, tivemos a mesma experiência de Bach. Pode-se apenas imaginar um ritual ou iniciação em que todo um grupo de pessoas seja transportado ao Outro Mundo por um dos elixires, sentando-se juntos a ouvir, digamos, a *Suíte em si menor* e assim sendo conduzidos à compreensão direta, sem qualquer mediação, da natureza divina. Um dos outros registros que testamos foi o da música bizantina tradicional — a versão grega da gregoriana. Para mim, pelo menos, foi uma experiência meramente grotesca. Aquela única voz berrando suas aleluias e kyries parecia um lacaio gigante curvando-se diante de um Luís XIV consideravelmente magnificado. Apenas a polifonia e apenas a polifonia altamente organizada (estruturalmente, isto é, e não apenas no nível textual, como é o caso de Palestrina) é capaz de transmitir a natureza da realidade, que é a multiplicidade na unidade, a reconciliação dos opostos, a não dualidade da diversidade, a natureza nirvânica do Samsara, o Amor que é a ponte entre o objetivo e o subjetivo, o bem e o mal, a morte e a vida. Nessa ocasião, eu não tive nenhuma consciência telepática espontânea, e nossa tentativa de induzir habilidades psíquicas deliberadamente pareceu, após alguns minutos, tão artificial e farsesca que logo desistimos. Al relatou aos outros membros do grupo ter entrado num estado de consciência telepática, e Gerald exibiu o mesmo tipo de discernimento profético dos espíritos que caracterizou sua primeira experiência de mescalina. Não sei dizer se eu pessoalmente algum dia serei capaz de realizar experimentos psíquicos sob efeito de LSD ou mescalina. É certo que, caso experimentos futuros sejam iguais a esses dois, terei a impressão de que tais experimentos são meramente infantis e desprovidos de sentido. E acredito que, para os propósitos do Entendimento, sejam mesmo — embora não tanto para os propósitos do Conhecimento. Enquanto isso, deixe-me dar um conselho, caso o senhor algum dia experimente mescalina ou LSD em terapia: faça um teste com o efeito da *Suíte em si menor*. Mais do que tudo, eu acredito, ela serve para conduzir a mente do paciente (sem palavras, sem qualquer uso de sugestão ou pressão sutil do médico ou pároco) rumo ao Fato central, primordial, cuja compreensão é a saúde perfeita durante a experiência e cuja lembrança pode servir de antídoto ao mal-estar mental no futuro. Estou certo, porém, de que seria tolice submeter o paciente a qualquer música religiosa sentimental ou até mesmo boas obras musicais religiosas, de teor trágico (*e.g.* o *Réquiem*, de Mozart ou Verdi, ou a *Missa solemnis*, de Beethoven). Johann Sebastian é uma opção mais segura, por ser, no fim, a mais verdadeira à realidade.

Para responder à sua carta, é claro que o efeito estroboscópico não provém da retina. Um dos efeitos estroboscópicos, relatado pelo meu amigo dr. Cholden, era de que os padrões vistos sob efeito do LSD se transformavam, ao se sentar sob o estroboscópio, em paisagens japonesas de uma beleza inefável.

Eu queria que Jung não fosse tão obcecado por símbolos. Um problema com os alemães é que eles sempre se lembram do verso mais bobo da obra de Goethe: "*alles Vergängliche ist nur ein Gleichnis*" [tudo que é passageiro é apenas uma metáfora]. Jamais foi dita uma mentira maior. Todas as coisas transitórias são, por si só, atemporais, e sendo o que são, manifestações do Uno, presente em sua totalidade em qualquer particular — se apenas pudéssemos ver. Esse papo de símbolos é uma pista falsa, e das mais falsas, que nos desvia da trilha das Realidades Dadas "lá fora" na mente (assim como estão lá fora no mundo material, *contra*

Berkeley etc.) e nos leva à selva, sobre a qual ele e seus seguidores escrevem daquele modo túrgido e verborrágico, que é o marco dos junguianos.

A peça parece estar em vias de ser adiada — os produtores tendo feito tamanha confusão que a produção na data prevista agora dá a impressão de ser inviável. Considerando que a nova data vai cair no período eleitoral, que é notoriamente a pior de todas as temporadas para o teatro, eu não estou muito feliz com isso. Mas é o que acontece quando você cai nas garras da gente do teatro. É pedir para ter encrenca, e é isso mesmo que você encontra.

Mande meu amor a Jane e à poeta. Espero que no ano que vem eu possa trazer-lhes contentamento, felicidade, crescimento e compreensão.

Afetuosamente,
Aldous

Capítulo 17

1956
Céu e Inferno

Aldous Huxley

Huxley descreve este livro como um "longo ensaio [...] sobre a experiência visionária e sua relação com a arte e as concepções tradicionais do Outro Mundo. Ele deriva, é claro, da experiência de mescalina, que lançou uma boa quantidade de luz, acredito, sobre todo tipo de coisas" (Bedford, p. 591). O cacto do peiote e seu alcaloide psicoativo, muito mais que o LSD, *produzem efeitos visuais que Huxley compara aos da pintura e de outras formas de arte visionária popular, como espetáculos de lanterna mágica, fogos de artifício, filmes em Technicolor e o estroboscópio — nesse último caso, antecipando os shows de luzes de* acid rock *da década de 1960. Discute-se a base bioquímica da experiência visionária e os vários métodos de obtê-la para além do "acesso químico", bem como a base psicológica para experiências visionárias positivas ou negativas, antecipando os parâmetros de "disposição e ambiente" [*set and setting*] dos pesquisadores posteriores do Projeto de Pesquisa de Psicodélicos de Harvard.*

Nessa sequência às Portas da percepção, *Huxley de novo toma o título emprestado de* O matrimônio do céu e do inferno, *de Blake.*

A experiência visionária negativa geralmente é acompanhada de sensações corpóreas de um tipo bastante especial e característico. Visões extasiantes são frequentemente associadas a um senso de separação do corpo, um sentimento de desindividualização. (Sem dúvida, é esse sentimento que torna possível aos índios que praticam o culto do peiote usar a droga não apenas como um atalho ao mundo visionário, mas também como um instrumento de criação de uma solidariedade afetuosa dentro do grupo participante.) Quando a experiência visionária é terrível e o mundo é transfigurado para pior, a individualização se intensifica e o visionário negativo se vê associado a um corpo que parece ficar progressivamente mais denso, mais firmemente embalado, até encontrar-se por fim reduzido a ser a consciência agonizante de uma massa espessa de matéria, não maior do que uma pedra que pode ser pega com as mãos.

Vale notar que muitas das punições descritas nos variados registros do inferno são punições de pressão e constrição. Os pecadores de Dante são enterrados na lama e encerrados nos troncos das árvores, solidamente congelados em blocos de gelo, esmagados entre pedregulhos. O inferno é psicologicamente verdadeiro. Muitas de suas dores são experimentadas por esquizofrênicos e por aqueles que tomaram mescalina ou ácido lisérgico sob condições desfavoráveis.

Qual a natureza dessas condições desfavoráveis? Como e por que o paraíso se transformou no inferno? Em certos casos a experiência visionária negativa é o resultado de causas predominantemente físicas. A mescalina tende, depois de ingerida, a se acumular no fígado. Se o fígado estiver doente, a mente a ele associada pode encontrar-se em pleno inferno. Mas o que mais nos importa para o presente propósito é o fato de a experiência visionária negativa poder ser induzida por meios puramente psicológicos. Medo e raiva barram o caminho ao Outro Mundo paradisíaco e imergem quem ingere mescalina no inferno.

E o que é verdade para quem toma mescalina também é verdade para quem tem visões espontâneas ou sob hipnose. Foi a partir dessa base psicológica que a doutrina teológica somente pela fé se ergueu — uma doutrina em comum com todas as grandes tradições religiosas do mundo. Os escatologistas sempre acharam difícil conciliar sua racionalidade e sua moralidade com os fatos mais brutos da experiência psicológica. Como racionalistas e moralistas, eles sentem que o bom comportamento deve ser sempre recompensado e que os virtuosos merecem ir para o céu. Porém, como psicólogos, eles sabem que a virtude não é a condição suficiente e única para a experiência visionária bem-aventurada; sabem que as obras por si mesmas não têm poder algum e que é a fé, ou a dedicada confiança, que garante a bem-aventurança da experiência visionária.

Emoções negativas — o temor que é a ausência da confiança, o ódio, a raiva ou a malícia que excluem o amor — são a garantia de que a experiência visionária, se e quando ocorrer, será terrível. O fariseu é um homem virtuoso, mas sua virtude é daquele tipo que é compatível com emoções negativas. Suas experiências visionárias devem então ser mais infernais do que bem-aventuradas.

A natureza da mente é tal que o pecador que se arrepende e faz um ato de fé em um poder superior tende a ter uma experiência visionária mais bem-aventurada do que o pilar presunçoso da sociedade com suas honradas indignações, sua ansiedade em ter posses e pretensões, seus hábitos arraigados de culpa, desprezo e condenação. Daí a enorme importância ligada, em todas as grandes tradições religiosas, aos estados de mente no momento da morte.

A experiência visionária não é a mesma da experiência mística. Esta fica além do reino das oposições; aquela ainda está dentro desse reino. O paraíso está vinculado ao inferno, e "ir ao paraíso" não liberta mais do que uma descida ao horror. O paraíso é apenas um ponto de vista do qual o Solo divino pode ser melhor visto do que no nível da ordinária existência individualizada.

Se a consciência sobrevive à morte corpórea, ela sobrevive, presumivelmente, em todo nível mental — no nível da experiência mística, da experiência visionária bem-aventurada, da experiência visionária infernal e da experiência individual cotidiana.

Na vida, mesmo a experiência visionária bem-aventurada tende a mudar seus signos se persiste por muito tempo. Muitos esquizofrênicos têm seus momentos de felicidade paradisíaca; porém o fato de não saberem quando (diferentemente do que ocorre com quem consome mescalina) ou mesmo se será permitido o seu retorno à banalidade tranquilizadora da experiência cotidiana faz com que até mesmo o paraíso seja tão aterrorizante. No entanto, para aqueles que, por qualquer razão, ficam estarrecidos, o paraíso se transforma no inferno, a bem-aventurança no horror, a Clara Luz no brilho odioso da terra da iluminação.

Algo parecido pode ocorrer no estado póstumo. Depois de ter tido um vislumbre do esplendor insuportável da

Realidade definitiva, e depois de ter se transportado entre o paraíso e o inferno, muitas almas acham possível voltar àquela região da mente mais tranquilizadora, onde podem usar seus próprios desejos e os dos outros, memórias e fantasias, até construir um mundo muito similar àquele que vivem na Terra.

Daqueles que morrem, apenas uma minoria infinitesimal é capaz de uma união imediata com o Solo divino, poucos são capazes de suportar a bem-aventurança visionária do paraíso e poucos se encontram nos horrores visionários do inferno, de onde não conseguem escapar; a imensa maioria termina em uma espécie de mundo descrito por Swedenborg e pelos médiuns. Desse mundo é indubitavelmente possível passar, quando as condições necessárias forem cumpridas, a mundos de bem-aventurança visionária ou a uma iluminação final.

Meu palpite é que o espiritualismo moderno e a tradição antiga estão ambos corretos. Há um estado póstumo do tipo descrito no livro de sir Oliver Lodge, *Raymond*; mas há também um paraíso de experiência visionária bem-aventurada, como há igualmente um inferno do mesmo tipo de experiência visionária terrificante como a sofrida por esquizofrênicos e por algumas pessoas que fazem uso da mescalina; por fim, há também uma experiência, além do tempo, de união com o Solo divino.[35]

35 *Céu e Inferno*, pp. 105-8.

Capítulo 18

1956
Retorno ao admirável mundo novo

Aldous Huxley

Entre julho de 1955 e abril de 1957, Huxley produziu ensaios mensais para a Esquire, *escrevendo sobre uma grande variedade de assuntos na coluna "From the Study of Aldous Huxley". A seguinte análise retrospectiva trata das previsões feitas em seu famoso romance publicado um quarto de século antes, e arrisca outras previsões sobre o futuro da civilização. "O soma do* Admirável mundo novo *não é mais um sonho distante"; os tranquilizantes Miltown, Equanil etc. possuem muitas das mesmas características. A questão é a "droga preferida" — uma expressão profética de uma ideia que viria a se tornar um clichê por volta do fim dos anos 1960. As drogas que Huxley considerava mais interessantes eram a mescalina e o* LSD, *mas ele esperava que "outros transformadores da mente com propriedades ainda mais notáveis" viriam a ser desenvolvidos pelos cientistas.*

A coisa mais perturbadora que pode acontecer com um profeta é provarem que ele estava errado; a segunda é provarem que ele estava certo. Nos vinte e cinco anos que se seguiram desde que *Admirável mundo novo* foi escrito, eu já passei por ambas as experiências. Há eventos que revelaram o quanto eu estava perturbadoramente errado, e o quanto eu estava perturbadoramente certo.

Seguem alguns dos pontos em que eu errei. Por volta do começo da década de 1930, Einstein havia encontrado a equivalência entre massa e energia, por isso já se falava em reações em cadeia; mas os habitantes do *Admirável mundo novo* nada sabiam da fissão nuclear. No começo da década também, todos estávamos cientes da questão da conservação e de recursos não renováveis, mas seu estoque de metais e combustível mineral era tão abundante no séc. VII d.F. (depois de Ford) quanto é hoje. Na verdade, a situação da matéria-prima já estará subcrítica em 600 d.F. e o átomo será a principal fonte de energia industrial. De novo, os habitantes do *Admirável mundo novo* haviam resolvido o problema da superpopulação e sabiam como manter uma relação permanentemente favorável entre os seres humanos e os recursos naturais. Na verdade, será que nossos descendentes chegarão a essa feliz consumação dentro dos próximos seis séculos? E, se eles de fato conseguirem, será que vai ser por meio do planejamento racional ou pela agência imemorial da pestilência, da fome e das guerras intestinas? É claro que é impossível determinar. A única coisa que podemos prever com mais ou menos certeza é que a humanidade (se os seus governantes decidirem se abster do suicídio coletivo) seguirá viajando a uma velocidade vertiginosa pelos trechos mais perigosos e congestionados de suas histórias.

Os habitantes do *Admirável mundo novo* produziam filhos em fábricas bioquímicas. Embora os bebês de proveta não estejam completamente fora de questão, é virtualmente garantido que nossos descendentes seguirão sendo vivíparos. O Dia das Mães não está sob perigo de ser substituído pelo Dia do Tubo de Ensaio. A minha previsão foi feita para propósitos estritamente literários e não como um prognóstico razoável da história futura. Nesse sentido, eu já sabia de antemão que estaria equivocado.

Passamos, então, da biologia para a política. A ditadura descrita em *Admirável mundo novo* era global e, a seu próprio modo peculiar, benevolente. À luz dos eventos atuais e tendências incipientes, eu tenho uma triste suspeita de que essa previsão também possa estar equivocada. É verdade que o século VII d.F. ainda está muito distante e é possível que, até lá, a brutalidade da realidade econômica ou o caos social resultante de guerras nucleares ou conquistas militares por uma Grande Potência, ou alguma combinação brutal das três coisas, terá golpeado nossos descendentes até fazerem o que devíamos estar fazendo agora, por motivos de autointeresse iluminado e humanidade comum — a saber, colaborar em prol do bem comum. Em tempos de paz, quando as coisas estão toleravelmente bem, não se pode esperar das pessoas que votem em prol de medidas que se estima que tenham consequências desagradáveis a curto prazo, embora benéficas a longo prazo. As forças divisórias são mais poderosas do que as forças de união. Interesses escusos em línguas, filosofias de vida, etiqueta, hábitos sexuais, organizações políticas, eclesiásticas e econômicas são poderosos o suficiente para bloquear todas as tentativas, por meios racionais e pacíficos, de unificar a humanidade pelo seu próprio bem. E aí temos o nacionalismo. Com suas cinquenta e sete variedades de deuses tribais, o nacionalismo é a religião do século XX. Podemos ser cristãos, judeus, muçulmanos, hindus, budistas, confucionistas ou ateus, mas permanece o fato de que existe uma única fé pela qual as grandes massas estão preparadas para matar e morrer, e essa fé é o nacionalismo. Parece extremamente provável que o nacionalismo siga como a religião dominante da raça humana durante os próximos dois ou três séculos, no mínimo. Ainda que a guerra nuclear total possa ser evitada, devemos esperar não a ascensão de um único Estado mundial, mas a continuação, sob condições cada vez piores, do sistema presente, sob o qual os estados nacionais competem pelos mercados e matérias-primas e se preparam para guerras parciais. A maioria desses estados provavelmente serão ditaduras. E isso é inevitável, pois a pressão crescente da população exercida sobre os recursos tornará mais difíceis as condições domésticas e mais intensa a competição internacional. A fim de evitar o colapso econômico e reprimir o descontentamento popular, os governos de países famintos serão tentados a pôr em prática controles cada vez mais severos. Além do mais, a desnutrição crônica reduz a energia física e perturba a mente. A fome e o governo de si são incompatíveis. Mesmo nos lugares onde a dieta média fornece 3.000 calorias por dia, já é bastante difícil fazer funcionar a democracia. Numa sociedade cujos membros, em sua maioria, vivem com 1.700 a 2.000 calorias por dia, isso é simplesmente impossível. A maioria subnutrida sempre será governada, de cima, pelos poucos bem alimentados. Conforme aumenta a população (já somos 2,7 bilhões, somando-nos a uma taxa de 40 milhões por ano, um aumento que segue crescendo segundo as regras de juros compostos); conforme as demandas que crescem geometricamente exigem mais e mais de recursos estáticos ou, na melhor das hipóteses, que crescem aritmeticamente; conforme os padrões de vida são rebaixados, à força, enquanto o descontentamento popular aumenta; conforme a luta generalizada pelos recursos cada vez mais raros se torna mais e mais feroz, a tendência dessas ditaduras nacionais é se tornar cada vez mais opressoras no nível doméstico e mais implacavelmente competitivas no exterior. "Governar", diz um dos habitantes do *Admirável mundo novo*, "é deliberar, e não atacar. Governa-se com o cérebro e com as nádegas, nunca com os punhos." Mas onde houver muitas ditaduras nacionais em competição, cada uma com seus problemas domésticos e se preparando para uma guerra total ou parcial contra seus vizinhos, atacar tende a ser preferível a deliberar, os punhos como instrumentos da política, mais que os cérebros e a "inatividade magistral" (para citar a expressão imortalizada pelo lorde Salisbury) dos posteriores. Na política, o futuro próximo há de ser mais parecido com o de *1984*, de George Orwell, do que com o de *Admirável mundo novo*.

Vamos considerar agora os pontos em que eu temo ter acertado. Os habitantes do *Admirável mundo novo* eram os herdeiros e exploradores de um novo tipo de revolução, e essa revolução era, com efeito, o tema da minha fábula. As revoluções passadas ocorreram em todos os campos externos ao indivíduo como um organismo psicofísico — no campo, por exemplo, da organização eclesiástica e do dogma religioso, no campo da economia, no campo da organização política, no campo da tecnologia. A revolução por vir — a revolução cujas consequências são descritas em *Admirável mundo novo* — afetará homens e mulheres, não de forma periférica, mas no próprio cerne de seu ser orgânico. Os revolucionários do passado buscaram alterar o ambiente social na esperança (caso fossem idealistas e não apenas indivíduos com sede de poder) de alterar a natureza humana. Os revolucionários vindouros voltarão suas investidas diretamente contra a natureza humana, tal como eles a encontrarem, no corpo e na mente de suas vítimas — ou de seus beneficiários, se preferirmos colocar nesses termos.

Entre os habitantes do *Admirável mundo novo*, o controle da natureza humana foi obtido por meio da eugenia e da reprodução disgênica, do condicionamento sistemático durante a infância e, depois, pela "hipnopedia", ou instruções dadas durante o sono. O condicionamento de crianças é algo tão antigo quanto a obra de Pavlov e a hipnopedia, embora rudimentar, já é uma técnica bem estabelecida. Fonógrafos com relógios embutidos, que fazem com que sejam ligados e desligados em intervalos regulares ao longo da noite, já se encontram no mercado, sendo usados por estudantes de idiomas estrangeiros, por atores com pressa para memorizar suas falas, por pais desejosos em curar os hábitos problemáticos de seus filhos de molhar a cama, entre outros, por leitores de autoajuda buscando melhoramentos morais e físicos por meio da autossugestão e "afirmações de pensamento positivo". O fato de os princípios da reprodução seletiva, condicionamento infantil e hipnopedia não terem ainda sido aplicados pelos governos se dá, nos países democráticos, pela convicção liberal persistente de que os indivíduos não existem para o Estado, mas que o Estado existe pelo bem dos indivíduos; ao passo que, em países totalitários, o motivo pode ser chamado de conservadorismo revolucionário — um apego à revolução do passado em vez da revolução do futuro. Não há, porém, nenhum motivo para sermos complacentes em acreditar que esse tipo de conservadorismo revolucionário possa persistir de forma indefinida. Um terço de todos os prisioneiros de guerra dos EUA capturados na Coreia sucumbiu, pelo menos em parte, às técnicas chinesas de lavagem cerebral, que decompôs as convicções instaladas pela sua educação e condicionamento infantil, substituindo esses axiomas reconfortantes pela dúvida, pela ansiedade e por uma sensação crônica de culpa. Esses efeitos foram obtidos valendo-se de procedimentos à moda antiga, que combinam instruções diretas com o que se pode chamar de psicoterapia convencional ao contrário, sem fazer qualquer uso de hipnose, hipnopedia ou drogas que afetem a mente. Se todos ou até mesmo apenas alguns desses métodos poderosos tivessem sido usados, a lavagem cerebral provavelmente teria sido bem-sucedida para todos os prisioneiros e não apenas meros 30% deles. Ao seu próprio modo vago e retórico, os políticos que discursam e clérigos que dão sermões gostam de dizer que a luta de hoje não é material, mas espiritual — uma questão não de máquinas, mas de ideias. Eles esquecem de acrescentar que a eficácia das ideias depende, em sua maior parte, do modo como são inculcadas. Uma ideia verdadeira e benéfica pode ser ensinada de forma tão inapta que passa a não surtir o menor efeito sobre as vidas de indivíduos e sociedades. Ao mesmo tempo, é possível martelar noções grotescas e prejudiciais na cabeça das pessoas de uma forma tão hábil que elas, cheias de fé, sairão por aí e moverão montanhas — para a glória maior do diabo e sua própria destruição. No presente, o dinamismo das ideias totalitárias é maior do que o dinamismo de ideias liberais e democráticas, o que não se deve, claro, a uma superioridade intrínseca das ideias totalitárias. O motivo, em parte, é que, num mundo onde a população está ultrapassando com rapidez os seus recursos, tornam-se necessárias medidas cada vez mais amplas de controle governamental — e é mais fácil executar um controle centralizado por meio de métodos totalitários do que democráticos. Em parte também, é por conta do fato de que os meios empregados para a disseminação de ideias totalitárias são mais eficazes e usados de forma mais sistemática do que os meios empregados para disseminar ideias democráticas e liberais. Esses métodos mais eficazes de propaganda, educação e lavagem cerebral totalitárias funcionam, como vimos, bem à moda antiga. Mais cedo ou mais tarde, no entanto, os ditadores abandonarão seu conservadorismo revolucionário e, com ele, também os procedimentos do velho mundo herdados desse passado pré-psicológico e paleofarmacológico. Depois disso, Deus que nos acuda!

Entre os legados do passado protofarmacológico, devemos elencar nosso hábito, quando sentimos a necessidade de melhorar nossos ânimos, de aliviarmos a tensão e tirarmos férias de uma realidade desagradável, de consumir álcool ou, se pertencermos a uma cultura não ocidental, fumar haxixe ou ópio, mascar folhas de coca ou betel, ou qualquer uma dessas dezenas de substâncias inebriantes. Os habitantes do *Admirável mundo novo* não faziam nada disso; meramente engoliam um tablete ou dois de uma substância chamada soma. Desnecessário dizer que esse soma não era o mesmo mencionado nas escrituras hindus — uma droga bastante perigosa derivada de alguma planta, ainda não identificada, nativa do sul da Ásia Central — mas uma droga sintética, dotada de "todas as virtudes do álcool e do cristianismo, sem nenhum de seus defeitos". Em pequenas doses, o soma do *Admirável mundo novo* era relaxante, induzindo euforia e fomentando uma atitude amistosa e a solidariedade social. Em doses médias, transfigurava o mundo externo, agindo como um leve alucinógeno; e em doses altas, era um narcótico. Virtualmente todos os habitantes do *Admirável mundo novo* se consideravam felizes, em parte por conta do fato de terem sido gerados e condicionados para assumir o lugar designado a cada um deles na hierarquia social, em parte por conta das instruções em sono que os levavam a se contentar com seu quinhão na vida e em parte por conta do soma e sua habilidade, graças às suas virtudes, de tirar férias de si mesmos e de suas circunstâncias desagradáveis.

Todos os narcóticos, estimulantes, relaxantes e alucinógenos naturais conhecidos do botânico e farmacólogo modernos foram descobertos pelo homem primitivo, tendo sido usados desde tempos imemoriais. Uma das primeiras coisas que o *Homo sapiens* fez com sua racionalidade e autoconsciência recém-desenvolvidas foi colocá-las para trabalhar para descobrir modos de contornar o pensamento analítico e transcender ou, em casos extremos, temporariamente obliterar a consciência isoladora de si mesmo. Ao experimentarem todas as coisas que brotavam no campo ou na floresta, eles se agarraram àquilo que, nesse contexto, pareceu-lhes bom — tudo, isto é, que pudesse alterar a qualidade da consciência, que a tornasse diferente de sensações, percepções e pensamentos do cotidiano, não importando como. Entre os hindus, práticas de respiração rítmica e concentração mental substituíram, em algum grau, drogas alteradoras da consciência usadas em outros lugares. Mas mesmo na terra do yoga, mesmo entre os religiosos e até mesmo para propósitos especialmente religiosos, a *Cannabis indica* sempre foi usada livremente para suplementar os esforços dos exercícios espirituais. O hábito de tirar férias deste mundo mais ou menos purgatorial, que nós mesmos criamos, é universal. Os moralistas podem condená-lo, mas o hábito persiste, apesar de todo o discurso de reprovação e da legislação repressiva, e há drogas alteradoras da consciência disponíveis por toda parte. A fórmula de Marx, "A religião é o ópio do povo", pode ser invertida, de modo a dizer, de forma ainda mais verdadeira, que "O ópio é a religião do povo". Em outras palavras, a transformação mental, não importa como ela seja induzida (seja por meios devocionais, ascéticos, psicoginásticos ou químicos), sempre foi vista como um dos bens mais elevados que se pode obter, se não o mais elevado. Até o momento presente, os governos consideraram o problema das substâncias químicas alteradoras de consciência apenas em termos de proibição ou, quando tratadas de forma um pouco mais realista, controle e taxação. Nenhum deles até o momento o considerou em sua relação com o bem-estar individual e a estabilidade social;

e pouquíssimos (graças a Deus!) o consideraram em termos de estadismo maquiavélico. Dados os interesses escusos e a inércia mental, continuamos usando álcool como nossa substância principal de transformação mental — assim como nossos ancestrais do neolítico. Sabemos que o álcool é responsável por uma alta proporção de nossos acidentes de trânsito, nossos crimes violentos, nossas desgraças domésticas; porém não fazemos o menor esforço para substituir essa droga antiquada e extremamente insatisfatória por alguma outra substância de transformação mental nova, menos prejudicial e mais iluminadora. Entre os habitantes do *Admirável mundo novo*, a invenção pré-histórica de Noé de bebidas fermentadas foi tornada obsoleta por um sintético moderno, projetado especificamente para contribuir para a ordem social e a felicidade do indivíduo, a um custo fisiológico mínimo.

Na sociedade descrita pela minha fábula, o soma era usado como um instrumento de estadismo. Eram tiranos benevolentes, mas ainda assim tiranos. Seus súditos não eram golpeados até obedecerem, mas coagidos quimicamente até aprenderem a amar sua servidão e cooperarem de bom grado e talvez até com entusiasmo na preservação da hierarquia social. Pelos perversos e ignorantes, toda e qualquer coisa pode ser usada de forma negativa. O álcool, por exemplo, foi usado em pequenas doses, para facilitar o diálogo do pensamento em simpósios (literalmente, "festas para bebedeira") dos filósofos. Mas também foi usado por escravagistas para facilitar o rapto de suas vítimas. A escopolamina pode ser usada para induzir um estado de "sono crepuscular", mas também para tornar o alvo mais sugestionável e amansar prisioneiros políticos. A heroína pode ser usada para controlar a dor, mas também (como dizem ter sido usada pelos japoneses durante sua ocupação da China) para produzir um vício incapacitante num adversário perigoso. A revolução vindoura, se conduzida pelas pessoas erradas, poderia ser desastrosa, tanto quanto uma guerra nuclear e bacteriológica, a seu próprio modo. Ao aplicarem os instrumentos psicológicos, químicos e eletrônicos já existentes (para não falar nada dos mecanismos mais novos e melhores), uma oligarquia tirana seria capaz de manter as massas numa situação permanente e voluntária de submissão. Esta é a profecia que eu fiz em *Admirável mundo novo*. Tenho a esperança de estar enganado, mas um medo doloroso de que é possível que não seja o caso.

Nesse ínterim, deve-se apontar que o soma não é intrinsecamente maligno. Ao contrário, uma droga eficaz em transformar a consciência, mas sem efeitos colaterais, seria uma imensa bênção. E, de qualquer modo (como a história deixa abundantemente claro), jamais haverá a menor possibilidade de nos livrarmos de substâncias químicas alteradoras da consciência. A escolha que nos confronta não é entre o soma e nada; é uma escolha entre soma e álcool, soma e ópio, soma e haxixe, *ololiuqui*, peiote, datura, agárico e todos os outros transformadores mentais naturais; entre o soma e tais produtos da química e farmacologia científica como o éter, o cloral, o veronal, a benzedrina e os barbitúricos. Para resumir, temos que escolher entre drogas mais ou menos inofensivas em geral e uma grande variedade de drogas mais ou menos perigosas e apenas parcialmente eficazes. Essa escolha não deverá ser adiada até o século VII depois de Ford. A farmacologia segue avançando. O soma do *Admirável mundo novo* não é mais um sonho distante. De fato, alguma coisa dotada de muitas das características do soma já está entre nós. Eu me refiro ao mais recente dos agentes tranquilizantes — a Pílula da Felicidade, como os seus usuários se referem a ela, carinhosamente, conhecida nos EUA sob os nomes comerciais de Miltown e Equanil. Essas Pílulas da Felicidade exercem uma dupla atividade: relaxam as tensões nos músculos estriados e assim relaxam, na mente, as tensões associadas. Ao mesmo tempo, agem no sistema enzimático do cérebro de tal modo a impedir que perturbações no hipotálamo interfiram com o funcionamento do córtex. No nível mental, o efeito é um alívio abençoado da ansiedade e da emotividade egocêntrica.

Na minha fábula, o selvagem expressa sua crença de que as vantagens do soma devem ser compensadas por perdas nos níveis humanos superiores. Talvez ele tenha razão. O universo não tem o hábito de dar as coisas sem nada em troca. E, no entanto, há muito o que se dizer de uma pílula que nos permita assumir uma atitude de desapego, ataraxia, "santa indiferença" às nossas circunstâncias. O valor moral de uma ação não pode ser medido exclusivamente em termos de intenção. De boa intenção o inferno está cheio, e precisamos nos responsabilizar pelos resultados. O comportamento racional e gentil costuma produzir bons resultados, os quais permanecem bons mesmo quando o comportamento que os produziu foi, por sua vez, produzido por uma pílula. Por outro lado, será que podemos substituir, com impunidade, a autodisciplina sistemática por uma substância química? É o que veremos.

De todas as drogas transformadoras da consciência, as mais interessantes, se não as mais úteis num sentido imediato, são aquelas que, assim como o ácido lisérgico e a mescalina, abrem as portas ao que se poderia chamar de o Outro Mundo da mente. Muitos trabalhadores já estão explorando os efeitos dessas drogas, e podemos ter certeza de que outras semelhantes, com propriedades ainda mais notáveis, serão produzidas no futuro próximo. É impossível dizer o que fará o ser humano com esses elixires extraordinários. O meu palpite é que eles estão destinados a ter um papel na vida humana pelo menos tão importante quanto o desempenhado, até o momento, pelo álcool, mas incomparavelmente mais benéficos.

Capítulo 19

1956 Correspondência

O ano de 1956 foi vitalmente enérgico e criativo para Huxley. Ele se casou de novo, se mudou para uma nova casa, viajou e deu palestras; Céu e Inferno *foi publicado, e ele começou a trabalhar em* A ilha. *Houve dois experimentos psicodélicos nesse ano. A primeira ocasião foi com Gerald Heard e dois investigadores médicos, durante a qual ele e Heard receberam um novo tranquilizante chamado Frenquel para reverter os efeitos de uma forte dose de mescalina. Huxley comparou a descida temporária que resultou disso à Queda bíblica, depois foi correndo reler o* Paraíso perdido. *Mais tarde, ele e Laura Archera Huxley participaram de uma sessão de baixa dosagem de* LSD *para determinar a potência da hipnose numa sessão psicodélica de recordação de memórias.*

As cartas ao dr. Osmond escritas neste período discutem a estrutura de A ilha *e uma variedade de drogas: o soma dos antigos arianos, os comedores do cogumelo* Psilocybe mexicana, *no México, os bebedores de* ayahuasca (yagé) *na América do Sul. O futuro da pesquisa com substâncias psicodélicas em Los Angeles (então o centro para esses experimentos nos* EUA) *é bastante lastimável. Sua* "correspondência lunática" *fortalece a crença de que a pesquisa com psicodélicos deve ser con-*

duzida na "relativa privacidade de periódicos acadêmicos". A criação do termo "psicodélico" [psychedelic] *e a escolha de Huxley são discutidas numa carta famosa e em outra que acabou de ver a luz do dia. Em duas cartas eloquentes, escritas a mulheres, ele expressa suas especulações espirituais-filosóficas mais profundas sobre as novas drogas. Planos para uma versão musical, em forma de comédia, de* Admirável mundo novo *estimulam um acesso de lirismo apresentado numa das cartas seguintes.*

AO DR. HOWARD FABING[36] [SMITH 736]

740 North Kings Road,
Los Angeles 46, Califórnia
20 de janeiro de 1956

Caro Howard,

Espero que a sua estadia em Monterey tenha sido agradável e frutífera e que o senhor esteja são e salvo em casa de novo. Sua visita foi um evento memorável e o senhor tem a minha maior gratidão — e a de Gerald também, eu bem sei — pelas experiências proporcionadas e pelas oportunidades de discuti-las e avaliá-las. Se e quando eu fizer minha viagem para a costa leste, eu ficarei ansioso por repetir o experimento e renovar as discussões.

36 Texto derivado de uma cópia em papel-carbono enviada por Huxley a Osmond. Fabing é um médico de Cincinnati que colaborou no desenvolvimento do tranquilizante Frenquel — vide a carta seguinte.

Nesse ínterim, eu tenho pensado sobre um dos assuntos que vieram à tona durante a nossa conversa de domingo de manhã — o uso da hipnose em conjunto com a mescalina ou LSD. Parece-me que a hipnose pode revelar-se muito útil aqui de três modos. Primeiramente, nós preparamos o participante para o uso da droga. Ele é posto num estado de transe leve e então conversamos com ele sobre a experiência que ele provavelmente terá — apontando que não há nada o que se temer. O que chamamos pelo nome ordinário de "realidade" é uma mera fatia do fato total que o nosso equipamento biológico, nossa herança linguística (vide Benjamin Whorf) e nossas convenções sociais do pensamento e do sentimento possibilitam-nos apreender (as ideias contidas no clássico de [J. J.] von Uexküll sobre *Umweltlehre* ou "mesologia" são fundamentais nesse contexto. O paramécio, o ouriço-do-mar e o cão — cada um tem o seu universo, e cada um dos universos é distinto do outro. O universo condicionado biológica, social e linguisticamente do ser humano é muito mais rico do que o dos outros animais, porém ainda é uma pequena fatia do melão. A mescalina e o LSD permitem-nos cortar outro tipo de fatia — uma fatia que não é muito boa para nós como criaturas que precisam sobreviver e competir, mas pode nos ser extremamente útil na medida em que somos criaturas capazes e desejosas de compreensão. Em termos simples, ideias desse tipo podem ser transmitidas ao participante hipnotizado antes de a droga ser consumida. Isso evitará que ele entre em pânico diante da mera estranheza de sua experiência.

Em segundo lugar, seria interessante ver o que se pode fazer com a hipnose enquanto o participante está sob efeito da droga. Para começar, será que uma pessoa sob efeito da mescalina sequer pode ser hipnotizada? E, se sim, será que sugestões hipnóticas podem direcionar suas capacidades visionárias recém-descobertas para canais específicos — *e.g.* rumo ao reino de suas memórias cavernosas da infância ou rumo a áreas específicas do pensamento e da imagem? Será que podemos sugestioná-lo de modo que possa ver um episódio das *Mil e uma noites* ou dos Evangelhos ou do reino da mitologia e símbolos arquetípicos?

Por fim, seria interessante hipnotizar a pessoa após o retorno da viagem de mescalina, tentando fazê-la reviver o que viu sob o efeito da droga, mas sem o seu uso — o que, me parece, deve ser tentado enquanto começam a passar os efeitos da droga. Tentar prolongar e ampliar a experiência por meio da sugestão, mas, ao mesmo tempo, dar uma sugestão pós-hipnótica no sentido de não ter nenhuma dificuldade para recapturar a experiência completa em datas posteriores. Repetir o experimento nos dias seguintes e observar se a hipnose é capaz de estabelecer não apenas uma memória da experiência da mescalina, mas uma rememoração total ou até mesmo uma nova experiência do mesmo tipo. Se isso parecer funcionar, dar sugestões pós-hipnóticas no sentido de que a pessoa será capaz de entrar no estado visionário à vontade sob efeito da autossugestão. Essa recordação e reativação vívidas da experiência visionária podem, no fim das contas, ser impossíveis. Por outro lado, é possível que não seja o caso. Mas tenho certeza de que o experimento vale a pena ser testado — e com um grande número de participantes, haja vista que há uma diferença enorme nessas questões entre as capacidades de uma e outra pessoa. O fato de que algumas pessoas entram no mundo visionário sob efeito da hipnose, eu mesmo sei por experiência. Minha esposa, por exemplo, entra num mundo dotado do mesmo tipo de luminosidade e significância que o mundo da mescalina, onde há vastas paisagens, em sua maior parte desertos, e uma variedade de personagens. Seria interessante descobrir se seria possível, como resultado da abertura da porta por meios químicos, que pessoas normalmente incapazes de acessar o "outro mundo" de forma espontânea ou por meio da hipnose conseguissem abrir mão da chave farmacológica e alcançar o destino da mescalina por meios puramente psicológicos (*seja lá* o que essa frase queira dizer!).

Por favor, mande lembranças minhas ao dr. P. e a Bobby Brown, em quem eu sempre penso com muito carinho.

Atenciosamente,
Aldous Huxley

Ao dr. Humphry Osmond [Smith 737]

740 North Kings Road,
Los Angeles 46, Califórnia
21 de janeiro de 1956

Meu caro Humphry,
Agradeço muitíssimo pela sua carta. Espero que o inverno de Saskatchewan esteja em vias de ficar um pouco menos desesperador. É certo que me parece que este inverno está sendo bem ruim em toda parte — há uma forte seca por aqui, chuvas desastrosas no Noroeste Pacífico, um frio as-

sombroso no Centro-oeste e nos estados da região Leste, mas também na Europa. Talvez nossas palhaçadas com a bomba H tenham algo a ver com isso — nuvens inoportunas de poeira podem ter causado precipitação e formação de nuvens de maneiras inesperadas. Muitíssimo ignorantes daquilo de que mais fomos avisados (nossa essência transparente), tal como símios irados, nós armamos nossos truques fantásticos não diante dos céus, mas *neles próprios*.

E, falando em essências transparentes, Gerald e eu passamos por mais uma experiência de mescalina na semana passada. Desta vez foi com o dr. Howard Fabing, de Cincinnati — um homem muito bacana, inteligente e de cabeça aberta — junto com outro médico e uma jovem farmacóloga, a dra. Barbara Brown, responsável pelo desenvolvimento da droga Frenquel. Fabing queria testar os efeitos de Frenquel em nós, a fim de obter nossas impressões de como é quando a experiência de mescalina é interrompida por esse novo tranquilizante. Ele nos aplicou 500 mg de uma variedade particularmente pura de mescalina, preparada especialmente para ele no Antioch College. Os efeitos foram poderosos. Muitos efeitos visuais com os olhos fechados — embora nunca consistentes ou duradouros, apenas geometrias móveis que se modulam ou parecem prestes a se modular em arquiteturas. A percepção do tempo foi também alterada de maneira profunda, e havia literalmente uma vida longa de experiências da beleza, do ser e do amor. Fabing nos deu uma dose cavalar de Frenquel intravenoso cerca de duas horas após a ingestão da mescalina. Os efeitos foram perceptíveis dentro de um quarto de hora. Foi uma experiência incômoda, como a descrita por Emily Brontë:

Ó, que pavor o peso — que intenso o sofrer —
Quando o ouvido se põe a ouvir, e a vista a ver —
(ver e ouvir ao modo de um ego distinto e encapsulado)
Quando começa o pulso, e a pensar, a mente,
(pensar discursivamente, de forma biológica e utilitária)
A alma sentindo a carne; e a carne, a corrente.

Foi uma experiência da Queda, tornada ainda mais incômoda pelo fato de que o retorno do eu foi acompanhado por uma tontura e um desarranjo físico generalizados, semelhantes ao que se sente quando se está bêbado (que interessante, de repente me ocorreu, que o Adão e a Eva de Milton tivessem ficado inebriados após comerem do fruto! Devo conferir o trecho no *Paraíso perdido*). Essa experiência de embriaguez da Queda durou aproximadamente 45 minutos, então nós dois voltamos à condição da mescalina. É evidente que o Frenquel intravenoso é excretado rapidamente. Uma vez que essa interrupção foi removida com segurança, a mescalina retornou de seu esconderijo no fígado. Fabing agora está convencido de que, para ser eficaz, o Frenquel precisa ser aplicado em pequenas doses repetidas ao longo de breves intervalos, não numa única dose forte. Gerald e eu continuamos a sentir os efeitos até tarde da noite (tomamos a coisa às três da tarde). Por volta das seis ou seis e meia, eu levantei e saí à varanda, passando pela porta da frente. Na parede da casa, entre as janelas da minha grande sala de estar, há dois desenhos em carvão, ainda vagamente visíveis, feitos pelo meu cunhado Joep Nicolas, quatro ou cinco anos atrás. É o meu perfil e de Maria — contornos traçados em torno das sombras lançadas pelo sol poente. Eu não podia de fato ver os contornos, pois havia pouquíssima luz. Mas de repente pensei neles e fui tomado por um luto intenso. Não sei por quanto tempo chorei, mas devo ter descarregado uma grande acumulação de lágrimas jamais choradas. Foi muito doloroso, mas muito necessário.

Envio em anexo uma cópia da carta que estou enviando a Fabing sobre o assunto de possíveis experimentos com a hipnose, antes, durante e após a aplicação de mescalina. Espero que ele os ponha em prática — e espero que o senhor também o faça, pois pode haver possibilidades significativas nessa linha.

Todo meu amor a Jane.

Afetuosamente
Aldous

Ao dr. Humphry Osmond [Smith 740]

740 North Kings Road,
Los Angeles 46, Califórnia
14 de março de 1956

Meu caro Humphry,

Obrigado por sua carta excelente e interessantíssima. Acredito que o senhor tenha razão quanto aos indígenas[37].

37 Osmond havia reparado que a Igreja Nativa da América do Norte (que ele conhecia como Faisão Vermelho, Sask.) tinha uma religião notável e possivelmente sem igual na medida em que seus ritos eram realizados na forma de pequenas atividades em grupo, sem qualquer sacerdócio formal, por meio de um elixir, com a obtenção de uma experiência partilhada por toda a congregação. Cf. também a introdução de Osmond a *The Witnesses* (1967), de Thomas Hennell, p. xlii. [Nota de Smith]

O soma, na Índia, era consumido apenas pelos sacerdotes — e era uma droga perigosa, da qual muita gente morreu. Os devotos de Dioniso ficavam bêbados juntos — mas a bebida sequer pode ser chamada de elixir, é só álcool. Ouso dizer que alguns dos usuários tropicais de substâncias alteradoras de consciência podem ter esbarrado no produto indiano de forma independente — mas como descobrir isso, de fato? Em todo caso, eles seriam remotos e primitivos demais para essa descoberta ter maior significância para nós. É evidente que os comedores de cogumelos de Gordon Wasson, no sul do México, faziam uso de um elixir em pequenos grupos, sob direcionamento de um sacerdote ou sacerdotisa. Seu relato[38] de suas próprias experiências parece ser quase idêntico à experiência do peiote — incluindo o efeito emético. Ele ficou extremamente impressionado pelo procedimento todo — e quando um parceiro na J. P. Morgan se impressiona com esse tipo de coisa, deve ser impressionante mesmo! Tenho a esperança de que o senhor possa descobrir mais sobre a sua Native Church em Saskatchewan. Recebi o convite de alguns peiotistas indígenas em Ponca City, Oklahoma, para participar de uma de suas reuniões, mas não pude aceitá-lo até o momento por conta da tirania do tempo e do espaço.

Já escrevi três artigos para o *Sunday Times* sob o título "Retorno ao admirável mundo novo" — um sobre o futuro do ponto de vista demográfico, um sobre a relevância do arranjo político AMN para o futuro imediato e um terceiro sobre o soma (variedade AMN), sua relevância para o presente consumo em

38 *Russia, Mushrooms and History* (1957), mas é possível que Huxley se referisse à reportagem de Wasson à revista *Life*.

massa de "Pílulas da Felicidade" (Miltown-Equanil) e sua relevância social, ética e psicológica. Espero poder explorar mais a fundo esse problema quando embarcar em minha futura fantasia sobre uma sociedade imaginária, cujo propósito é levar seus membros a realizar seus potenciais mais elevados. Devo situar a fábula não no futuro, mas numa ilha hipotética do oceano Índico, não distante das Ilhas Andamão, e habitada apenas pelos descendentes de colonos budistas do continente, que, por isso, sabem tudo sobre o Tantra (o que é mais do que eu sei — mas posso aprender um tanto e fingir outro tanto!). Para construir uma ponte entre nós e eles, vou postular um inglês que tenha feito fortuna da forma mais cínica possível nos dias derradeiros da Companhia das Índias Orientais. Ele vem explorar a ilha e acaba ficando por lá após testemunhar, num tipo de conversão psicológica, que o seu povo já detinha a maioria das respostas. Ele fica, organiza um tipo de escola sapiencial numa síntese do Ocidente e Oriente e está por perto, já idoso, quando um outro inglês chega às suas praias. Sua história é a de que é um jovem criado num lar evangélico. Como consequência, acaba enlouquecendo, vai parar num hospício (andei lendo Zilboorg e outros livros para acertar bem o tom do horror dos manicômios no começo da Era Vitoriana) e acaba sendo curado graças à chegada ao hospício de um superintendente razoável e humano, como o dr. Conolly. Então é mandado numa viagem para melhorar a sua saúde e vai parar na ilha, onde esse homem mais velho o leva e o reeduca na visão sacramental do sexo e outras funções naturais, o submete a uma iniciação, na qual um elixir local desempenha um papel importante etc., etc. Quando enfim retorna à Inglaterra, ele é um homem de fato são e plenamente desenvolvido — tanto que logo se encontra confinado, mais uma vez, num hospício, por seus parentes perturbados e subdesenvolvidos. Nesse ínterim, claro, a ilha acaba sendo dominada por potências coloniais, e toda sua sabedoria é sistematicamente sufocada — como foi o caso, num grau menor, quando a Grã-Bretanha arruinou a ordem social tradicional de Burma —, o que se dá em sua maior parte pela introdução, com a melhor das intenções, de um sistema coerente de direito no lugar da arbitragem local assistemática, logicamente indefensável, porém psicologicamente bem-sucedida, de chefes desprovidos de autoridade. Esse modelo há de permitir a exploração plena do que haveria de ser, o que poderia ser, talvez, e o que já foi e é de fato...

Afetuosamente,
Aldous

Ao dr. Humphry Osmond [Smith 744]

740 North Kings Road,
Los Angeles 46, Califórnia
30 de março de 1956

Caro Humphry,
Obrigado por sua carta, à qual responderei em breve, pois estou ansioso para conversar logo com o senhor mais longamente em Nova York. Quanto ao nome para essas drogas — que grande problema! Eu já conferi a obra de Liddell e Scott e descobri que existe o verbo *phaneroein*, "tornar visível ou manifesto" e um adjetivo *phaneros*, que significa "manifesto, à

vista, evidente". A palavra é usada na botânica — fanerógamo em oposição a criptógamo. "Psicodético"[39] é um termo que eu não entendi muito bem. É análogo de geodético, geodésico? Se sim, seria então algo que divide a mente, pois "geodésico" é divisor da terra, de *gē* e *daiein*. Será que poderíamos chamar essas drogas de psicófanos? Ou drogas faneropsíquicas? E que tal fanerotímicas? *Thymos* significa "alma", em seu uso primário, sendo o equivalente do *animus* latino. É uma palavra eufônica e fácil de pronunciar, além de já ter parentes no jargão psicológico — *e.g.* ciclotímico. Em geral, eu acho que é um termo melhor do que psicófano ou faneropsíquico.

Espero poder voar para a costa leste por volta do dia 10 ou 11. Avisarei com antecedência qual será o local onde eu vou ficar — possivelmente não será num hotel, mas num apartamento emprestado.

Atenciosamente,
Aldous

39 Osmond havia mencionado "psicodélicos" [*psychedelics*] como opção para o novo nome de drogas que alteram a consciência, a fim de substituir o termo "psicotomiméticos". Huxley aparentemente cometeu um erro de leitura e entendeu "psicodéticos", por isso a sua confusão. Osmond responde: "Para um mergulho infernal ou voo angélico, tome uma pitada de psicodélico". Huxley invariavelmente prefere a grafia *psychodelic*, pois ele e outros consideravam a outra versão incorreta. A grafia na edição inglesa deste volume foi mantida, pois era a preferência do autor. No entanto, vale apontar que a decisão do uso desse termo não passa nos critérios de Osmond, que inclui "não ter sido contaminado por outras associações". Numa carta ao dr. A. Shulgin, de 1969, Osmond fornece uma versão diferente desse versinho colaborativo:

Para deixar este planeta mundano mais ótimo /
Tome meio grama de um fanerótimo /
Para um mergulho infernal ou voo angélico /
Basta uma pitada de psicodélico /
Para deixar este mundinho banal mais ótimo /
Tome meio grama de um fanerótimo. (n.t.) [Nota de Smith]

Ao dr. Humphry Osmond [Smith 747]

740 North Kings Road,
Los Angeles 46, Califórnia
29 de junho de 1956

Caro Humphry

Sentimos muito a sua falta em nossa pequena conferência. Da sua parte, acredito que, se o senhor estivesse lá, teria se interessado bastante e se entusiasmado com o relato de Puharich sobre os efeitos das gaiolas e da liberação na atmosfera de íons de cargas positivas ou negativas. Se essa obra se confirmar, haverá de agora em diante um método por meio do qual (pelo menos por ora apenas para os sensitivos), as faculdades paranormais podem ser ativadas até sua máxima e improvável potência pelo simples apertar de um botão. Tendo estabelecido um ambiente eletrônico padronizado, Puharich testará, sistematicamente, o efeito que várias drogas, odores, estímulos sonoros e afins têm sobre a paranormalidade. Há de ser uma exploração das mais produtivas.

Al [Hubbard] também se saiu ótimo. Seus métodos de exposição são um pouco confusos; mas suponho que ele e seu grupo tenham a essa altura já uma grande quantidade de material escrito sobre os seus casos — um material que há de demonstrar como funciona a outra linha de experimentos. Pois há de proceder, obviamente, pelos dois caminhos — a linha puramente científica e analítica de Puharich, testando fator atrás de fator em ambientes padronizados, e a linha do naturalista, do psicólogo e terapeuta, que utiliza a droga para curar e iluminar. E, no processo, se acaso for um bom observador, capaz de pensar com clareza, ele descobre novos fatos sobre o organismo psicofísico.

Aqui em Los Angeles, nenhuma das linhas de pesquisa está sendo considerada. Temos um ou dois médicos aplicando a substância e compilando casos de experimentos particulares, um ou dois trabalhando com neuróticos ou psicóticos com auxílio da droga e nenhum pesquisador analítico. Além do mais, sequer enxergo a possibilidade de montarmos um tal grupo como o que Al tem agora em Vancouver — porque não temos nenhum Al, isto é, ninguém dotado do empreendedorismo necessário (o homem de negócios, por definição, é incapaz de fazer qualquer coisa que seja antiamericana), os contatos necessários com a Igreja e o Estado, bem como a relação com uma área delicada da ciência que o permita liderar o fornecimento da droga. De novo, nem Gerald [Heard] nem eu podemos alegar sermos boas cobaias para experimentos. Pois não temos visões com os olhos fechados, não demonstramos o menor sinal de efeitos paranormais e parecemos interessados demais no "conhecimento obscuro" da Quididade a ponto de não nos atrairmos muito por outras coisas. Por isso parece que o trabalho científico e o terapêutico precisarão ser executados em outras paragens.

Agora, quanto a datas e temporadas. Quando é cômodo para o senhor vir a Vancouver no mês de agosto? Posso conformar meus planos aos seus. Por isso, por favor me avise qual data lhe será melhor, e eu vou mirar por ali. Não sei qual será meu papel exato nessa performance — presumo que seja mais ou menos o de um interrogador inteligente, perguntando ao especialista o que é que há.

Afetuosamente,
Aldous

Para Victoria Ocampo[40] [Smith 750]

3276 Deronda Drive,
Los Angeles 28, Califórnia
19 de julho de 1956

Cara Victoria,

[...] Estou feliz por ter gostado do meu livrinho [*Céu e Inferno*]. Que estranho é o fato de todos nós carregarmos conosco este enorme universo da visão e do que está além da visão — ao mesmo tempo, porém, em que não temos consciência do fato! Como podemos aprender a passar, à vontade, de um mundo da consciência para outros? A mescalina e o ácido lisérgico abrirão a porta, mas ninguém gosta de depender exclusivamente dessas substâncias químicas, por mais que possam ser mais ou menos inofensivas. Eu já tomei mescalina seis vezes até o momento e fui levado além do reino da visão para o reino daquilo que os místicos chamam de "conhecimento obscuro" — a revelação da natureza das coisas acompanhada pela percepção de que, apesar da dor e da tragédia,

40 Amiga de longa data, da Argentina, e editora da distinta revista literária *Sur*.

está tudo certo no universo, em outras palavras, a percepção de que Deus é Amor. São palavras constrangedoramente bobas, inverdades do ponto de vista da consciência mediana. Mas quando passamos para um nível superior, vê-se que elas representam o Fato primordial, do qual a consciência é uma parte no momento. A arte suprema da vida seria a arte de passar, à vontade, do conhecimento obscuro para o conhecimento utilitário conceitualizado, do estético para o místico; e o tempo todo ser capaz, nas palavras do mestre Zen, de apanhar o não particular que existe nos particulares, estar ciente do não pensamento que repousa no pensamento — o absoluto nas relações, o infinito nas coisas finitas, o eterno no tempo. O problema é: como aprender a arte suprema da vida?

Acabamos de nos mudar para uma nova casa, no alto das colinas, e tudo ainda está muito confuso. Fique bem, minha cara Victoria.

Sempre afetuosamente,
Aldous

Ao dr. Humphry Osmond [Smith 751]

3276 *Deronda Drive,*
Los Angeles 28, Califórnia
22 de julho de 1956

Caro Humphry,

Nossas cartas se atravessaram, a sua tendo se atrasado por aqui pelo fato de estarmos mudando de endereço, morando numa casa e recebendo a correspondência na outra. Eu gostaria que nossos períodos de lazer tivessem coincidido. Não tenho nenhum no momento e, junto com essa falta de lazer, há também um péssimo pressentimento quanto à TV, particularmente no que diz respeito a esse campo. A correspondência excêntrica que eu recebo já é muito mais abundante do que gostaria — recebi uma carta uns dias atrás das Ilhas Maurício, de um cavalheiro que saiu uns vinte anos atrás determinado a obter a iluminação e que, segundo ele próprio, agora escreveu o mais extraordinário livro da história do mundo. Por isso, ele me pediu para que escrevesse uma introdução ao seu livro e lhe garantisse uma bolsa do Instituto de Estudos Avançados em Ciências Sociais da Ford Foundation ou, se isso não fosse possível, um emprego num jornal americano! Para não dizer nada do cavalheiro de Chicago que acabou de descobrir a Verdade Absoluta e envia cartas e telegramas sobre o assunto para o presidente Eisenhower e Bertrand Russell; ou o dermatologista mexicano que pensa que a mescalina pode ser útil para cuidar do eczema e me pediu que eu lhe dissesse onde ele poderia obter a droga; ou então o jovem de Yorkshire que comeu um botão de peiote fornecido por um amigo que planta o cacto e passou três dias numa condição na qual toda música que ele ouvia soava um tom mais agudo do que devia (um fenômeno interessante, por acaso, e que valeria a pena testar com voluntários de pendor musical. Laura acredita que ele não aumenta de fato o tom da música, até onde ela entende; ele meramente faz parecer que a execução da música foi dotada de uma verve, perfeição e energia extraordinárias — o que costuma dar a impressão de que a música está sendo tocada meio em sustenido).

Como dito pelo senhor em sua carta, ainda sabemos muito pouco sobre psicodélicos, e até sabermos um pouco mais acredito que a questão deva ser discutida e as investigações descritas na relativa privacidade de periódicos acadêmicos e na obscuridade decente de livros e artigos moderadamente cultos. O que quer que se diga no ar está fadado a ser incompreendido; pois as pessoas interpretam do discurso ouvido ou impresso aquilo que estão predispostas a ouvir e ler, não o que está lá. Tudo que a TV é capaz de fazer é amplificar aos milhares o número de maus entendedores — e ao mesmo tempo aumentar o alcance dos mal-entendidos na medida em que não fornece o menor texto objetivo ao qual os ignorantes voluntários possam se referir. *Littera scripta manet, volat irrevocabile verbum*[41].

Nos intervalos entre escrever artigos para a *Esquire* e fazer correções em minha peça, estou trabalhando um pouco na minha fantasia — escrevendo os primeiros capítulos da infância do herói em seu contexto no começo da era vitoriana e ruminando os problemas que hão de surgir quando ele chegar à ilha hipotética no oceano Índico, onde seu tio foi trabalhar de cirurgião para o marajá local (vou fazê-lo emular o dr. [James] Esdaile e cortar tumores de elefantíase em transe mesmérico) e assumiu um tipo de filosofia e práxis tântricas, visando ajudar as pessoas a concretizarem suas capacidades em potencial e conceder-lhes controle sobre seu destino, primariamente por meio do controle do sistema nervoso autônomo e da alma vegetativa, além do acesso ao

41 Uma das versões de um famoso provérbio latino, "A letra escrita permanece, a palavra dita voa, irrevogável". (N. T.)

Atma-Brâman. Espero que eu seja capaz de levar este projeto a cabo com algum grau de sucesso.

Todo meu amor a Jane e aos Hubbard.

Sempre afetuosamente,
Aldous

Ao dr. Humphry Osmond [Smith 756]

3276 Deronda Drive,
Los Angeles 28, Califórnia
23 de setembro de 1956

Meu caro Humphry,
Sua bela carta de dois dias atrás cumulou carvões em brasa sobre a minha cabeça; pois eu venho sendo terrivelmente negligente com minha escrita. Meu irmão acabou de partir, após ter estado aqui, com sua esposa, durante uma quinzena; e as atividades em sua companhia, junto com a grande quantidade de trabalho, mantiveram-me excessivamente ocupado, por isso a correspondência vem se acumulando até uma altura alarmante e ameaça me engolir por inteiro.

Enquanto Julian esteve aqui, fomos ver, na UCLA, os ratos e gatos e macacos com eletrodos colados em várias partes de seus cérebros. Eles apertam uma pequena alavanca que lhes dá um leve e breve choque elétrico — e a experiência, em certas posições dos eletrodos, é tão maravilhosamente extática, como se observa claramente, que eles chegam ao ritmo de oito mil autoestímulos por hora, até colapsarem de exaustão, fome e privação de sono. Aqui estamos obviamente chegando muito perto de reproduzir o paraíso muçulmano, em que cada orgasmo dura seiscentos anos.

Nosso último experimento com o LSD em conjunto com hipnose — com a ideia de hipnotizar os participantes e dar-lhes sugestões pós-hipnóticas visando ao efeito de reproduzir experiências de LSD ao ouvirem um comando específico — não foi muito bem-sucedido, no que diz respeito ao procedimento hipnótico. É possível que as sugestões, para funcionarem, precisem ser repetidas em diversas ocasiões. Ou pode ser também, claro, que os efeitos do produto químico não sejam reprodutíveis por meios psicológicos, na maioria dos casos. O que foi interessante para mim no experimento foi o fato de que 50 gramas de LSD bastaram para produzir em mim o efeito virtualmente completo da dosagem padrão, enquanto com Laura bastaram 25 gramas para se obter um ótimo efeito. Pode ser que o hipnotismo preliminar ajude a maximizar o efeito da substância química.

Tive uma comunicação interessante alguns dias atrás com um homem que costumava fazer comércio na selva do Alto Amazonas, ao pé dos Andes, e agora dá aula de artes numa escola secundária da Califórnia. Ele deu um relato completo de uma droga chamada ayahuasca usada pelos indígenas[42], derivada de uma mistura de plantas locais e eficaz apenas em altas doses — é preciso engolir um litro de um líquido amargo. O resultado é bastante próximo da experiência com peiote, com as visões assumindo formas predominantemente vegetais ou semelhantes a vegetais, de

42 *Banisteriopsis caapi*, também chamada de *yagé*.

modo que os nativos a usam num tipo de veneração à natureza, combinada com o diagnóstico paranormal e revelações sobre ervas curativas. O homem me pediu para devolver seu artigo, mas eu pedi que enviasse uma cópia para você, junto com outras informações botânicas que ele possa ter.

Que boa notícia a da sua vinda à Califórnia mais para frente neste outono. Laura e eu estaremos em Nova York de 16 de outubro a 1º de novembro (com possíveis ausências durante dois ou três dias). Preciso dar uma palestra no banquete da Academia de Ciências de Nova York, que está sediando um simpósio sobre tranquilizantes. Vou discorrer sobre a história da tensão e métodos de liberá-la elaborados por diferentes culturas do passado. Será que tem alguma possibilidade de que o senhor possa estar em N.Y. nesse período?

A situação da peça ainda está num *status quo* — de Liagre, o produtor, segue no aguardo de notícias de Deborah Kerr. [...] Enquanto isso, eu adiei o trabalho na minha fantasia para embarcar numa adaptação para uma comédia musical de *Admirável mundo novo*. O primeiro ato já foi concluído e parece bastante animado. Após eu terminar tudo lá na Academia de Ciências de Nova York, vou prosseguir com a parte da Reserva dos Selvagens. Se tudo correr bem e eu conseguir alguém bom para compor a parte musical — alguém como Leonard Bernstein — talvez os resultados sejam notáveis.

Muito amor ao casal.

Afetuosamente,
Aldous

A Matthew e Ellen Huxley[43] Smith [757]

3276 Deronda Drive,
Los Angeles 28, Califórnia
30 de setembro de 1956

[...] Julian e Juliette estiveram aqui durante duas semanas e nós observamos os espetáculos científicos aqui, na Caltech, em La Jolla e no zoológico de San Diego. Nos intervalos, eu venho trabalhando em três projetos — meu artigo de sempre para a *Esquire*, meu discurso sobre a história da tensão para a Academia de Ciências de Nova York e uma nova versão, na forma de comédia musical, de *Admirável mundo novo* — pois todo mundo me diz que a ficção científica não tem como ter sucesso no palco como uma peça normal, mas pode ser aceita quando o contexto deixa de ser realista e faz uso de canto e música. Terminei já o primeiro ato — reescrevendo completamente o material produzido pelo sr. [———], responsável pela adaptação original e ainda detentor de parte dos direitos. Mas é melhor ter meio pão do que nenhum, e eu espero que, se os outros atos forem tão satisfatórios quanto o primeiro, talvez eu tenha algo que eles possam encenar. Estou tendo que me desviar do livro, porque a história precisa ser abreviada — 60 páginas de roteiro, contra as 120 páginas padrão de uma peça normal. Mas essa simplificação fornece uma melhoria dramática...

...Aqui está!

43 O filho e a nora de Huxley.

Epsilones (cantando)
Chega de Mamãe, chega de Papai:
Que sorte a nossa, que alegria,
Todo mundo está, ah, tão feliz,
Todo mundo está feliz agora!

Sexo aos montes, mas sem casamento;
Chega de empurrar carrinhos de bebê;
Ninguém tem que trocar fralda —
Que sorte a nossa, que alegria,
Todo mundo está feliz agora!

Droga para o chá e droga para o jantar,
Farra à noite toda e amor e risos;
Sem remorso, sem ressaca.
Cadê o pecado e quem é que peca?
Todo mundo está feliz agora!

Meninas pneumáticas, meninas exóticas,
Meninas extáticas, meninas eróticas —
Me abraça, baby, daquele jeito.
Todo mundo está, ah, tão feliz,
Todo mundo está feliz agora!

Muito o que comer e horas para beber
Coquetéis de soma — chega de pensar.
CHEGA DE PENSAR, CHEGA DE PENSAR!
Todo mundo está feliz agora!

Sempre afetuosamente,
Aldous

À SRA. ELLEN HUXLEY [SMITH 761]

3276 Deronda Drive,
Los Angeles 28, Califórnia
20 de novembro de 1956

Caríssima Ellen,

Muito obrigado por seu relato fascinante da experiência de mescalina. Humphry esteve aqui e discorreu um pouco sobre o evento — mas com alguma reticência, pelo que eu senti, como se algo lhe tivesse acontecido que ele não estava muito disposto a discutir. Acaso a senhora teve a mesma forte impressão que eu tive nas ocasiões recentes em que tomei a substância? Uma sensação avassaladora de gratidão, um desejo de agradecer à Ordem das Coisas pelo privilégio dessa experiência em particular e também pelo privilégio — pois isto é o que sentimos ser, apesar de tudo — de viver num corpo humano neste planeta em particular? E aí vem essa sensação intensa de compaixão por aqueles que, por qualquer motivo, fazem com que seja impossível para eles próprios chegar perto da realidade revelada pela droga — a realidade que está sempre lá para ser percebida por aqueles dotados do estado de espírito correto. A compaixão pelas pessoas boas e intelectuais, mas de um modo excessivamente rígido, que vivem no mundo doméstico de seu próprio sistema ético e social, suas próprias noções favoritas do que é o quê; e a compaixão pelo outro lado da escala, por aqueles que se cegam com o egoísmo excessivo, com o álcool e festas e TV. Parte da compaixão e parte da gratidão permanecem, mesmo após o fim da experiência. Jamais é possível ser a mesma pessoa novamente...

Afetuosamente,
Aldous

À sra. Ellen Huxley [Smith 763]

3276 Deronda Drive,
Los Angeles 28, Califórnia
6 de dezembro de 1956

Caríssima Ellen,

Obrigado por sua carta. Sim, como é estranha também a sensação da desimportância da morte, combinada com a da suprema importância da vida. As únicas pessoas que *não* conseguem tirar nada do LSD ou da mescalina são os psicanalistas. Houve dois aplicadores aqui que a administraram a vários freudianos. Nenhum deles recebeu nada de positivo — exceto um, que afirmou, ao ir ao banheiro, ter reparado que "suas excreções tinham um cheiro mais forte e mais doce". O corpo de Sigmund Freud segue apodrecendo em seu túmulo, mas sua alma, ou seu ânus, continua vivo.

Envio em anexo um cheque para você comprar presentes de Natal para todos, de acordo com o gosto de cada um. É muito mais fácil do que enviar pacotes e — espero — será mais satisfatório para todos.

Muito amor para todos vocês.

Afetuosamente,
Aldous

Capítulo 20

1956
A história da tensão

Aldous Huxley

A seguinte palestra foi ministrada numa conferência em que a maioria dos artigos lidos diziam respeito a um novo agente tranquilizante, o meprobamato [Miltown]. Foi outra ocasião em que a voz de Huxley era a única do mundo das letras numa reunião de médicos e cientistas. Seu estudo "se ocupa do uso de certos compostos químicos que produzem certas alterações de consciência e assim permitem uma medida de autotranscendência e alívio temporário da tensão". Não menos do que sete veículos para aparições na rádio e na televisão estavam em prontidão, à espera dele, quando chegou a Nova York para a conferência.

O título desta fala é um tanto enganoso pois, em termos estritos, não existe a história da tensão. A tensão é uma forma de doença, e a doença, como tal, está além do escopo da história. Não existe nada, por exemplo, que se possa chamar de uma dor de estômago medieval ou uma infecção focal neolítica, uma neuralgia caracteristicamente vitoriana ou uma epilepsia da época do New Deal. No que diz respeito ao paciente, os sintomas de sua moléstia são uma experiência completamente pessoal, uma experiência para a qual a vida pública das nações, os eventos registrados nas manchetes ou discutidos em periódicos científicos e revistas literárias são totalmente irrelevantes. A política, a cultura, a marcha da civilização, todas as maravilhas da natureza, todos os triunfos da arte e da ciência e tecnologia — tais coisas existem para os saudáveis, não para os doentes. Os doentes têm consciência apenas de suas dores e sofrimentos particulares, apenas daquilo que se passa nas quatro paredes da enfermaria. Para eles, o universo infinito já se contraiu até quase virar um ponto; nada permanece além de seus próprios corpos sofredores, sua própria consciência dormente ou atormentada. A doença como experiência de fato é mais ou menos completamente independente do tempo e do espaço. Por consequência, não pode haver uma história da doença enquanto experiência; pode haver apenas uma história da medicina — o que quer dizer, uma história das teorias sobre a natureza das doenças e das receitas empregadas em diferentes épocas para tratá-las, junto com uma história dos modos segundo os quais as sociedades organizadas reagiram aos problemas da doença em suas comunidades.

Embora a tensão, enquanto moléstia psicossomática, seja desprovida de história, pelo menos algumas das causas da tensão se encontram dentro do domínio público e podem ser alvo do estudo histórico. O mesmo se aplica aos procedimentos sancionados pelas várias sociedades para prevenção e alívio da tensão. O assunto é enorme; meu tempo, curto; e minha ignorância, enciclopédica. Não vou, portanto, tentar discutir todos os fatores históricos associados à tensão, mas hei de confinar-me aos mais manejáveis e, ao mesmo tempo, relevantes para os problemas que nos confrontam hoje.

Deixem-me começar tratando daquilo de que *não* vou falar. Não vou falar, exceto talvez de forma secundária, sobre as causas históricas da tensão, o que acarretaria a discussão de dois temas vastos e complexos: as transformações de padrões culturais e as relações subsistentes entre uma dada cultura e os indivíduos criados nela.

Correndo o risco de cair no Pecado Original do intelecto, a hipersimplificação e abstração em excesso, deixem-me resumir a questão toda com uma generalização ampla e abrangente. A tensão, eu diria, surge nos indivíduos que, por conta de alguma fraqueza congênita ou adquirida, são incapazes de lidar com certas situações incômodas. Essas situações angustiantes são produzidas pelo conflito — o conflito entre as pulsões fundamentais de autoafirmar-se e o do sexo, por um lado, e a pulsão igualmente fundamental à sociabilidade do outro. Essa pulsão é canalizada pela sociedade, sancionada pela tradição e racionalizada em termos de religião e filosofia; daí vem a intrusão dos fatores históricos numa situação que, em nível animal, seria exclusivamente biológica. A doença da tensão parece ter surgido sob condições apenas culturais — em culturas de vergonha tanto quanto em culturas de culpa, em culturas primitivas tanto quanto em culturas altamente desenvolvidas — e mecanismos fundamentalmente semelhantes de alívio da tensão foram desenvolvidos em todas as sociedades das quais temos qualquer conhecimento. É desses mecanismos para alívio da tensão que trataremos nesta fala.

Assim como todas as outras doenças, a tensão costuma estreitar a consciência do paciente até que, em casos extremos, ele esteja cônscio apenas de si mesmo. Moléstias graves alteram profundamente a personalidade de suas vítimas. A essa personalidade alterada, o estreitamento da consciência induzido pela moléstia logo parece tão normal a ponto de ser dado como um fato. A tensão não é uma moléstia severa, e aqueles que sofrem dela estão ainda saudáveis o suficiente para sentir e sofrer do egocentrismo sufocante imposto por seu transtorno psicossomático. São como aquelas almas penadas cujo castigo é, nas palavras do grande poeta católico Gerard Manley Hopkins, "ser o ser suarento que são, porém ainda piores". A vítima da tensão está ciente e sofre de uma aflição aguda por perceber-se como o ser suarento que é, porém ainda pior. E aqui podemos comentar que até mesmo pessoas saudáveis são perturbadas pela percepção de que estão condenadas a ser os indivíduos separados, isolados que elas são, incorrigivelmente. O neurótico odeia o ser suarento piorado que é. Pessoas normais odeiam se mostrar como seres suarentos. Ponto. Um dos sintomas mais desagradáveis da tensão é simplesmente o incômodo normal de ser um universo ilhado, por assim dizer, elevado a uma potência maior. O homem é um ególatra, mas um ególatra que sente um desprazer intenso pelo objeto de sua idolatria. Correlata a esse desprazer por seu eu amado, existe em todos os seres humanos uma pulsão pela autotranscendência, um desejo de fugir da prisão da personalidade, um anseio para se tornar algo alheio e maior que o Eu com o qual estamos já bem familiarizados, uma susceptibilidade à nostalgia por um mundo superior ao, ou pelo menos diferente do, mundo aborrecido e doloroso da realidade cotidiana. O homem religioso atribui essa pulsão universal de autotranscendência a um anseio inato e profundo pelo divino. O biólogo enxerga a questão de forma um tanto diferente e atribui o desejo do homem pela autotranscendência às operações de sua sociabilidade inata. O indivíduo anseia por se fundir ao rebanho, mas é egocêntrico demais para conseguir fazê-lo de forma completa e tem um excesso de consciência de si para conseguir sustentar essa tentativa durante muito tempo. Está, portanto, condenado a viver um estado de insatisfação crônica, ardendo constantemente por algo que, pela própria natureza das coisas, jamais poderá ter.

As duas explicações não são mutuamente excludentes, e eu fico inclinado a acreditar que são ambas corretas, em parte. Seja como for, os fatos que elas professam tratar são genuínos. Existe *sim* uma urgência de autotranscendência, seguindo no rastro de um profundo desgosto pelo ego isolado, um desgosto que, nas vítimas da tensão, se torna agudo e agonizante. Em todas as culturas humanas, certos procedimentos para se obter uma autotranscendência temporária, aliviando, portanto, a tensão, foram desenvolvidos e empregados sistematicamente. Esses procedimentos podem ser classificados em algumas categorias abrangentes. Há os métodos químicos, os métodos musicais e ginásticos, os métodos que dependem de submeter os indivíduos isolados à influência das multidões, os vários métodos religiosos e, por fim, os métodos cujo propósito é a autotranscendência mística — os vários yogas e exercícios espirituais das tradições do Oriente e Ocidente. Seriam necessárias várias horas para fazer justiça a todos esses estratagemas, e devo me limitar a uma discussão de apenas dois deles, os mais populares e difíceis de controlar, a saber, o método químico e o que pode ser chamado de método da multidão.

Este estudo se ocupa do uso de certos compostos químicos que produzem certas alterações de consciência e assim permitem uma medida de autotranscendência e alívio temporário da tensão. Essas drogas tranquilizantes são apenas os mais recentes acréscimos a uma longa lista de substâncias químicas usadas desde tempos imemoriais para alterar a qualidade da consciência, possibilitando assim algum grau de autotranscendência e liberação temporária da tensão. Lembremos sempre que, embora a farmacologia moderna tenha nos dado uma multidão de novas drogas sintéticas, nenhuma descoberta básica foi feita no campo das drogas naturais; meramente foram aperfeiçoados os métodos de extração, purificação e combinação. Todos os sedativos, narcóticos, euforizantes, alucinógenos e estimulantes de ocorrência natural foram descobertos há milhares de anos, antes da aurora da civilização. Certo que este é um dos fatos mais estranhos no longo catálogo de improbabilidades conhecido como a história humana. É evidente que o homem primitivo experimentou toda raiz, graveto, folha e flor, cada semente, noz, baga e fungo em seus arredores. A farmacologia é mais antiga que a agricultura. Há bons motivos para crermos que, já em eras paleolíticas, enquanto ainda era caçador e coletor, o ser humano usou flechas venenosas para matar inimigos animais e humanos. Por volta do fim da Idade da Pedra, ele já estava se envenenando sistematicamente. A presença de bulbos de papoula nos sítios arqueológicos das construções palafíticas na Suíça demonstra o quanto o ser humano descobriu cedo as técnicas de autotranscendência por meio das drogas. Havia viciados em ópio muito antes de existirem agricultores.

Deixem-me mencionar um fato um tanto importante. Não é preciso ter as características de um tranquilizante para um composto químico aliviar a tensão. O álcool, por exemplo, está longe de ser um tranquilizante, pelo menos nos estágios medianos de embriaguez, e vem aliviando tensões desde que Noé fez sua descoberta que marcou época. A autotranscendência também pode ser conquistada por meio de um estimulante, tanto quanto por meio de um narcótico ou alucinógeno. A tensão é aliviada não apenas valendo-se de tais drogas contemplativas, como o ópio, o peiote, a kava e a ayahuasca, mas também por tóxicos extrovertidos como o vinho, o haxixe e o soma da antiga Índia. Em nível fisiológico e social, algumas drogas são muito menos prejudiciais do que outras e por isso são preferíveis, embora essas considerações meramente utilitárias jamais tenham tido muito peso na opinião dos usuários de drogas. Para eles, qualquer coisa que produza algum grau de autotranscendência e alívio parece bom. Enquanto estiver funcionando no aqui e no agora, quem liga para o que acontecer depois?

Em suas *As variedades da experiência religiosa*, William James afirma: "O domínio do álcool sobre a humanidade se dá inquestionavelmente por conta do seu poder de estimular as faculdades místicas da natureza humana que costumam ser esmagadas pelos fatos crus e críticas secas dos momentos sóbrios. A sobriedade diminui, discrimina e diz não; a embriaguez expande, unifica e diz sim. É, na verdade, o grande estimulador da função do *Sim* no homem. Ela traz o seu devoto da periferia frígida das coisas rumo ao seu cerne radiante. Ela o unifica, por um momento, com a verdade. Não é pela mera perversidade que os homens a buscam. Ao pobre e iletrado, ela substitui as sinfonias e a literatura. É parte de um mistério mais profundo e da tragédia da vida que os laivos e relances de algo que reconhecemos de imediato como excelente devam ser garantidos a tantos de nós apenas nos primeiros estágios fugazes daquilo que em sua totalidade é um veneno tão degradante. A consciência embriagada é um pedaço da consciência mística e nossa opinião total dela deve encontrar lugar em nossa opinião desse todo mais amplo".

Em outros momentos das *Variedades*, James cita o provérbio de seus amigos médicos: "Não há cura para a dipsomania, exceto a religiomania". Desse modo, talvez excessivamente sintético, tais palavras expressam uma verdade que a experiência coletiva dos Alcoólicos Anônimos confirma com amplos exemplos. A experiência mística está para o alcoolismo numa relação do todo para a parte, da saúde para a doença. Para o alcoólatra, tanto quanto para o místico, há uma abertura das portas, um contornar daquilo que eu chamei de a válvula da redução cerebral, a função normal do cérebro que limita nossos processos mentais, na maior parte do tempo, a uma consciência daquilo que tem utilidade biológica. Para ambos, há uma visão de relance de algo transcendente ao mundo da experiência cotidiana — aquele mundo estreito, utilitário, que a nossa consciência autocentrada seleciona a partir da riqueza infinita de potencialidades cósmicas. O que o bêbado enxerga nas etapas iniciais da embriaguez é reconhecido de imediato como excelente.

O que não é excelente é o método em particular empregado para se obter essa experiência transcendente.

De todas as drogas alteradoras da consciência, o álcool é uma das mais antigas e é certo que há de ser a mais amplamente utilizada. Infelizmente, é uma droga um tanto ineficaz e, ao mesmo tempo, perigosa. Há outros modos melhores do que beber para se obter os mesmos resultados intrinsecamente excelentes. Alguns desses métodos são químicos; outros, psicológicos. Outros envolvem jejuns, insônia voluntária e várias formas de autotortura. Todos esses procedimentos modificam a química normal do corpo e assim tornam mais fácil contornar a válvula de redução cerebral e obter uma fuga temporária da prisão do si-mesmo isolado. Algum dia, quando a psicologia se tornar uma ciência genuína, todos esses métodos tradicionais de produzir a autotranscendência serão submetidos a um exame sistemático, com a avaliação precisa de seus respectivos méritos e defeitos. Por ora, devemos nos contentar com esse conhecimento fragmentado, tal como está à nossa disposição.

A caracterização, feita por William James, do álcool como um estimulante das faculdades místicas é confirmada, muito para o nosso choque, pelos próprios místicos, de acordo com o que eles mesmos disseram de suas experiências extáticas. Na literatura mística do islã, emprega-se o tempo todo metáforas derivadas do vinho e do ato de beber vinho. Metáforas precisamente semelhantes se encontram nos escritos de alguns dos maiores santos cristãos. Assim, são João da Cruz chama a sua calma de *la interior bodega de mi Amado*. E santa Teresa d'Ávila nos diz que ela "enxerga o centro de nossa alma como uma adega, na qual Deus nos permite entrar de acordo com o que Lhe é aprazível, de modo a nos embriagar com o vinho delicioso de Sua graça". A experiência da autotranscendência e da liberação da tensão produzida pelo álcool e outras substâncias químicas alteradoras da consciência é tão maravilhosa, tão abençoada e regozijante que os homens julgaram ser natural identificar essas drogas às quais devem sua alegria momentânea com um ou outro dos seus deuses. "A religião", diz Karl Marx, "é o ópio do povo." É no mínimo igualmente verdadeiro afirmar que o ópio é a religião do povo. Uns poucos místicos já compararam o estado de êxtase à embriaguez, mas inúmeros bêbados, fumantes, mascadores e usuários de rapé já conquistaram a libertação extática por meio das drogas. As qualidades sobrenaturais desse estado mental são projetadas externamente sobre as drogas que o produzem. Por isso na Grécia o vinho não era apenas sagrado a Dioniso; mas o vinho *era* Dioniso. Baco era chamado *Theoinos* — vinho-deus — uma única palavra que equivale o álcool com a deidade, a experiência da embriaguez com o espírito santo. "Nascido divino", diz Eurípides, "Baco é derramado em libações aos deuses e por meio dele os homens recebem as dádivas." Essas dádivas, segundo os gregos, eram de vários tipos — saúde física, iluminação mental, o dom da profecia, a sensação extática de união com a verdade divina. De modo semelhante, na antiga Índia, o sumo da planta soma (qualquer que possa ter sido tal planta) não era meramente sagrado a Indra, o deus herói das batalhas, mas era o *próprio* Indra. Ao mesmo tempo, era o *alter ego* de Indra, um deus por si só. Poderíamos citar ainda muitos outros exemplos semelhantes dessa identificação de uma droga alteradora da consciência com algum deus do panteão local. Na Sibéria e América Central, várias espécies de cogumelos alucinógenos são vistas como deuses. Os indígenas da região sudoeste dos Estados Unidos identificam o cacto do peiote com deidades nativas e, nos últimos anos, com o Espírito Santo da teologia cristã. Na era clássica, os bárbaros do norte que bebiam bebidas maltadas veneravam sua cerveja sob o nome de Sabazius. A cerveja também era um deus para os povos celtas, assim como o hidromel parecia divino aos escandinavos e teutônicos. Na América Anglo-Saxônica, a ideia da catástrofe, do pânico, do horror e desastre máximos, é transmitida por uma palavra cujo significado literal é "privação de hidromel". Em quase toda parte, o consumo de drogas alteradoras da consciência foi associado, em algum tempo ou outro, a rituais religiosos. Beber, mascar, inalar ou cheirar eram vistos como atos sacramentais, sancionados pela tradição e racionalizados nos termos da teologia dominante. No mundo islâmico, o álcool é proibido, mas a necessidade da autotranscendência jamais pôde ser suprimida e ainda há lugares no mundo islâmico onde o consumo da *Cannabis indica* não é apenas sancionado pela sociedade, mas transformado num tipo de rito religioso. Certos autores maometanos já enxergaram no haxixe o equivalente ao pão e vinho sacramentais dos cristãos. Entre os judeus, muitos esforços foram feitos para conceder sanções religiosas ao consumo de vinho. Jeremias se refere ao "cálice da consolação", administrado aos enlutados. Amós fala dos homens que bebem vinho na casa de seu Deus. Miqueias direciona palavras duras àqueles que, em sua época, costumavam profetizar sob a influência do álcool. Isaías condena os sacerdotes e profetas que "erram por conta das bebidas fortes". Eles erram, diz ele, "em visão". Tradicionalmente, era Dioniso o deus da profecia e da inspiração, mas infelizmente as revelações do álcool não são muito confiáveis.

Da autotranscendência por métodos químicos, passamos agora à autotranscendência por meios sociais. O indivíduo faz contato direto com a sociedade de dois modos — como membro de algum grupo familiar, profissional ou religioso ou como membro de uma multidão. Um grupo tem um propósito e uma estrutura; já a multidão é caótica, não serve a nenhum propósito em particular e é capaz de tudo exceto ações inteligentes. Para usar uma analogia que não seja imprecisa demais, poderíamos dizer que o primeiro é o órgão do corpo político e o segundo é um tipo de tumor, geralmente benigno, mas por vezes horrivelmente maligno. A maior parte da vida da maioria das pessoas se passa em grupos. A participação em atividades de multidão é um evento relativamente raro, o que é bom, pois os indivíduos numa multidão são diferentes — e, em todos os aspectos, diferentes para pior — dos indivíduos isolados ou dentro de grupos dotados de propósito e organização. Um homem na multidão perde sua identidade pessoal e é por isso, claro, que ele gosta de estar na multidão. A identidade pessoal é aquilo que ele anseia transcender, do que deseja escapar. Infelizmente, os membros de uma multidão perdem mais do que apenas a identidade pessoal: eles perdem também seu poder de raciocínio e sua capacidade de tomar decisões morais. Sua sugestionabilidade aumenta ao ponto de cessar qualquer capacidade de juízo ou vontade própria. Eles se tornam bastante excitáveis, perdem todo senso de responsabilidade individual ou coletiva e estão sujeitos a acessos súbitos e violentos de raiva, entusiasmo e pânico, tornando-se capazes de realizar os atos de violência mais monstruosos e desprovidos de sentido — geralmente contra os outros, mas por vezes contra si mesmos. Numa palavra, um homem na multidão se comporta como se tivesse engolido uma alta dose de algum entorpecente poderoso. Ele é vítima do que se pode chamar de inebriamento das multidões. Assim como o álcool, trata-se de uma droga ativa e extrovertida. Ela altera a qualidade da consciência individual ao ponto do frenesi e possibilita um alto grau de autotranscendência inferior. O indivíduo inebriado pela multidão escapa do ego isolado rumo a um tipo de estupidez.

Desde os primórdios, os homens sempre trabalharam e se submeteram ao assunto seríssimo que é habitar grupos dotados de propósito. As turbas lhes forneceram férias psicológicas. O alimento derivado do grupo é o seu arroz com feijão; o inebriamento das multidões, seu narcótico delicioso. A religião sanciona e racionaliza por toda parte a embriaguez da multidão, assim como sancionou e racionalizou o uso de substâncias químicas alteradoras da consciência. A declaração de Alfred North Whitehead de que a "religião é o que o indivíduo faz em sua solidão" é verdadeira apenas se optarmos por definir a religião como algo que, enquanto fato histórico, ela nunca foi, exceto para uma pequena minoria. E o mesmo seria válido se a definição da religião em termos do que um indivíduo faz com sua experiência de estar num grupo pequeno e dedicado como as reuniões dos Quakers ou "os dois ou três reunidos em meu nome" de que Cristo trata no Evangelho. A espiritualidade de pequenos grupos é uma forma elevadíssima de religião, mas não é a única forma, nem mesmo a mais comum — apenas a melhor. É significativo que Cristo tenha prometido estar no meio de um grupo de dois ou três. Ele nunca prometeu estar presente na multidão. Onde há dois ou três milhares ou duas ou três dezenas de milhares, a presença é, em geral, de um tipo muito diferente e pouco crística. Há, no entanto, atividades na multidão, como as reuniões do avivamento cristão e as peregrinações que são sancionadas e até mesmo encorajadas pelos líderes religiosos de hoje, tanto quanto o foram no passado pagão. O motivo é simples. A maioria das pessoas acha mais fácil chegar à autotranscendência e alívio das tensões numa multidão do que em pequenos grupos ou sozinhas. Esses inebriamentos das multidões em nome da religião não são particularmente benéficos, apenas fornecem breves férias da autoconsciência isolada.

É longo o histórico dos esforços humanos para encontrar a autotranscendência na multidão, mas também, apesar de toda sua estranheza e aberrações esdrúxulas, profundamente monótono. Desde o *potlatch*[44] e o *corroboree*[45] aos últimos acessos do rock'n'roll, as manifestações do inebriamento das multidões exibem as mesmas características sub-humanas. Na melhor das hipóteses, essas performances

44 Palavra de origem chinook, que significa "dar", "presentar", caracterizando uma cerimônia praticada por certos grupos indígenas da América do Norte, em que se dava uma troca abundante de presentes e oferendas como uma forma de reafirmação de status social do líder da comunidade. (N. T.)

45 Termo genérico para descrever reuniões, assembleias e cerimônias dos povos aborígenes australianos. O termo original no idioma nativo dharuk é *garaabara*, mas foi adaptado como *corroboree* pelos colonos ingleses. (N. T.)

são meramente grotescas em sua sub-humanidade; na pior, são ao mesmo tempo grotescas e horrendas. Podemos pensar, por exemplo, nos festivais da deusa síria, ao longo dos quais, sob a influência enlouquecedora das multidões e da sugestionabilidade sacerdotal, os homens se castravam e as mulheres laceravam seus seios[46]. Podemos pensar nas mênades gregas, que desmembravam de modo selvagem suas vítimas ainda vivas. Podemos pensar na Saturnália romana e todos os acessos de embriaguez por meio da multidão que ocorreram durante a Idade Média — as cruzadas das crianças, as orgias periódicas de flagelação pública e aquelas estranhas manias de dança na rua em que a autotranscendência por meio do inebriamento das multidões se combinava com a autotranscendência por meios ginásticos e música repetitiva. Podemos pensar nas reencenações das religiões selvagens, as pisadas frenéticas daqueles que acreditam que o fim do mundo está próximo, os frenesis de iconoclastia em nome de Deus, a destruição sem sentido em prol da virtude. São casos péssimos o suficiente já, mas existe algo ainda pior — a embriaguez da multidão explorada pelo demagogo para fins políticos ou religiosos.

Na primavera de 1954, durante a minha estadia em Ismaília, no canal de Suez, fui levado pelos meus anfitriões a um cinema local. O filme, que quebrou recordes de público, era *Júlio César*, exibido com áudio em inglês, mas le-

46 Provável referência às cerimônias da deusa Cibele, a mãe dos deuses e divindade primordial da natureza na religião dos antigos frígios na Anatólia (hoje Turquia). Segundo os relatos gregos e romanos, seus ritos eram frenéticos e violentos, às vezes chegando ao orgíaco, com elementos do culto do deus do vinho Dioniso, e incluindo até mesmo atos de automutilação e autocastração. (N. T.)

gendas em árabe. Os espectadores sentavam-se com uma atenção fascinada, seus olhos pregados na tela. Por que diabos — eu não conseguia parar de me perguntar — havia um interesse tão apaixonado da parte de árabes do século XX pelos relatos de um inglês do século XVI de eventos que aconteceram em Roma no século I a.C.? E de repente ficou óbvio. César, Bruto, Marco Antônio, todos esses políticos das classes superiores em sua luta pelo poder — que, no processo, acabaram esmagando e explorando cinicamente uma multidão proletária que desprezavam ao mesmo tempo em que dependiam dela — eram figuras contemporâneas e familiares para o público egípcio. O que aconteceu em Roma, logo antes e depois do assassinato de César, era muito parecido com o que vinha acontecendo fazia algumas semanas no Cairo, quando Naguib caiu e depois se reergueu, triunfante, e foi mais uma vez derrubado por um rival que sabia manipular as paixões da multidão e fazer uso, para seus próprios propósitos, de seu entusiasmo e violência embriagados. Ao assistirem à peça de Shakespeare, os espectadores de Ismaília se viram assistindo a um relato sem censura do mais recente golpe de Estado.

É claro que o maior virtuoso na arte de explorar os sintomas do inebriamento das multidões foi Adolf Hitler. Os nazistas realizaram esse trabalho com uma minúcia científica. Todos os recursos da tecnologia moderna foram mobilizados para reduzir o maior número possível de pessoas ao estado mais vil possível de autotranscendência inferior. Fonógrafos repetiam slogans. Autofalantes derramavam aquela música forte e cheia de metais, cuja repetição enlouquecia o público. Máquinas de som ocultas produziam vibrações subsônicas no ritmo crítico e comovente de quatorze ciclos por segundo. Métodos modernos de transporte foram usados para reunir milhares de fiéis sob os holofotes em estádios enormes, e a voz do arqui-hipnotista era difundida via rádio a outros milhões ainda.

"Havia êxtase, naquela aurora, por estar vivo." Assim escreveu Wordsworth acerca da sua experiência do inebriamento das multidões nos primeiros meses alegres da Revolução Francesa. Em nossa época, milhões de homens e mulheres, milhões de meninos e meninas entusiasmados tiveram experiências semelhantes. Para os membros das multidões embriagadas e acostumados a revoluções e a apoiar poderes ditatoriais, há um êxtase na aurora até do nazismo e mesmo do comunismo. Infelizmente, às auroras sucedem-se tardes e noites laboriosas e até desagradáveis. Naquelas horas posteriores da história revolucionária, é mais provável que o êxtase se torne perceptível por sua ausência. No momento do nascer do sol, porém, ninguém sequer pensa no que vai acontecer lá pelo meio da tarde. Assim como alcoólatras ou viciados em morfina, as vítimas do inebriamento das multidões têm como seu único interesse obter a libertação oferecida pela autotranscendência aqui e agora. "Depois de mim, o dilúvio" é o seu lema. E é claro que o dilúvio sempre chega, pontualmente.

A partir da história da tensão, voltemo-nos agora para o presente e o futuro. Acredito que esteja claro que o problema da tensão será resolvido por completo apenas quando criarmos uma sociedade perfeita — o que quer dizer "nunca". Enquanto isso, sempre será possível encontrar soluções parciais e paliativos temporários. Vamos considerar agora alguns passos que podem ser dados, com alguma facilidade, num sentido prático.

Primeiro de tudo, poderíamos incorporar em nosso sistema educacional atual, presente e profundamente insatisfatório, alguns cursos simples na arte de controlar o sistema nervoso autônomo e a mente subconsciente. As coisas sendo como são hoje, nós ensinamos às crianças os princípios da boa saúde, da boa moral e do bom pensamento, mas não as ensinamos como agir com base nesses princípios. Nós as incitamos a fazer boas promessas, mas não fazemos nada a fim de ajudá-las a colocá-las em prática. Uma principal fonte de tensão é a consciência de estar fracassando sofrivelmente naquilo que devíamos fazer. Se toda criança fosse treinada naquilo que Hornell Hart chamou de autocondicionamento, faríamos mais pelo estado dos sentimentos e decência gerais do que todos os sermões já pregados.

O próximo passo é de caráter profilático. Seres humanos anseiam pela autotranscendência, e a embriaguez com as multidões é um dos métodos mais eficazes de tirar férias do si-mesmo isolado e dos fardos da responsabilidade. Enquanto desfrutarem dessa embriaguez em jogos de futebol e carnavais, em reuniões do avivamento cristão e comícios de partidos políticos democraticamente organizados, não há mal nenhum sendo feito. Nunca devemos nos esquecer, porém, que os fascinadores, os demagogos e Hitlers em potencial estão sempre conosco. Jamais devemos esquecer o quanto é fácil para tais homens transformar uma orgia inocente num instrumento de destruição, numa força selvagem e mentecapta direcionada à suplantação da liberdade. A fim de evitar que eles explorem a embriaguez das multidões para seus próprios propósitos sinistros, devemos estar perpetuamente atentos. Se é possível fazer com que seja um lugar completamente seguro para a racionalidade e a decência um tal mundo habitado por Hitlers em potencial, por um lado, e viciados na embriaguez das multidões por outro — isso é duvidoso, mas podemos ao menos tentar torná-lo mais seguro do que é no momento presente. Por exemplo, podemos dar aos nossos filhos lições sobre os elementos de semântica geral. Podemos dar-lhes avisos quanto aos perigos pavorosos do pecado do intelecto. Podemos fazer com que suas espinhas gelem ao recitar para elas as consequências desastrosas às sociedades e aos indivíduos dos atos de hipersimplificação, hipergeneralização e hiperabstração cometidos pelos demagogos. Podemos lembrá-las de viver no tempo presente e pensar de forma concreta e realista, em termos de fatos observáveis. Podemos desvelar os segredos absurdos e vergonhosos da propaganda, ilustrando nossas falas com exemplos da história da política, da religião e da indústria da publicidade. Será que um tal treinamento seria eficaz? Talvez sim — talvez não. O inebriamento das multidões é um entorpecente poderosíssimo. Depois que entram numa multidão, até mesmo homens razoáveis e corretos estão sujeitos a perder a razão e aceitar todo tipo de sugestões, por mais absurdas ou imorais que possam ser. O que podemos esperar conseguir é apenas dificultar o trabalho nefasto do demagogo.

O terceiro passo, na verdade, deve ser dado gostemos ou não. Depois de plantadas as sementes de uma ciência, elas tendem a brotar e se desenvolver de forma autônoma de acordo com a lei do seu próprio ser, não de acordo com as leis do *nosso* ser. A farmacologia entrou agora num período de crescimento acelerado, e parece certo que, ao longo dos próximos anos, serão descobertas dúzias de novos métodos para alterar a qualidade da consciência. No que diz respeito ao ser humano individual, tais achados serão mais importantes, mais genuinamente revolucionários, do que as recentes descobertas no campo da física nuclear e sua aplicação em tempos de paz. A energia nuclear, caso não nos destrua, servirá apenas para nos dar mais daquilo que já temos — eletricidade barata, com seu corolário de mais bugigangas, maiores projetos de irrigação e transportes mais eficientes. E isso tudo a um preço altíssimo — um aumento na quantidade de radiações perigosas, com seus corolários de mutações nocivas e a ruína permanente do fundo genético do ser humano. Mas os farmacólogos poderão nos dar aquilo que a maioria dos seres humanos jamais teve antes. Se quisermos alegria, paz e bondade amorosa, é isso que eles vão nos dar. Se quisermos beleza, eles irão transfigurar o mundo exterior para nós, abrindo as portas a visões de uma riqueza e significância inimagináveis. Se temos desejo de uma vida eterna, o que será dado é quase tão bom quanto — éons de uma experiência de êxtase milagrosamente compactados numa única hora. Tais dádivas serão concedidas sem a cobrança do preço terrível que, no passado, os homens precisaram pagar ao recorrer com muita frequência a drogas alteradoras da consciência como a heroína ou a cocaína, ou mesmo ao bom e velho álcool. Já temos à nossa disposição alucinógenos e tranquilizantes cujo preço fisiológico é incrivelmente baixo e parece haver motivos para acreditarmos que os alteradores de consciência e aliviadores de tensão do futuro funcionarão de forma ainda mais eficaz e a um custo ainda menor para o indivíduo. Os seres humanos conseguirão obter, sem o menor esforço, aquilo que no passado só era possível com dificuldade, por meio do autocontrole e exercícios espirituais. Será que isso será bom para os indivíduos e sociedades? Ou será que não? São perguntas às quais não posso responder — nem eu, nem qualquer outra pessoa. O esboço dessas repostas já pode começar a aparecer daqui a uma geração. Nesse ínterim, tudo que se pode prever com qualquer grau de certeza é que será necessário reconsiderarmos e reavaliarmos muitas de nossas noções tradicionais sobre a ética e a religião, e muitas de nossas perspectivas atuais sobre a natureza da mente, no contexto da revolução farmacológica. Tal experiência será perturbadora ao extremo, mas também uma enorme diversão.

Capítulo 21

1957 Correspondência

Huxley dividiu o seu ano entre as estadias em sua casa em Los Angeles e num hotel em Nova York, onde trabalhou no roteiro para uma versão de O gênio e a deusa *para o palco e na comédia musical de* Admirável mundo novo. *Por volta do final do ano, ele começou a escrever* Retorno ao admirável mundo novo (*um texto em formato de livro, não confundir com o artigo que saiu na* Esquire). *Nenhuma substância psicodélica foi consumida em 1957, mas ele tomou grandes doses de niacinamida sob supervisão do dr. Hoffer, numa tentativa de reduzir os seus níveis de colesterol no sangue e assim amenizar os efeitos da catarata em seu olho direito. As cartas escritas por Huxley nesse ano continuam a evidenciar sua preocupação com a natureza transcendental das experiências visionárias produzidas pelas substâncias psicoativas, incluindo doses leves de éter e gás hilariante, bem como o valor da mescalina na pesquisa de hipnose e percepção extrassensorial, com base em investigações preliminares.*

A Philip B. Smith[47]

3276 Deronda Drive
Los Angeles 28, Califórnia
20 de maio de 1957

[...] Parece evidente que os anestésicos, como a mescalina e o LSD, "abrem uma porta" que dá acesso a áreas da mente das quais temos pouquíssima ou nenhuma consciência sob condições ordinárias. Nessa área da mente, podemos encontrar a experiência visionária, por vezes terrível, mas com maior frequência (se estivermos saudáveis física e psicologicamente) bela e iluminadora. Podemos também encontrar o que os místicos chamam de "conhecimento obscuro" sobre a natureza do universo — uma "sensação de algo muito mais profundamente impregnado" (para usar os termos de Wordsworth), uma sensação de que o Todo está presente em cada particular, o Absoluto em todo relativo. E, associado a esse conhecimento obscuro, pode vir a surgir um novo modo de apreensão, em que de algum modo é transcendida a relação ordinária entre sujeito e objeto, e passa a haver uma consciência do si-mesmo e do mundo externo como sendo uma coisa só. Com frequência também há uma experiência real de verdades (que se *sabe* serem verdades), as quais, apresentadas em termos conceituais à mente em seu estado normal, parecem incompreensíveis e absurdas. Tais proposições como a de que "Deus é amor" são percebidas

47 Carta ausente em G. Smith e publicada em P. B. Smith, *Chemical Glimpses of Reality* (Springfield: Charles Thomas, 1972), pp. 86-7.

com a totalidade do ser, e a sua verdade parece autoevidente, apesar de toda a dor e toda a morte no mundo. Com isso, há também uma intensa gratidão pelo privilégio da existência neste universo (Blake disse que "a gratidão é o próprio céu" — uma expressão que eu fui incapaz de compreender até tomar LSD, mas que agora parece luminosamente compreensível). Drogas diferentes dão acesso a áreas diferentes desse Outro Mundo mental — ou, ao menos, facilitam o trânsito para ir a uma área e não a outra. É surpreendente, porém, observar o quanto as experiências induzidas por substâncias químicas muito diferentes são intimamente semelhantes. A mescalina não é parecida com o LSD, e ambas as substâncias são dissemelhantes aos cogumelos descritos por Gordon Wasson. Mas as experiências induzidas são bastante similares. E, por sua vez, essas experiências induzidas pelo uso de drogas são bastante similares às experiências que chegam espontaneamente a certas pessoas e que em outras são induzidas por "exercícios espirituais" e outros métodos psicofísicos de alteração da química corporal por meio de jejuns, insônia prolongada e a mortificação violenta da carne. Tampouco devemos esquecer os efeitos do "ambiente limitado". O que homens como Hebb e Lilly fazem no laboratório foi feito pelos eremitas cristãos da Tebaida e alhures, e por eremitas hindus e tibetanos nas vastidões remotas dos Himalaias. Pessoalmente, a minha crença é que essas experiências de fato nos dizem algo sobre a natureza do universo, são valiosas em si mesmas e, sobretudo, valiosas ao serem incorporadas à nossa imagem do mundo e aplicadas à vida normal. O efeito da experiência mística sobre a vida normal em toda parte é visto como o teste que valida a experiência.

Ao dr. Humphry Osmond [Smith 774]

3276 Deronda Drive
Los Angeles 28, Califórnia
1 de junho de 1957

Caro Humphry,

[...] Nesse ínterim, o que o senhor me diz quanto ao plano de Eileen (sobre o qual ela me disse ter escrito ao senhor) quanto a uma série de experimentos, discretos, na casa da sra. Bolton na Flórida durante o próximo inverno? Parece-me muito bom, e se o senhor puder dar uma escapadinha durante pelo menos parte da duração dos experimentos, seria possível obtermos resultados significativos. Ao usarmos as mesmas cobaias numa série regular de testes, deverá ser possível chegarmos a uma exploração realmente sistemática desse outro mundo. Também há de ser possível observar o que se pode fazer ao se combinar a hipnose com LSD ou mescalina. O dr. L. J. West, da Faculdade de Medicina da Universidade de Oklahoma, esteve aqui algumas semanas atrás — um jovem extremamente capaz, acredito. Segundo seus achados, os voluntários que tomaram mescalina são quase impossíveis de hipnotizar. Eu sugeri que ele tentasse hipnotizar os participantes antes de tomarem LSD e então lhes dar sugestões pós-hipnóticas visando à orientação da experiência do uso da droga rumo a alguma direção desejada, bem como o objeto muito desejável de possibilitar que eles recapturem a experiência do LSD por meios puramente psicológicos, após o retorno à consciência normal e sempre que assim desejarem. O fato de que esse tipo de experiência ocorre em alguns indivíduos de forma espontânea indica que as substâncias químicas não são indispensáveis e que pode ser que o inconsciente seja persuadido, por meio de sugestões pós-hipnóticas, repetidas várias vezes se necessário, a abrir a porta sem o auxílio de chaves químicas. Tal arranjo concebido por Eileen seria ideal para esse tipo de experimento. Seria ótimo se o senhor pudesse vir à Flórida supervisionar as fases iniciais do trabalho.

Eu recebi uma carta há alguns dias de outro médico de Oklahoma, o dr. Philip Smith, que vem experimentando com anestésicos como éter, gás hilariante etc. — testando os efeitos psicológicos de dosagens leves. É evidente que ele obteve bons resultados pessoalmente e me escreveu perguntando se há quaisquer referências literárias do assunto. Conheço pouquíssimas, e ele disse que era marcante o quanto elas eram raras também na literatura médica. A partir do pouco que há, fica evidente que temos aí outra chave para a porta do outro mundo.

Enquanto eu estava em Nova York, tive um almoço com Wasson em seu Templo de Mamon. [...] ele dedicou uma vasta quantidade de esforço ao assunto, e o material reunido em seus vastos tomos é muitíssimo curioso e sugestivo. Porém, como o senhor diz, ele gosta sim de pensar que esses cogumelos são de algum modo únicos e infinitamente superiores a todo o resto. Eu tentei dissuadi-lo. Mas ele gosta de ter a sensação de que encontrou ali O Verdadeiro e Único psicodélico — não aceita substitutos, nenhum deles é genuíno a não ser que seja vendido com a assinatura do inventor.

Eu também encontrei meu querido velho Suzuki em Nova York. Que senhor maravilhoso! Acaso já leu o seu mais recente livro *Mística: cristã e budista*? É ótimo. E ainda melhor é o pequeno panfleto publicado pela Sociedade Budista, chamado *A essência do budismo*. É realmente admirável. Faz-nos perceber o quão mais sutis eram esses budistas do Extremo Oriente, em matéria de psicologia, se comparados a qualquer um no Ocidente. Eles sabem tudo sobre "experiências existenciais" e os horrores da situação humana tais como descritos por Sartre, Camus e o resto — e eles sabem como chegar ao outro lado, onde todo relativo manifesta a Quididade absoluta e onde a Quididade é idêntica à *mahakaruna*, a Grande Compaixão...

Afetuosamente,
Aldous

A J. B. Rhine [Smith 777]

Shoreham,
Nova York 19, N.Y.
19 de setembro de 1957

Caro J. B.,
Obrigado pelas suas cartas de 15 de agosto, que chegaram a mim em Nova York, enquanto eu me debatia com as preliminares da produção de uma peça.

As únicas informações sobre os efeitos do LSD sobre percepções extrassensoriais partiram do meu amigo, o dr. Humphry Osmond, que descobriu que parecia haver uma conexão telepática entre ele e outro homem enquanto ambos estavam sob influência da droga. Não foram, no entanto, feitos testes sistemáticos. E a dificuldade aqui é que as pessoas sob efeito do LSD e da mescalina geralmente se encontram num estado de experiência mais intenso e significativo — um estado em que estão sujeitos a uma extrema impaciência com as tolices eruditas da estatística, repetições de experimentos, precauções científicas, perguntas dos investigadores etc. É como chegar a alguém que estivesse ouvindo com toda atenção um prelúdio ou fuga de Bach ou fazendo amor e lhe pedisse que preenchesse um questionário. Os seres humanos, como o senhor certamente já descobriu, não são cobaias muito boas, exceto no que diz respeito aos níveis mais rudimentares de suas atividades vitais.

Sinceramente,
Aldous H.

Capítulo 22

1958
Persuasão química

ALDOUS HUXLEY

Retorno ao admirável mundo novo *se baseia numa série de artigos publicados originalmente no começo de 1958 num suplemento do* Newsday. *Numa carta enviada a seu irmão Julian, Aldous descreve o assunto — provas contemporâneas de que a sua profecia de 1932 de controle mental sob o poder de um Estado totalitário via uso de drogas e outros meios estava se concretizando — como "curioso e deprimente". No capítulo seguinte do livro, Huxley elucida a distinção entre o soma dos antigos invasores arianos da Índia e o soma de* Admirável mundo novo, *que não tinha "nenhum dos malefícios do original indiano" e era um dos "mais poderosos instrumentos de governança do arsenal do ditador". Ele fornece um excelente resumo das drogas psicoativas e seu potencial para usos benéficos e maléficos e nos demonstra, de passagem, uma familiaridade com as descobertas do Relatório La Guardia, publicado em 1944, mas censurado por conta de suas conclusões de que a maconha não oferecia qualquer perigo sério à sociedade (não há registros de que Huxley tenha experimentado maconha).*

No admirável mundo novo de minha fábula não existia uísque nem tabaco, heroína ilícita ou cocaína contrabandeada. As pessoas não fumavam nem bebiam, nem cheiravam ou se injetavam. Sempre que alguém se sentia deprimido ou abaixo do normal, engolia um comprimido ou dois de um composto químico chamado soma. O soma original, do qual tirei o nome dessa droga hipotética, era um planta desconhecida (possivelmente *Asclepias acida*) usada pelo antigos invasores arianos da Índia em um dos seus ritos religiosos mais solenes. O suco intoxicante espremido das hastes dessa planta era bebido pelos sacerdotes e nobres durante uma cerimônia elaborada. Nos hinos védicos, somos informados de que os bebedores de soma eram abençoados de muitas maneiras. Seu corpo era fortalecido, seu coração se enchia de coragem, alegria e entusiasmo, sua mente se iluminava e, em uma experiência imediata de vida eterna, eles receberam a garantia de sua imortalidade. Mas o suco sagrado tinha suas desvantagens. O soma era uma droga perigosa: tão perigosa que mesmo o grande deus do céu, Indra, às vezes passava mal depois de bebê-la. Os mortais comuns podiam até morrer de overdose. Mas a experiência era tão transcendentemente extática e iluminadora que beber soma era considerado um grande privilégio. Por esse privilégio, nenhum preço era alto demais.

O soma de *Admirável mundo novo* não tinha nenhuma das desvantagens de seu original indiano. Em pequenas doses, ele provocava uma sensação de êxtase, em doses maiores fazia você ter visões e, se você tomasse três comprimidos, em poucos minutos mergulharia num sono revigorante. E tudo isso sem nenhum custo fisiológico ou mental. Os habitantes do admirável mundo novo poderiam tirar férias de seus humores sombrios, ou dos aborrecimentos familiares da vida cotidiana, sem sacrificar sua saúde ou reduzir permanentemente sua eficiência.

No admirável mundo novo, o hábito do soma não era um vício privado, era uma instituição política, era a própria essência da Vida, Liberdade e Busca da Felicidade garantida pela Declaração de Direitos. Mas esse mais anterior dos privilégios inalienáveis dos indivíduos era ao mesmo tempo um dos mais poderosos instrumentos de governo do arsenal do ditador. Drogar os indivíduos de modo sistemático em benefício do Estado (e também, claro, para o próprio deleite deles) era uma plataforma principal na política dos controladores mundiais. A ração diária de soma era um seguro contra desajustes pessoais, inquietações sociais e disseminação de ideias subversivas. A religião, como Karl Marx declarou, é o ópio do povo. No admirável mundo novo, essa situação foi revertida. O ópio, ou melhor, o soma, era a religião do povo. Como a religião, a droga tinha o poder de consolar e compensar, evocar visões de outro mundo, um mundo melhor, oferecer esperança, fortalecer a fé e promover a caridade. A cerveja, um poeta escreveu,

> [...] *faz mais do que Milton*
> *Para justificar os caminhos de Deus para o homem.*[48]

E vamos lembrar que, comparada com soma, a cerveja é uma droga do tipo mais grosseiro e não confiável. Nessa

48 Do poema *A Shropshire Lad*, de A. E. Housman. "[...] *and Malt does more than Milton can/ To justify God's ways to man*".

questão de justificar os caminhos de Deus para o homem, o soma está para o álcool assim como o álcool está para os argumentos teológicos de Milton.

Em 1931, quando eu escrevia sobre esse produto sintético imaginário por meio do qual as gerações futuras seriam tornadas ao mesmo tempo felizes e dóceis, o conhecido bioquímico americano dr. Irvine Page estava se preparando para deixar a Alemanha, onde havia passado os três anos anteriores no Instituto Kaiser Wilhelm, trabalhando na química do cérebro. "É difícil de entender", o dr. Page escrevera em um recente artigo, "por que demorou tanto para os cientistas começarem a investigar as reações químicas em seus próprios cérebros. Eu falo", acrescenta ele, "por experiência pessoal aguda. Quando voltei para casa em 1931 [...], não conseguia um emprego nessa área (a área da química do cérebro), nem provocar uma marolinha de interesse nisso." Hoje, 27 anos depois, a inexistente marolinha de 1931 se tornou um tsunami de bioquímica e pesquisa psicofarmacológica. As enzimas que regulam o funcionamento do cérebro estão sendo estudadas. Dentro do corpo, substâncias químicas até agora desconhecidas, como adrenocromo e serotonina (da qual o dr. Page foi codescobridor) foram isoladas, e seus efeitos de longo alcance em nossas funções mentais e físicas estão agora sendo investigados. Enquanto isso, novas drogas estão sendo sintetizadas — drogas que reforçam, corrigem ou interferem nas ações dos vários produtos químicos, por meio dos quais o sistema nervoso executa seus milagres diários e horários como controlador do corpo, instrumento e mediador da consciência. De nosso ponto de vista atual, o fato mais interessante sobre essas novas drogas é que elas alteram de forma temporária a química do cérebro e o estado mental associado sem causar nenhum dano permanente ao organismo como um todo. Nesse aspecto, eles são como o soma — e profundamente diferentes das drogas de alteração mental do passado. Por exemplo, o tranquilizante clássico é o ópio. Mas o ópio é uma droga perigosa que, desde os tempos do Neolítico até os dias atuais, cria viciados e arruína a saúde. O mesmo vale para o euforizante clássico, o álcool — a droga que, nas palavras do salmista, "alegra o coração do homem". Mas, infelizmente, o álcool não só alegra o coração de homem; ele também, em doses excessivas, causa doença e vício, e tem sido a principal fonte, nos últimos oito mil ou dez mil anos, de crimes, infelicidade doméstica, degradação moral e acidentes evitáveis.

Entre os estimulantes clássicos, chá, café e mate são, felizmente, quase inofensivos. Eles também são estimulantes muito fracos. Ao contrário dessas "xícaras que alegram, mas não embriagam", a cocaína é uma droga muito potente e perigosa. Quem faz uso dela deve pagar por seus êxtases, seu senso de poder físico e mental ilimitados, por períodos de depressão agonizante, por sintomas físicos horríveis como a sensação de estar infestado por miríades de insetos rastejantes e por delírios paranoicos que podem levar a crimes violentos. Outro estimulante de safra mais recente é a anfetamina, mais conhecida pelo nome comercial de benzedrina. A anfetamina funciona de forma muito eficaz — mas funciona, se tomada em excesso, à custa da saúde mental e física. Relatou-se que, no Japão, há agora cerca de um milhão de viciados em anfetaminas.

Dos produtores de visão clássicos, os mais conhecidos são o peiote do México e do sudoeste dos Estados Unidos e a *Cannabis sativa*, consumida em todo o mundo sob nomes como haxixe, bhang, kif e maconha. De acordo com as melhores evidências médicas e antropológicas, o peiote é muito menos prejudicial do que o gim ou o uísque do homem branco. Ele permite que os índios que o usam em seus ritos religiosos entrem no paraíso e se sintam unos com a comunidade amada, sem que isso os faça pagar pelo privilégio com algo pior do que a provação de ter que mastigar algo com um sabor nojento e se sentir um pouco nauseado por uma ou duas horas. A *Cannabis sativa* é uma droga menos inócua — embora não seja tão prejudicial quanto os sensacionalistas nos querem fazer crer. O comitê médico nomeado em 1944 pelo prefeito de Nova York para investigar o problema de maconha chegou à conclusão, depois de uma investigação cuidadosa, de que a *Cannabis sativa* não é uma ameaça séria para a sociedade, ou mesmo para aqueles que a consomem em excesso. Ela é simplesmente um incômodo.

A partir dessas mudanças de mentalidade clássicas, passamos para os produtos mais recentes da pesquisa psicofarmacológica. Destes, os mais amplamente divulgados são os três novos tranquilizantes: reserpina, clorpromazina e meprobamato. Administrados a certas classes de psicóticos, os dois primeiros provaram ser extremamente eficazes, não na cura de doenças mentais, mas pelo menos na abolição temporária de seus sintomas angustiantes. O meprobamato (também conhecido como Miltown) produz efeitos semelhantes em pessoas que sofrem de várias formas de neurose. Nenhuma dessas drogas é de todo inofensiva; mas seu custo, em termos de saúde física e eficiência mental, é extraordinariamente baixo. Em um mundo onde ninguém ganha nada de graça, os tranquilizantes oferecem muito por muito pouco. O Miltown e a clorpromazina ainda não são soma; mas chegam bem perto de ser um dos aspectos dessa droga mítica. Eles fornecem alívio temporário da tensão nervosa sem, na grande maioria dos casos, infligir danos orgânicos permanentes, e sem causar mais do que um ligeiro prejuízo, enquanto a droga está funcionando, da eficiência intelectual e física. Exceto como narcóticos, são provavelmente melhores do que os barbitúricos, que embotam a mente e, em grandes doses, causam uma série de sintomas psicofísicos indesejáveis e podem resultar em vício.

Com o LSD-25 (dietilamida de ácido lisérgico), os farmacologistas recentemente criaram outro aspecto do soma — um aprimorador de percepção e produtor de visões que é, falando em termos fisiológicos, quase sem custos. Esse medicamento extraordinário, que é eficaz em doses tão pequenas quanto cinquenta ou mesmo 25 milionésimos de grama, tem o poder (assim como o peiote) de transportar pessoas para o outro mundo. Na maioria dos casos, o outro mundo ao qual o LSD-25 dá acesso é celestial; mas também pode ser purgatorial ou mesmo infernal. Mas, positiva ou negativa, a experiência do ácido lisérgico é sentida por quase todos os que passam por ela como sendo profundamente significativa e esclarecedora. De qualquer maneira, o fato de que as mentes podem ser mudadas de maneira tão radical com tão pouco custo para o corpo é surpreendente.

O soma não era apenas um produtor de visões e um tranquilizante; ele era também (e sem dúvida de forma impossível) um estimulante da mente e do corpo, um criador de euforia ativa, bem como da felicidade negativa que se segue à liberação da ansiedade e da tensão.

O estimulante ideal — poderoso, mas inócuo — ainda está para ser descoberto. As anfetaminas, como vimos, estavam longe de ser satisfatórias; elas cobravam um preço alto demais para os benefícios que conferiam. Um candidato mais promissor para o papel do soma em seu terceiro aspecto é a iproniazida, que vem sendo usada para aliviar a angústia de pacientes com depressão, para animar os apáticos e de modo geral para aumentar a quantidade de energia psíquica disponível. Ainda mais promissor, de acordo com um distinto farmacologista que conheço, é um composto novo, ainda na fase de testes, que será conhecido como deaner. O deaner é um aminoálcool e acredita-se que eleve a produção de acetilcolina dentro do corpo, aumentando assim a atividade e a eficácia do sistema nervoso. O homem que toma a nova pílula precisa de menos sono, sente-se mais alerta e alegre, pensa mais rápido e melhor — e tudo com quase nenhum custo orgânico, pelo menos a curto prazo. Parece quase muito bom para ser verdade.

Vemos então que, embora o soma ainda não exista (e talvez nunca venha a existir), substitutos bastante bons para os vários aspectos do soma já foram descobertos. Agora existem tranquilizantes fisiologicamente baratos, produtores de visões fisiologicamente baratos e estimulantes fisiologicamente baratos.

Que um ditador poderia, se assim desejasse, fazer uso dessas drogas para fins políticos é óbvio. Ele poderia se proteger contra a agitação política mudando a química do cérebro de seus súditos e tornando-os assim contentes com sua condição servil. Ele poderia usar tranquilizantes para acalmar os excitados, estimulantes para despertar o entusiasmo nos indiferentes, alucinantes para distrair a atenção dos miseráveis de seus sofrimentos. Mas como, pode-se perguntar, o ditador fará seus súditos tomarem os comprimidos que os farão pensar, sentir e se comportar da maneira que ele achar desejável? É muito provável que ele consiga apenas disponibilizar os comprimidos. Hoje em dia, álcool e tabaco estão disponíveis, e as pessoas gastam bem mais com esses euforizantes, pseudoestimulantes e sedativos bastante insatisfatórios do que estariam prontas para gastar na educação de seus filhos. Ou considere os barbitúricos e os tranquilizantes. Nos Estados Unidos, esses medicamentos só podem ser obtidos mediante receita médica. Mas a demanda do público americano por algo que transforme a vida em um ambiente urbano-industrial um pouco mais tolerável é tão grande que os médicos agora estão prescrevendo receitas para vários tranquilizantes a uma razão de 48 milhões por ano. Além disso, a maioria dessas receitas pode ser utilizada várias vezes. Cem doses de felicidade não são o suficiente: peça mais uma caixinha para a farmácia — e, quando acabada, peça outra... Não pode haver dúvida de que, se os tranquilizantes pudessem ser comprados com tanta facilidade e ser tão baratos quanto a aspirina, eles seriam consumidos, não aos bilhões, como atualmente, mas às dezenas e centenas de bilhões. E um estimulante bom e barato seria muito popular.

Sob uma ditadura, os farmacêuticos seriam instruídos a alterar o tom da música a cada mudança de circunstâncias. Em tempos de crise nacional, caberia a eles empurrar a venda de estimulantes. Entre crises, muita energia e estado de alerta da parte de seus súditos pode ser embaraçoso para o tirano. Nessas horas, as massas seriam instadas a comprar tranquilizantes e produtores de visões. Sob a influência desses xaropes calmantes, seu senhor poderia confiar que eles não o incomodassem.

No atual estado de coisas, os tranquilizantes podem impedir algumas pessoas de causar problemas não apenas para seus governantes, mas até para si mesmas. Excesso de tensão é uma doença; mas a escassez também. Há certas ocasiões em que *deveríamos* estar tensos, quando um excesso de tranquilidade (e sobretudo da tranquilidade imposta de fora, por um produto químico) é totalmente inadequado.

Em um simpósio recente sobre meprobamato, do qual participei, um eminente bioquímico sugeriu brincando que o governo dos Estados Unidos deveria doar ao povo soviético uns 50 bilhões de doses desse tranquilizante tão popular. A piada tinha um quê de verdade. Em uma competição entre duas populações, uma das quais é constantemente estimulada por ameaças e promessas, sempre direcionada por uma propaganda unilateral, ao passo que a outra é não menos constantemente distraída pela televisão e tranquilizada por Miltown, qual dos oponentes tem mais chances de sair vencedor?

Além de tranquilizante, alucinante e estimulante, o soma de minha fábula tinha o poder de aumentar a sugestionabilidade, e assim poderia ser usado para reforçar os efeitos da propaganda governamental. Com menos eficácia e a um custo fisiológico mais elevado, vários medicamentos que já existem na farmacopeia podem ser usados para o mesmo fim. Existe a escopolamina, por exemplo, princípio ativo do meimendro e, em grandes doses, um veneno poderoso; existe o pentotal e o amital sódico. Apelidado por algum motivo estranho de "soro da verdade", o pentotal tem sido usado pela polícia de vários países para o propósito de extrair confissões de (ou talvez sugerir confissões para) criminosos relutantes. Pentotal e amital sódico reduzem a barreira entre mente consciente e subconsciente e são de grande valor no tratamento da "fadiga de combate" pelo processo conhecido na Inglaterra como "terapia de ab-reação", e nos Estados Unidos como "narcossíntese". Diz-se que essas drogas às vezes são empregadas pelos comunistas ao preparar prisioneiros importantes para seu comparecimento público em tribunal.

Enquanto isso, a farmacologia, a bioquímica e a neurologia estão em marcha, e podemos ter certeza de que, no decorrer dos próximos anos, novos e melhores métodos químicos para aumentar a sugestionabilidade e a redução da resistência psicológica serão descobertos. Como tudo mais, essas descobertas podem ser bem ou mal utilizadas. Elas podem ajudar o psiquiatra em sua luta contra a doença mental, ou podem ajudar o ditador em sua luta contra a liberdade. O mais provável (uma vez que a ciência é divinamente imparcial) é que elas irão escravizar e libertar, curar e ao mesmo tempo destruir.[49]

49 *Retorno ao Admirável mundo novo*, pp. 95-105.

Capítulo 23

1958 Correspondência

Huxley viajou e deu palestras no exterior em 1958. O dr. Albert Hofmann, que descobriu o LSD *em 1943, havia acabado de obter êxito em isolar e identificar o princípio ativo, a psilocibina, no cogumelo sagrado do México, apresentado formalmente à cultura ocidental por R. G. Wasson e pelo prof. Roger Heim; sua pesquisa despertou o interesse de Huxley por essa nova porta ao Outro Mundo. Nas cartas a Osmond, Huxley expressou seu interesse por uma variedade de experimentos: o* LSD *e a hipnose, os psicodélicos dados a artistas e pessoas não visuais, além de pacientes com câncer terminal — o que foi profético da sua parte, dada sua própria situação cinco anos depois. Ele também postulou uma série de diretrizes para sessões psicodélicas, e passou alguns clássicos literários em revista à luz do estado transcendental. Em seus escritos, ele voltou ao seu romance, "um tipo de* Admirável mundo novo *ao contrário", o que ele chamou de "fantasia tópica".*

Ao dr. Humphry Osmond [Smith 787]

3276 Deronda Drive,
Los Angeles 28, Califórnia
11 de janeiro [de 1958]

Caro Humphry,

[...] Quanto ao guia para as pessoas tomarem mescalina ou LSD-25 — eu ando ocupado demais para elaborar algo do tipo, mas vou arriscar uma tentativa antes que muito tempo se passe. Acho que a melhor forma de dar conta desse trabalho seria fazendo uma série de perguntas. Por exemplo: "Você compreende agora o que Blake quis dizer quando afirmou que 'a gratidão é o próprio céu?'" ou então: "Eckhart definia Deus em termos operacionais como 'a negação de todas as negações'; como você se sente a respeito dessa afirmação?", "O que a palavra 'existência' significa para você no que você vê no mundo ao seu redor?", "Samsara e Nirvana são uma coisa só — o Absoluto se encontra presente em todo evento relativo e particular. A eternidade se manifesta em cada momento do tempo. Como você se sente quanto a esses paradoxos?", "Apesar de todas as aparências em contrário, Deus é amor e, de algum modo, tudo está certo. O que você acha?", "Ergue a pedra e lá tu me encontrarás, fende a madeira e lá estarei", "Que milagre! Buscar água e cortar madeira", "Qualquer pulga como ela é, em Deus, é mais nobre do que o mais alto dos anjos em si mesmo". Seria possível reunir várias dúzias de tais perguntas e declarações breves, para serem apresentadas ao participante ao longo de sua experiência. Se nos atermos a elas, é possível que ajam como *koans* Zen e causem aberturas súbitas para regiões até então jamais vistas. Certamente vale o teste. Se o senhor julgar que se trata de uma abordagem possível, eu pretendo prosseguir com esse plano.

Deixe-me saber o que o senhor acha da Comissão e do quanto é recomendável ou não uma mudança no arranjo presente.

Sinceramente,
Aldous

P.S.: Eu entendo bem demais o que o senhor diz sobre o ato de escrever! Parece tão fácil e é tão difícil. E, além das dificuldades normais, eu preciso lidar com o problema de não enxergar direito — o que faz com que toda a parte da pesquisa e consulta dos meus apontamentos seja um fardo enorme. Sem dúvida, no limite, está tudo bem — mas que, nos níveis mais imediatos, é cansativo, isso é!

Ao dr. Humphry Osmond [Smith 788]

3276 Deronda Dr.,
Los Angeles 28, Califórnia
2 de fevereiro de 1958

Caro Humphry,

Jantamos ontem à noite com [———] e ele me pareceu, devo dizer, extremamente simpático e menos extravagante do que antes, por isso peço que ignore, por favor, o que eu escrevi sobre ele em minha carta anterior. Ao mesmo tempo, ainda tenho dúvidas quanto à validade geral de seus métodos. A abordagem especificamente ritualística pode funcionar em alguns casos, mas é certo que não em todos. Além do mais, enquanto o ouvíamos falar do que faz, do que ele dá ao participante, com a sua consciência ou não, Laura e eu tivemos ambos a sensação de que há um excesso de sugestionabilidade. De novo, isso pode funcionar em alguns casos — mas decididamente não em todos. A regra geral há de ser uma atmosfera mais permissiva, acredito. Quanto à reunião que temos em mente, [———] me diz que não entende qual seria o propósito. Gerald não estará disponível em fevereiro. Sidney Cohen[50] não faz nenhuma objeção, mas também não demonstra maior entusiasmo. Quanto a mim, não sei, de verdade. Em todo caso, sou um mero espectador, não alguém que trabalha no ramo, e posso fazer sugestões enquanto observador externo e com base apenas na teoria — como fiz ao dar sugestões pós-hipnóticas no que diz respeito a reviver experiências de LSD com base em meios puramente psicológicos e sob demanda (uma sugestão, por acaso, que venho fazendo para todo mundo ao longo dos últimos três anos, mas que ninguém, até onde sei, tentou levar a cabo — embora todos digam "Nossa, que interessante!"). Se tivermos uma reunião dessa organização altamente pickwickiana, o que há para se ganhar (fora o prazer e o interesse de reunirmos um número de pessoas inteligentes interessadas no mesmo assunto)? Provavelmente a reunião já valeria a pena por si só. Será que haveria vantagens além disso? [———] me disse que o senhor tem planos para estabelecer uma sede em algum lugar. Mas isso

50 Psiquiatra de Los Angeles, autor de *The Beyond Within: The LSD Story* (1964) e *LSD* (1967), este em coautoria com R. Alpert.

exige dinheiro, um secretário, um diretor. Será que os mesmos resultados não podem ser obtidos de um modo mais simples e econômico discutindo-se as questões numa reunião ou por correspondência e dividindo-se o trabalho entre os vários experimentadores? Sid Cohen tem um projeto interessante que ele espera conseguir financiar — um projeto que testaria a eficácia de dosagens progressivas de LSD em afetar o desempenho de um grupo de artistas profissionais. Outro projeto importante seria dar a droga a um grupo cuidadosamente selecionado a fim de incluir representantes dos extremos sheldonianos e de espécimes medianos mais comuns. Porém, um outro projeto ainda seria descobrir se as pessoas que pertencem à variedade dos seres humanos não visualizadores, segundo Galton, seriam capazes de ter visões com altas dosagens e se é possível terem visões por meio das sugestões adequadas (como [———] insiste ser o caso). Mais um outro projeto — a administração de LSD em casos de câncer terminal, na esperança de tornar a morte um processo menos estritamente fisiológico e mais espiritualizado. O *Saturday Evening Post* me pediu para escrever um artigo sobre as implicações éticas, religiosas e sociais da psicofarmacologia e certamente farei tais sugestões no texto, além de quaisquer outras que o senhor e qualquer outro nome da área julgar que seja necessário fazer. Se decidir vir, podemos conversar a respeito. Do contrário, já serei grato por quaisquer sugestões epistolares. Deixe-me saber as suas opiniões e as de Abe [Hoffer] quanto à viabilidade de uma reunião. Não tenho nenhuma opinião forte quanto ao assunto — exceto a de que eu gostaria muito de vê-lo.

Enquanto isso, ando muito ocupado com meus artigos sobre o destino da liberdade no mundo moderno. O problema é mantê-lo interessante, sem hipersimplificá-lo ou deixar muita coisa de fora.

Atenciosamente,
Aldous

Ao dr. Humphry Osmond [Smith 790]

3276 Deronda Drive,
Los Angeles 28, Califórnia
16 de fevereiro de 1958

Caro Humphry,

[...] Uma das coisas que devem ser lidas a alguém sob efeito do LSD é o *Matrimônio do Céu e do Inferno*, de Blake, incluindo os trechos extraordinários das "Fantasias memoráveis" que aparecem antes e depois dos "Provérbios do inferno". Leia o texto todo e me diga se não concorda. Tenho certeza de que, se o texto fosse gravado, o participante do experimento o consideraria extremamente iluminador. Por acaso, numa das ocasiões em que tomei LSD, eu descobri que, de muitos modos, é valiosíssimo escutar discos contendo recitações de poesia ou afirmações religiosas. Antes de tudo, há a mesma estranha experiência que se tem ao ouvir música — a sensação de que, embora o andamento permaneça inalterado, a peça musical parece não ter fim. A poesia e as frases religiosas assumem essa mesma qualidade quase eterna. Outro ponto interessante — é que parece ser possível penetrar a significância interior do que está sendo lido, o sentido que aquilo tem para si próprio, de forma mais completa do que em circunstâncias ordinárias. Portanto, a resignação melancólica e erudita de Matthew Arnold, que em circunstâncias ordinárias me agrada e com a qual eu me sinto em casa, parece demasiadamente negativa sob efeito do LSD — negativa a ponto de parecer irreal.

Acabei de receber uma carta de [Duncan] Blewett[51] sugerindo uma data no começo de maio para nos encontrarmos. Ou então em outubro. Não espero estar aqui em outubro, mas é quase certeza que estarei em maio.

Meu amor à sua família.

Atenciosamente,
Aldous

Ao dr. Albert Hofmann[52] [Smith 796]

Gran Hotel Bolivar, Lima
3 de agosto de 1958

Caro dr. Hofmann,

A sua carta de 16 de julho chegou a mim assim que eu estava em vias de partir para a América do Sul e eu estou lhe escrevendo agora do Peru (a terra onde uma droga transfor-

51 Psicólogo canadense, colega de Osmond, Hoffer e Smythies na Universidade de Saskatchewan, autor de *Frontiers of Being* (1969).

52 Foi Hofmann quem sintetizou o LSD e foi a primeira pessoa a testar seus efeitos (1943); tendo obtido êxito também em isolar e identificar a psilocibina a partir dos cogumelos sagrados do México (1957) e os alcaloides do ácido lisérgico a partir da droga asteca *ololiuqui*. Ele e Huxley só foram se conhecer em 1961, pois Huxley perdeu a chance de encontrá-lo em Roma.

madora da mente, das mais perigosas e insatisfatórias — a coca — ainda é consumida em grandes quantidades pelos indígenas, especialmente, pelo que me disseram, para suprimir as dores da fome, que é muito comum nas partes mais altas dos Andes).

O que o senhor disse da psilocibina muito me interessa, e eu nutro a esperança de ter uma oportunidade para aprender mais sobre essa nova porta ao Outro Mundo da mente enquanto eu estiver na Europa neste outono.

O senhor pretende estar presente no congresso farmacológico em Roma no mês de setembro? É possível que eu esteja lá no papel de observador e estudante interessado — mas não tenho certeza ainda se vou conseguir... Se não for possível nos encontrarmos em Roma, tentarei visitá-lo na Suíça.

Muito atenciosamente,
Aldous Huxley

Capítulo 24

1958
Drogas que moldam as mentes dos homens

ALDOUS HUXLEY

O Saturday Evening Post *encomendou o seguinte artigo, e Huxley aproveitou a oportunidade para expressar algumas de suas opiniões revolucionárias para o público de massa. Ele acreditava que o alcoolismo e outras formas de vícios em drogas eram uma consequência dos anseios pela autotranscendência tanto quanto a teologia mística, os exercícios espirituais e o yoga. O modo como a sociedade trata o fenômeno — a proibição seletiva pela taxação ou supressão completa — fez com que "milhões, que, de outra forma, seriam místicos, se tornassem viciados". Mas aqui Huxley é mais otimista do que em* Retorno ao admirável mundo novo, *apontando para as possibilidades da evolução espiritual e do "aguçamento da inteligência" quimicamente induzidos. Ao reparar na predominância da experiência religiosa com sessões de peiote e* LSD, *ele previu o movimento de reavivamento religioso — a Jornada para o Oriente, nos termos de Hesse — que abalou a sociedade ocidental da década seguinte, quando o uso de psicodélicos e técnicas espirituais hinduístas e budistas se tornaram acessíveis a um grande número de jovens. Mas o uso generalizado, casual e social de substâncias psicodélicas, muitas vezes adulteradas, teria deixado Huxley abismado e certamente entristecido.*

Este ensaio representa uma homenagem de Huxley a William James, o grande psicólogo e filósofo norte-americano que fez experimentos com duas substâncias alteradoras da mente: o peiote e o óxido nítrico.

Ao longo da história, muito mais gente morreu em nome da bebida e da droga do que pela religião e pelo país. Nesses milhões, a fissura pelo álcool etílico e opiáceos foi mais forte do que o amor a Deus, pelo lar, pelos filhos e até mesmo pela vida. Eles clamavam não por liberdade ou morte e sim pela morte, após a escravidão. Há um paradoxo aqui e um mistério. Por que é que tantas multidões de homens e mulheres se prontificaram a se sacrificar por uma causa tão completamente perdida e de formas tão dolorosas e profundamente humilhantes?

É claro que não há nenhuma resposta única e simples para essa charada. Seres humanos são criaturas imensamente complicadas, vivendo ao mesmo tempo em meia dúzia de mundos diferentes. Cada indivíduo é um ser único e, em vários aspectos, diferente de todos os outros membros da espécie. Entre as nossas motivações, nenhuma delas é pura, nenhuma de nossas ações pode ser rastreada a uma única fonte e, em qualquer grupo que buscarmos estudar, padrões de comportamento semelhantes à observação podem resultar de muitas constelações de causas dissemelhantes.

Portanto, há alguns alcoólatras que parecem ter sido predestinados bioquimicamente ao alcoolismo (entre ratos, como demonstrado pelo prof. Roger Williams, da Universidade do Texas, alguns são bêbados natos; outros são abstêmios de nascença e jamais sequer tocam na bebida). Outros alcoólatras foram condenados previamente, não por algum defeito congênito em sua constituição bioquímica, mas pelas suas reações neuróticas a eventos perturbadores na infância e na adolescência. De novo, outros embarcam nesse caminho rumo a um suicídio lento como resultado de mera imitação e boa companhia, por demonstrarem "um excelente ajustamento ao seu grupo" — um processo que, acaso o grupo seja criminoso, idiota ou meramente ignorante, só pode representar um desastre para o indivíduo bem ajustado. Tampouco devemos nos esquecer da ampla classe de viciados que recorreu às drogas ou à bebida para fugir de dores físicas. A aspirina, vale lembrar, é uma invenção muito recente. Até o final da era vitoriana, "papoula e mandrágora", junto com meimendro e álcool etílico, eram os únicos alívios da dor disponíveis ao homem civilizado. A dor de dente, a artrite e a neuralgia tinham o potencial de levar homens e mulheres a se tornarem viciados em ópio — e assim muitas vezes acontecia.

De Quincey, por exemplo, recorreu ao ópio pela primeira vez[53] para aliviar "excruciantes dores reumáticas de cabeça". Ele engoliu a papoula e, uma hora depois, "Que ressurreição esta, das profundezas mais baixas do interior

53 *As confissões de um comedor de ópio* (Londres, 1822), de De Quincey, foi o primeiro estudo de caso e confissão de uso de drogas na literatura.

do espírito! Que apocalipse!". E não era apenas que ele tivesse parado de sentir dor. "Esse efeito negativo desaparecia na imensidão dos efeitos positivos que se abriam à minha frente, no abismo da fruição divina revelado assim tão subitamente... Eis aqui o segredo da felicidade, sobre o qual os filósofos discutiram durante tantas eras, enfim descoberto." Ressurreição, apocalipse, gozo divino, alegria... As palavras de De Quincey nos levam ao próprio âmago de nosso mistério paradoxal. O problema do vício em drogas e da bebida em excesso não é um mero problema da química e da psicopatologia, do alívio da dor e conformidade a uma sociedade ruim. É também um problema metafísico — um problema, quase dá para dizer, da teologia. Em *As variedades da experiência religiosa* (1902), William James tocou nesses aspectos metafísicos do vício:

> O domínio do álcool sobre a humanidade se dá inquestionavelmente por conta de seu poder de estimular as faculdades místicas da natureza humana que costumam ser esmagadas pelos fatos crus e críticas secas dos momentos sóbrios. A sobriedade diminui, discrimina e diz não. A embriaguez expande, unifica e diz sim. É, na verdade, o grande estimulador da função do Sim no homem. Ela traz o seu devoto da periferia frígida das coisas rumo ao seu cerne radiante. Ela o unifica, por um momento, com a verdade. Não é pela mera perversidade que os homens a buscam. Ao pobre e iletrado, ela substitui as sinfonias e a literatura. É parte de um mistério mais profundo e da tragédia da vida que os laivos e relances de algo que reconhecemos de imediato como excelente devam ser garantidos a tantos de nós apenas nos primeiros

estágios fugazes daquilo que em sua totalidade é um veneno tão degradante. A consciência embriagada é um pedaço da consciência mística e nossa opinião total dela deve encontrar lugar em nossa opinião desse todo mais amplo.

William James não foi o primeiro a detectar uma semelhança entre a bebedeira e os estados místicos e pré-místicos. No dia de Pentecostes, houve quem explicasse o estranho comportamento dos discípulos afirmando que "estes homens estão cheios de vinho novo".

Pedro logo os desenganou: "Estes homens não estão embriagados, como vós pensais, sendo a terceira hora do dia. Mas isto é o que foi dito pelo profeta Joel: E nos últimos dias acontecerá, diz Deus, que do meu Espírito derramarei sobre toda a carne".

E não foi apenas pelos críticos sóbrios e secos que o estado de inebriamento divino foi comparado à bebedeira. Como parte de seus esforços para exprimir o inexprimível, grandes místicos fizeram o mesmo. Assim, sta. Teresa d'Ávila nos diz que ela "enxerga o centro de nossa alma como uma adega, na qual Deus permite que entremos quando O apraz, de modo a nos inebriar com o vinho delicioso de Sua Graça".

Todas as religiões plenamente desenvolvidas existem ao mesmo tempo em vários níveis diferentes. Elas existem como um conjunto de conceitos abstratos sobre o mundo e o modo de governá-lo; como um conjunto de ritos e sacramentos; como um método tradicional para manipular os símbolos, por meio do qual as crenças sobre a ordem cósmica se expressam; elas existem como os sentimentos de amor, medo e devoção evocados por essa manipulação de símbolos.

E, por fim, elas existem como um tipo especial de sentimento ou intuição — uma ideia da unidade de todas as coisas em seu princípio divino, uma percepção (para usar a linguagem da teologia hindu) de que "Tu És Isto", uma experiência mística daquilo que parece evidentemente ser a união com Deus.

A consciência ordinária de nossa vigília é um estado de espírito muitíssimo útil e, na maioria das ocasiões, indispensável; mas não é, de modo algum, a única forma de consciência, nem a melhor em todas as circunstâncias. Na medida em que transcende o seu si-mesmo ordinário e seu modo ordinário de consciência, o místico é capaz de ampliar sua visão, lançar um olhar mais profundo no milagre insondável da existência.

A experiência mística é duplamente valiosa: é valiosa porque concede à pessoa que a tem uma melhor compreensão de si mesma e do mundo, e porque pode ajudá-la a viver uma vida mais criativa e menos autocentrada.

No inferno, como já disse um poeta religioso, o castigo dos que se perderam é "ser o ser suarento que são, porém ainda piores". Na terra, não estamos piores do que somos, mas somos meramente esses seres suarentos e ponto final.

Infelizmente, isso já é bem ruim. Nós nos amamos ao ponto da idolatria, mas também temos um intenso desgosto de nós mesmos — somos, aos nossos olhos, impronunciavelmente tediosos. Correlato a esse desgosto do si-mesmo idolatrado, há em todos nós um desejo, por vezes latente, por vezes cônscio e exprimido com grande paixão, de escapar da prisão de nossa individualidade, uma urgência de autotranscendência. É a essa urgência que devemos a teologia mística, os exercícios espirituais e o yoga — e a ela também, o alcoolismo e o vício em drogas.

A farmacologia nos deu uma multidão de novas drogas sintéticas, mas na área de alteradores de consciência naturais, nenhuma descoberta radical foi feita. Todas as drogas botânicas com efeitos sedativos, estimulantes, reveladores de visões, promotores da felicidade e despertadores da consciência cósmica foram descobertas há milhares de anos, antes da aurora da história.

Em muitas sociedades de graus diversos de civilização, foram feitas tentativas para unir o inebriamento por via das drogas com o inebriamento divino. Na Grécia antiga, por exemplo, o álcool etílico tinha o seu lugar na religião organizada. Dioniso, ou Baco, como era muitas vezes chamado, era uma verdadeira divindade. Seus adoradores se dirigiam a ele como *Lusios*, "o Libertador", ou *Theoinos*, "deus-vinho". Este último nome sintetiza o suco de uva fermentado com o sobrenatural numa única experiência pentecostal. "Nascido divino", diz Eurípides, "Baco é derramado como libação aos deuses e por meio dele os homens recebem o bem." Infelizmente, muito malefício também é recebido. A experiência extática da autotranscendência possibilitada pelo álcool precisa ser paga, e o preço é exorbitante.

A proibição completa de todas as substâncias químicas alteradoras da consciência até pode ser decretada, mas não posta em prática, e costuma criar mais males do que é capaz de curar. Ainda mais insatisfatória é a política da tolerância completa e disponibilidade sem restrições. Na Inglaterra, durante os primeiros anos do século XVIII, gim barato e vendido livre de impostos — "bêbado com um pêni, morto de bêbado com dois" — representou uma ameaça de completa desmoralização à sociedade. No século seguinte, o ópio, na forma do láudano, reconciliou as vítimas da Revolução Industrial com seu quinhão na vida — mas a um custo assombroso, em termos de vício, enfermidade e mortes precoces. Hoje, a maioria das sociedades civilizadas segue num caminho entre os dois extremos de proibição e tolerância totais. Certas drogas alteradoras da consciência, como o álcool, são permitidas e disponibilizadas ao público sob pagamento de impostos altíssimos, o que costuma restringir seu consumo. Outras são impossíveis de obter, exceto com receita médica — ou de forma ilegal, com um traficante. Desse modo é possível manter manejável o problema, mas certamente não resolvê-lo. Em sua busca incessante pela autotranscendência, milhões de místicos em potencial se tornam viciados, cometem dúzias de milhares de crimes e se envolvem em centenas de milhares de acidentes que poderiam ter sido evitados.

Será que as coisas precisam continuar assim indefinidamente? Até alguns anos atrás, a resposta para essa pergunta teria sido um lamurioso "sim". Hoje, graças aos desenvolvimentos recentes da bioquímica e da farmacologia, foi-nos oferecida uma alternativa viável. Observamos que, muito em breve, talvez seja possível termos algo melhor em termos de autotranscendência química do que tivemos, desse modo tão inepto, ao longo dos últimos setenta ou oitenta séculos.

Será possível uma droga potente e completamente inofensiva? Talvez não. Mas é certo que o custo fisiológico poderá ser reduzido ao ponto de se tornar irrisório. Há poderosos alteradores da consciência que agem sem prejudicar o organismo psicofísico do usuário e sem incitá-lo a agir como um criminoso ou lunático. A bioquímica e a farmacologia acabaram de começar a pegar embalo. Dentro de alguns anos, é provável que tenhamos no mercado dúzias de poderosas drogas alteradoras da consciência, mas — em termos fisiológicos e sociais — bastante baratas.

Em vista do que já temos no tocante a drogas poderosas, mas quase inofensivas; em vista, sobretudo, daquilo que não há dúvidas de que teremos muito em breve — devíamos começar imediatamente a levar a sério o problema dos novos alteradores de consciência. Como deveriam ser usados? Como podem ser abusados? Será que a condição dos seres humanos será melhor e mais feliz por conta da sua descoberta? Ou pior e mais miserável?

O assunto exige ser examinado a partir de vários pontos de vista. É uma pergunta, ao mesmo tempo, para bioquímicos tanto quanto para médicos, psicólogos e antropólogos sociais, legisladores e aplicadores da lei. E, por fim, trata-se de uma questão ética e religiosa. Mais cedo ou mais tarde — e quanto mais cedo melhor —, os vários especialistas contemplados precisarão se reunir, discutir e então, à luz das melhores provas disponíveis e previsões imaginativas, decidir o que fazer. Enquanto isso, vamos dar uma olhada preliminar nesse problema multifacetado.

No ano passado, médicos dos EUA prescreveram 48 milhões de receitas para drogas tranquilizantes, muitas das quais eram receitas de reabastecimento, tendo sido usadas provavelmente mais de uma vez. Os tranquilizantes são algumas das mais conhecidas entre as novas drogas quase inofensivas que agem como alteradoras da mente. Podem ser usadas pela maioria das pessoas, não com completa e real impunidade, mas a um custo fisiológico razoavelmente baixo. Sua enorme popularidade é testemunha do fato de que muitas pessoas estão descontentes com seu ambiente e o "ser suarento" que são. Sob efeito dos tranquilizantes, a autotranscendência que se dá não é de um alto grau, mas basta para fazer toda a diferença, em muitos casos, entre o sofrimento e o contentamento.

Em teoria, tranquilizantes deveriam ser aplicados apenas aos indivíduos que sofrem de casos severos de neurose ou psicose. Na prática, infelizmente, muitos médicos se deixaram levar pela moda farmacológica e prescrevem tranquilizantes a qualquer um. A história das modas médicas, há de se comentar, é pelo menos tão grotesca quanto a história da moda dos chapéus femininos — pelo menos tão grotesca quanto, mas consideravelmente mais trágica, haja vista que são vidas humanas que estão em jogo. No caso presente, milhões de pacientes que não têm a menor necessidade real de tranquilizantes receberam comprimidos de seus médicos e aprenderam a depender deles para qualquer problema, não importa que sejam desconfortos menores. É um péssimo exercício da medicina e, da perspectiva de quem toma os comprimidos, moralmente duvidoso e desajuizado.

Há circunstâncias em que mesmo quem é saudável tem justificativas para recorrer ao controle químico das emoções negativas. Se você não consegue, de verdade, não perder a cabeça, deixe um tranquilizante ajudar a mantê-la no lugar. Mas para as pessoas saudáveis, recorrer a uma substância química alteradora da consciência toda vez que se sentirem irritadas, ansiosas ou tensas não é nem razoável, nem correto. Tensão e ansiedade em excesso podem reduzir a eficiência do ser humano — mas a falta de ambos também. Há muitas ocasiões em que é adequado nos sentirmos preocupados, quando um excesso de placidez poderia reduzir nossas chances de lidar de forma eficaz com uma situação sensível. Nessas ocasiões, a tensão mitigada e direcionada internamente a partir de métodos psicológicos de autocontrole, de todos os pontos de vista, é preferível à complacência imposta externamente pelos métodos de controle químico.

E agora vamos considerar o caso — infelizmente não hipotético — de duas sociedades em competição. Na Sociedade A, existem tranquilizantes disponíveis com receita e a um preço bem salgado — o que significa, na prática, que seu uso é confinado à minoria rica e influente que age como a liderança dessa sociedade. Essa minoria de cidadãos líderes consome vários bilhões de comprimidos causadores de complacência todos os anos. Na Sociedade B, por outro lado, não há essa disponibilidade de tranquilizantes e os membros da minoria influente não recorrem, à menor provocação, ao controle químico do que poderia ser uma tensão necessária e produtiva. Quais dessas duas sociedades em competição tem maiores chances de ganhar a corrida? Uma sociedade cujos líderes fazem uso excessivo de xaropes calmantes está sob perigo de ficar para trás em comparação com uma sociedade cujos líderes não estão tranquilizados além da conta.

Agora vamos considerar um outro tipo de droga — ainda por ser descoberta, mas que provavelmente logo chegará —, uma droga capaz de deixar as pessoas felizes em situações nas quais normalmente elas se sentiriam deploráveis. Uma tal droga seria uma bênção, mas uma bênção acompanhada de graves perigos políticos. Ao deixar amplamente disponível um tipo de euforia química inofensiva, um ditador poderia reconciliar toda uma população com um estado de coisas que nenhum ser humano de respeito toleraria. Déspotas sempre acharam necessário suplementar a força por meio da propaganda política ou religiosa. Nesse sentido, a pena é mais forte do que a espada. Mas ainda mais forte do que ambos é o comprimido. Em hospitais psiquiátricos, descobriu-se que a imobilização química é muito mais eficaz do que a camisa de força ou a psiquiatria. As ditaduras do amanhã privarão os homens de sua liberdade, mas darão a eles, em troca, uma felicidade tão real quanto, enquanto experiência subjetiva, por ser induzida quimicamente. A busca da felicidade é um dos direitos tradicionais do ser humano; infelizmente, a obtenção da felicidade pode acabar sendo incompatível com outro dos seus direitos — a saber, a liberdade.

É bastante possível, no entanto, que a farmacologia restaure com uma mão aquilo que ela tira com a outra. Não é difícil a euforia induzida quimicamente tornar-se uma ameaça à liberdade individual; mas o vigor quimicamente induzido e a inteligência quimicamente amplificada podem, em contraposição, ser os mais poderosos bastiões da liberdade. A maioria de nós funciona a uma capacidade de 15%. Como podemos aumentar essa eficiência lamentavelmente baixa?

Há dois métodos disponíveis — o educacional e o bioquímico. Podemos conduzir adultos e crianças, tal como são agora, e lhes dar um treinamento muito melhor do que o que recebem hoje. Ou então, por meio de métodos bioquímicos, poderemos transformá-los em indivíduos superiores. Se um desses indivíduos superiores receber uma educação superior, os resultados serão revolucionários; mesmo com os métodos educacionais deficientes que temos em voga no presente, ainda assim os resultados seriam assombrosos.

Será possível, de verdade, produzir indivíduos superiores por meios bioquímicos? É certo que os russos põem fé nisso. No momento, eles estão a meio caminho andado dentro do seu plano de cinco anos para produzir "substâncias farmacológicas que normalizem a atividade nervosa superior e agucem a capacidade humana de trabalhar". Já está havendo testes com os precursores desses futuros amplificadores da mente. Descobriu-se, por exemplo, que doses cavalares de vitaminas — ácido nicotínico e ascórbico, por exemplo — por vezes produzem um certo aguçamento da energia psíquica. Uma combinação de duas enzimas — dissulfeto de etileno e trifosfato de adenosina, que, quando injetadas em conjunto, melhoram o metabolismo de carboidratos no tecido nervoso — também pode ser eficaz.

Enquanto isso, há quem reivindique bons resultados na produção de novos estimulantes sintéticos quase inofensivos. Existe a iproniazida, que, segundo algumas autoridades, "parece aumentar a quantidade total de energia psíquica". Infelizmente, a iproniazida em altas doses tem efeitos colaterais que, em alguns casos, podem ser extremamente sérios! Outro energizador psíquico é um amino-álcool que acreditam ser capaz de aumentar a produção de acetilcolina no corpo, uma substância de importância crucial no funcionamento do sistema nervoso. À vista do que já foi obtido, parece bem possível que, dentro de alguns anos, seremos capazes de melhorar nossa situação bioquímica sozinhos.

Nesse ínterim, desejamos fervorosamente aos russos todo o sucesso em sua atual empreitada farmacológica. A descoberta de uma droga capaz de aumentar a energia psíquica do indivíduo mediano e sua ampla distribuição pela União Soviética provavelmente acarretariam o fim da forma de governo atual da Rússia. Uma mente alerta e a inteligência de um modo geral constam entre os mais poderosos inimigos das ditaduras, ao mesmo tempo em que são as condições básicas para uma democracia eficaz. Mesmo no Ocidente democrático, poderíamos nos beneficiar de um pouco de energização psíquica. Entre uma coisa e outra, a educação e a farmacologia podem contribuir para contrabalancear os efeitos da deterioração de nosso material biológico, um assunto ao qual os geneticistas com frequência já chamaram atenção.

A partir dessas considerações políticas e éticas, vamos passar agora aos problemas estritamente religiosos que as novas drogas alteradoras da consciência representam. Podemos prever a natureza desses problemas futuros ao estudarmos os efeitos de alteradores naturais da consciência, há séculos usados em cerimônias religiosas; refiro-me ao cacto peiote do norte do México e do sudoeste dos Estados Unidos. O peiote contém mescalina — que agora pode ser sintetizada — e a mescalina, para usar a expressão de William James, "estimula as faculdades místicas da natureza humana", de forma muito mais poderosa e muito mais iluminadora do que o álcool e, o que é melhor, o faz a um custo fisiológico e social irrisório. O peiote produz a autotranscendência de duas maneiras — ele apresenta quem o toma ao Outro Mundo da experiência visionária e lhe concede um sentimento de solidariedade com seus irmãos em adoração, com os seres humanos de modo geral e a natureza divina das coisas.

Os efeitos do peiote podem ser duplicados pela mescalina sintética e pelo LSD (dietilamida do ácido lisérgico), um derivado do esporão-do-centeio. Eficaz em dosagens incrivelmente baixas, o LSD agora vem sendo usado de forma experimental por psicoterapeutas na Europa, na América do Sul, no Canadá e nos Estados Unidos. Ele baixa a barreira que separa o consciente e o subconsciente, permitindo ao paciente um olhar mais profundo e compreensivo sobre os recônditos de sua própria mente. O aprofundamento do autoconhecimento se dá contra o pano de fundo da experiência visionária e até mesmo mística.

Ao serem administradas num ambiente psicológico do tipo certo, essas drogas alteradoras da consciência possibilitam um tipo de experiência religiosa genuína. Assim sendo, uma pessoa que tome LSD ou mescalina pode, de repente, compreender — não apenas de forma intelectual, mas organicamente, pela experiência — o significado de afirmações religiosas tremendas como "Deus é amor" ou "Ainda que ele me mate, nele esperarei".

Nem precisamos dizer que esse tipo de autotranscendência temporária não é garantia de iluminação permanente, nem de uma melhoria duradoura de conduta. É uma "graça gratuita", que não é nem necessária, nem suficiente para a salvação, mas que, se usada de forma adequada, pode ser imensamente útil a quem a recebe. E isso é válido para todas as experiências desse tipo, não importa se ocorrem de forma espontânea ou como resultado de se engolir o tipo correto de alterador químico da consciência ou após uma sequência de "exercícios espirituais" ou atos de mortificação corporal.

Aqueles que se ofendem com a ideia de que engolir uma pílula pode contribuir para a experiência religiosa genuína devem lembrar que todas as mortificações habituais — o jejum, a privação voluntária do sono e a autotortura — que os ascetas de toda religião infligem sobre si mesmos para o propósito de aquisição de mérito são também, assim como as drogas alteradoras da consciência, mecanismos poderosos para alteração da química do corpo de forma geral e do sistema nervoso em particular. Ou então consideremos os procedimentos geralmente conhecidos como exercícios espirituais. As técnicas de respiração ensinadas pelos iogues da Índia resultam em suspensões prolongadas da respiração, as quais, por sua vez, causam uma concentração maior de dióxido de carbono no sangue, com a consequência psicológica de uma mudança na qualidade da consciência. De novo, meditações que envolvem uma concentração longa e intensa numa única imagem ou ideia também podem resultar — por motivos neurológicos que eu não afirmo compreender — numa desaceleração da respiração, que pode chegar até mesmo a suspensões prolongadas.

Muitos ascetas e místicos praticaram suas mortificações alteradoras da química corporal e exercícios espirituais enquanto viviam, durante períodos mais longos ou mais breves, como eremitas. A vida de um eremita, como santo Antão, é uma vida na qual há pouquíssimos estímulos externos. Mas, como Hebb, John Lilly e outros psicólogos experimentais recentemente demonstraram no laboratório, uma pessoa num ambiente limitado, que fornece raríssimos estímulos externos, logo sofre uma mudança na qualidade de sua consciência e pode transcender seu eu normal a ponto de ouvir vozes ou ter visões, muitas vezes desagradáveis ao extremo, como eram tantas das visões de santo Antão, mas por vezes beatíficas.

Os homens e mulheres podem, por meios físicos ou químicos, transcender a si mesmos de um modo genuinamente espiritual, o que, ao idealista receoso, parece um tanto chocante. No fim das contas, porém, não é a droga, nem o exercício físico a causa da experiência espiritual, apenas a sua ocasião.

Ao tratar dos experimentos de William James com óxido nitroso, Bergson resumiu a questão toda em algumas frases bastante lúcidas: "A disposição psíquica se via, potencialmente, apenas esperando um sinal para se expressar em ação. Ela poderia ter sido evocada espiritualmente por meio de esforços em seu próprio nível espiritual, mas também poderia, com a mesma facilidade, ser suscitada materialmente por meio de uma inibição daquilo que a inibiu, pela remoção de um obstáculo, sendo este o efeito inteiramente negativo produzido pela droga"[54]. Nas ocasiões em que, por qualquer motivo, físico ou moral, as disposições psicológicas sejam insatisfatórias, a remoção desses obstáculos por meio de uma

54 *Two Sources of Religion and Morality* (1935) [disponível em português sob o título *As duas fontes da moral e da religião*].

droga ou práticas ascéticas resultará numa experiência negativa, não positiva. Tal experiência infernal é perturbadora ao extremo, mas pode ser igualmente salutar. Há muitas pessoas para quem algumas horas no inferno — o inferno que elas mesmas criaram a duras penas — faria muito bem.

Estimulantes das faculdades místicas que sejam desprovidos de custos fisiológicos — ou quase — estão começando a dar o ar da graça, e muitos deles estarão logo disponíveis no mercado. Podemos ter certeza de que, quando se tornarem disponíveis, terão amplo uso. A necessidade de autotranscendência é tão forte e tão generalizada que não é possível que aconteça de outro modo. No passado, pouquíssimas pessoas tiveram experiências espontâneas de uma natureza pré-mística ou plenamente mística; houve ainda menos gente disposta a passar pelas disciplinas psicofísicas que preparam o indivíduo em isolamento para esse tipo de autotranscendência. As drogas do futuro, que serão poderosas, porém inofensivas, e capazes de alterar a consciência, mudarão isso completamente. Em vez de serem raras, as experiências místicas ou pré-místicas serão comuns. O que outrora foi o privilégio místico de poucos estará disponível às massas. Para os ministros das religiões organizadas do mundo, isso causará problemas até então sem precedentes. Para a maioria das pessoas, a religião sempre foi uma questão de símbolos tradicionais e de suas próprias respostas emocionais, intelectuais e éticas a esses símbolos. Aos homens e mulheres que tiveram a experiência direta da autotranscendência no Outro Mundo da visão e da união com a natureza das coisas, é provável que a religião dos meros símbolos não seja lá muito satisfatória. A leitura de uma página até mesmo do mais bem escrito dos livros de receitas não é um substituto para a experiência do jantar. Assim somos exortados: "Provai, e vede que o Senhor é bom".

De um modo ou de outro, as autoridades eclesiásticas do mundo terão que se haver com os novos alteradores da consciência. Isso pode acontecer de forma negativa, ao se recusarem a lidar com eles de qualquer forma que seja. Nesse caso, um fenômeno psicológico, potencialmente de grande valor espiritual, há de se manifestar fora do alcance da religião organizada. Por outro lado, eles podem optar por lidar com isso de uma forma positiva — mas não estou preparado para tentar adivinhar como exatamente.

O que eu mesmo acredito é que, embora possam ter um começo um tanto constrangedor, essas novas drogas alteradoras da consciência, a longo prazo, acabarão aprofundando a vida espiritual das comunidades onde estiverem disponíveis. O famoso "reavivamento da religião", do qual tanta gente fala há tanto tempo, não virá como resultado de encontros evangelistas imensos ou pela aparição de clérigos fotogênicos na televisão, mas sim como resultado de descobertas bioquímicas que possibilitarão que grandes números de homens e mulheres obtenham uma autotranscendência radical e uma compreensão mais profunda da natureza das coisas. E esse reavivamento da religião será, ao mesmo tempo, uma revolução. A religião deixará de ser uma atividade que tem os símbolos como sua principal preocupação e será transformada numa atividade ocupada principalmente com a experiência e a intuição — um misticismo cotidiano que subjaz e confere significado à racionalidade cotidiana, às tarefas e deveres cotidianos e às relações humanas cotidianas.

Capítulo 25

1959 Correspondência

Huxley foi professor visitante na Universidade da Califórnia, em Santa Bárbara, onde deu uma conferência sobre "A condição humana"; o restante de seu tempo de trabalho foi dedicado a passar a limpo o problema incômodo que é a linha narrativa de sua fantasia utópica. A Academia Americana de Artes e *Letras o homenageou com um prêmio de mérito pela sua obra romanesca, já entregue a Ernest Hemingway, Thomas Mann e Theodore Dreiser. Em entrevista a Joe Hymans, na* This Week Magazine *(8 de novembro de 1959), Huxley disse: "O mundo interior é quase tão vasto quando o espaço sideral". Ao padre Thomas Merton, ele fez uma defesa eloquente da validade da experiência religiosa induzida por drogas; e o mesmo ele fez com Margaret Isherwood, usando a expressão "ir além da visão" ao descrever suas sessões posteriores. Ele fornece a Osmond exemplos de casos de sucesso da terapia com* LSD, *mas também outros "vulgares [...] profundamente perturbadores". Embora o* LSD *só fosse vir a ser proibido em 1966, a dificuldade para uma pessoa comum obtê-lo em 1959 já fica evidente em seu pedido a Osmond.*

Ao pe. Thomas Merton [Smith 808]

3276 Deronda Drive,
Los Angeles 28, Califórnia
10 de janeiro de 1959

Caro padre Merton,

Obrigado pela sua carta. Os problemas que o senhor menciona são interessantes e difíceis, e sua solução precisa ser procurada nos níveis práticos e factuais. Muito trabalho já foi feito sobre a mescalina e o ácido lisérgico, tanto por pesquisadores quanto por clínicos que fazem aplicações terapêuticas dessas drogas a fim de tratar condições como o alcoolismo e neuroses variadas (tem um grupo no momento trabalhando com alcoolismo na British Columbia que, por acaso, vem usando o ácido lisérgico dentro de um molde religioso, especificamente católico, e obtendo resultados notáveis, em parte principalmente por levar os pacientes a perceberem que o universo é profundamente distinto daquilo que parece ser a partir de seu nível ordinário e condicionado de experiência). Em termos estatísticos, os resultados desses experimentos são, mais ou menos, os seguintes: cerca de 70% daqueles que tomaram a droga tiveram uma experiência positiva; os outros tiveram uma experiência negativa que pode chegar a ser infernal de verdade (muitos dos estados vivenciados pelos padres do deserto eram negativos, vide as milhares de imagens das tentações de santo Antão). Todos concordam que a experiência é profundamente significativa[55]. Encontramos, de

55 O padre Merton havia escrito a Huxley em 27 de novembro de 1958, suscitando questões sobre a validade da experiência mística induzida por

novo e de novo, nos relatos escritos pelos participantes após o evento, a declaração de que "esta é a experiência mais maravilhosa que eu já tive" e "sinto que minha vida jamais será a mesma outra vez". Entre as experiências positivas, há uma certa proporção, na primeira vez que tomam a droga, que é puramente estética — a transfiguração do mundo exterior de modo a parecer aquilo que o jovem Wordsworth viu e mais tarde descreveu na "Ode aos prenúncios de imortalidade recolhidos da mais tenra infância": um universo de uma beleza inconcebível em que todas as coisas estão cheias de vida e carregadas de significados obscuros, porém imensamente importantes. Aqueles dotados, de nascença, de boa visualização tendem a ter visões com os olhos fechados ou até mesmo projetadas sobre a tela do mundo externo com os olhos abertos. A natureza dessas visões é muitas vezes paradisíaca e as descrições nos lembram, inevitavelmente, as descrições da Nova Jerusalém no Apocalipse ou do Éden de Ezequiel, ou os vários paraísos de outras religiões. Por fim, há aqueles cujas experiências parecem ser muito mais do que estéticas e podem ser rotuladas como pré-místicas ou até mesmo místicas de fato, acredito. Ao longo dos últimos cinco anos, eu tomei mescalina duas vezes e ácido lisérgico três ou quatro. A minha primeira experiência foi estética, em sua maior parte. As experiências posteriores foram de outra natureza e me ajudaram a compreender muitas das enunciações obscuras encontradas nos escritos de místicos, sejam eles cristãos ou orientais. Uma sensação impronunciável de gratidão pelo pri-

drogas e sobre a distinção entre o místico e o estético, em resposta ao artigo "Drogas que moldam as mentes dos homens", de Huxley, publicado no *Saturday Evening Post* [Nota de Smith].

vilégio de ter nascido neste universo ("A gratidão é o próprio céu", diz Blake — e eu sei agora exatamente o que é que ele queria dizer). Uma transcendência da relação ordinária entre sujeito e objeto. Uma transcendência do medo da morte. Uma sensação de solidariedade com o mundo e seu princípio espiritual e a convicção de que, apesar da dor, do mal e do resto, tudo de algum modo está bem (é possível compreender frases como "Ainda que ele me mate, nele esperarei" e a grande declaração, que eu não consigo citar de forma exata, de Juliana de Norwich). Por fim, uma compreensão, não intelectual, mas de algum modo total, uma compreensão com todo o organismo, da afirmação de que Deus é Amor. As experiências são transitórias, claro; mas a memória delas e os princípios de retomadas dessas memórias que costumam acontecer de forma espontânea e recorrente ou durante a meditação continuam a exercer um efeito profundo sobre a mente do usuário. Não parece haver evidências na literatura publicada de que seja uma droga formadora de hábitos ou que crie uma sede de repetição. Há um sentimento — falo por experiência própria e a partir dos relatos orais que me foram feitos por outros — de que a experiência é tão transcendentalmente importante que não se deve adentrá-la de modo leviano ou por diversão (não é uma experiência divertida em certos aspectos, pois acarreta uma morte temporária do ego, um ir além). Aqueles que desejam fazer uso dessa "graça gratuita" e cooperar com ela costumam fazê-lo não repetindo o experimento a intervalos frequentes, mas tentando se abrir, num estado de passividade alerta, à existência transcendente, para usar a expressão de Eckhart, a qual eles conheceram e, de algum modo, *encarnaram*. Em tese, existe o perigo de que os participantes possam ter uma necessidade da repetição constante dessa experiência quimicamente induzida. Na prática, essa necessidade não parece se manifestar. Costuma-se acreditar que o regime mais desejável é o de uma repetição a cada ano ou a cada seis meses.

Um amigo meu, salvo do alcoolismo, nas etapas finais e fatais da doença, por uma teofania espontânea que mudou a sua vida por completo, assim como a de são Paulo após a sua teofania na estrada para Damasco, tomou ácido lisérgico duas ou três vezes e afirma que sua experiência sob efeito da droga é idêntica à experiência espontânea que mudou a sua vida — a única diferença sendo a de que a experiência espontânea não durou tanto tempo quanto a outra, quimicamente induzida. É óbvio que há uma área aqui para experimentos sérios e reverentes.

Desejando tudo de bom,

Muito sinceramente,
Aldous Huxley

A Margaret Isherwood [Smith 818]

3276 Deronda Drive,
Los Angeles, 28, Califórnia
12 agosto de 1959

Cara Margaret,

Obrigado por sua carta. Eu estou mais ou menos novinho em folha, ainda bem — pude dar uma escapada que me fez bem de verdade[56]. Quanto às experiências visionária e mística — acho que são distintas, mas a primeira tem a capacidade de levar à segunda. Em meu primeiro experimento com mescalina, eu tive uma experiência visionária apenas estética. Mas, desde então, com o LSD e de novo com a mescalina, pude ir *além da visão*, rumo a muitas das experiências descritas na literatura do Oriente e do Ocidente — a transcendência da relação entre sujeito e objeto, a sensação de solidariedade com todo o mundo, de modo que é possível de fato conhecer por vias da experiência o que significa "Deus é amor"; a sensação de que, apesar da morte e do sofrimento, no fim, de algum modo, está Tudo Bem ("Ainda que ele me mate, nele esperarei"); a sensação de gratidão infinita pelo privilégio de habitar este universo (Blake diz, "A gratidão é o próprio céu" — costumava ser uma expressão incompreensível: agora eu sei precisamente do que é que ele estava falando).

[Hugh] Fausset está bastante equivocado — ele fala a partir de uma base moralista *a priori* e não pela experiência direta. Essa questão das drogas e da experiência mística foi discutida anos atrás por Bergson em *As duas fontes* tratando de William James e o gás do riso. A ideia de que uma substância química é capaz de ajudar as pessoas a saírem de si mesmas perturba muita gente, mas é um fato, por acaso. É certo que a experiência é uma "graça gratuita", nem necessária, nem suficiente para a salvação. É necessário um esfor-

56 Apesar de sua visão limitada, Huxley por vezes saía para caminhadas noturnas solitárias. Numa delas, aconteceu de ele tropeçar e cair num barranco. Ele se machucou dolorosamente, mas não sofreu nenhum ferimento grave.

ço ético e cognitivo para a pessoa ir além de sua experiência única rumo à iluminação permanente.

Atenciosamente,
Aldous

P.S. Graças gratuitas não são necessárias ou suficientes — mas podem ser muito úteis se optarmos por permitir que elas nos ajudem.

P. P. S. O Subud é simplesmente uma técnica para reproduzir os tremores dos antigos *Quakers* — um alívio por meio dos músculos. Muito útil em alguns casos.

Ao dr. Humphry Osmond [Smith 825]

3276 Deronda Drive,
Los Angeles, 28, Califórnia
29 de novembro de 1959

Caro Humphry,

[...] Estou perto de terminar minhas palestras em Santa Bárbara — mais uma mesa redonda sobre a palestra do prof. John Randall à ocasião do centenário de Darwin e mais duas palestras minhas. Depois disso, estarei livre para trabalhar no meu livro em tempo integral. Quanto aos planos — fui convidado para ir a Topeka no final de março ou abril como professor visitante durante algumas semanas na Menninger Foundation. Será interessante, acredito, penetrar o Santo dos Santos da psiquiatria americana e dar uma boa olhada. O relato de Nathan Kline sobre a psiquiatria soviética, resumido na *Time*, é interessante e, sem dúvida, perturbador para Menninger *et al.* Acaso o senhor já leu o relatório completo? Acho que irei escrever a ele e pedir para que me mande. Laura, nesse ínterim, tem trabalhado duro na sua psicoterapia — com resultados notáveis em muitos casos: pois ela parece ter um conhecimento intuitivo do que fazer em qualquer momento, quais técnicas usar em cada etapa sucessiva de acordo com o humor e sentimento do paciente. Ela vem obtendo alguns resultados muito bons com a terapia sob efeito do LSD em alguns casos em que o método parece justificável (falando de passagem, que pessoas pavorosas há na sua profissão! Nós conhecemos dois psiquiatras de Beverly Hills outro dia, especializados em terapia com LSD a 100 dólares a dose — e, de verdade, raramente eu conheci gente mais vulgar e menos sensível! Pensar nas pessoas vulnerabilizadas pelo LSD sendo expostas a essa gente é profundamente perturbador. Mas o que há de se fazer quanto a esse problema? A psiquiatria é uma arte que se baseia numa ciência ainda imperfeita — e, assim como todas as artes, há mais praticantes ruins e indiferentes do que bons. Como é possível deixar de fora os artistas ruins? Na pintura e na literatura, os artistas ruins não importam — mas têm uma importância enorme na terapia e na educação; pois vidas e destinos inteiros podem ser afetados por suas deficiências. Mas não há como ver qualquer possibilidade prática de manter longe os desagradáveis e inaptos e permitir apenas os bons e talentosos). E, falando em LSD — será que seria possível para o senhor me enviar uma meia dúzia de doses? Eu gostaria de fazer alguns experimentos pessoalmente, e

Laura gostaria de aplicá-lo em algumas pessoas, para complementar sua terapia. Não quero perturbar demais a Sid Cohen — e não quero pedir a pessoas como [———] ou [———] ou [———], que eu sei que têm a substância e fazem mau uso, o qual eu desaprovo. Se lhe for possível, eu serei extremamente grato. E, se não for, a quem eu devo pedir na Sandoz[57]?

Meu amor a Jane e às crianças.

Afetuosamente,
Aldous

57 Até 1966, Sandoz Ltd., de Basel, era a principal distribuidora de LSD e psilocibina para propósitos de pesquisa.

Capítulo 26

1959
A revolução final

ALDOUS HUXLEY

Ao dar mais uma palestra enquanto homem de letras em meio a técnicos e cientistas, Huxley definiu sua tarefa como a criação de "uma ponte entre a ciência e o mundo em geral". Ele aponta para a habilidade superior dos literatos de descrever os efeitos das drogas sobre a mente, e espera conseguir chegar a uma linguagem que possibilite às pessoas "falarem sobre a experiência mística ao mesmo tempo em termos de teologia, psicologia e bioquímica". A profecia farmacológica do Admirável mundo novo, *que o autor imaginou demorar vários séculos para se concretizar, foi confirmada apenas vinte e sete anos depois: havia agora uma droga patenteada no mercado sob o nome de "Soma". Huxley pede à plateia para tratar da questão do ser humano sob ataque farmacológico, lembrando do aviso que ele fez em 1936 de que "os propagandistas do futuro serão provavelmente químicos e fisiologistas além de escritores".*

EU ME PERGUNTEI ESTA NOITE o que exatamente estou fazendo nesta companhia. Sou provavelmente o único bacharel em artes nesta grande conferência de doutores de várias ciências. Estou aqui como um ignorante no meio de um vasto mar de conhecimentos especializados. Há um verso interessante que foi preservado da obra do grande poeta grego Arquíloco e serviu de título para um ensaio sobre Tolstói, de Isaiah Berlin. Ele diz o seguinte: "A raposa sabe muitas coisas, mas o porco-espinho sabe uma única e grande coisa". É um verso enigmático. Mas quando o assunto é história natural, fica claro o que significa: a raposa domina todo tipo de ardil, mas o porco-espinho pode se dobrar em formato de bola e resistir completamente à raposa. É um verso que vale para muitas áreas. Na literatura, por exemplo, existem os autores-raposa e os autores-porco-espinho. Tem raposas que cobrem uma área enorme e sabem de muitas e muitas coisas. O exemplo supremo, é claro, é Shakespeare. E aí tem os porcos-espinho, que se concentram numa ideia e a desenvolvem ao seu limite, cujo exemplo supremo, obviamente, é Dante.

No momento presente, acredito que podemos aplicar essa ideia aos especialistas e não especialistas, e aqui digo que sou um tipo de raposa meio baixo nível no meio de um grande número de porcos-espinho de alto nível, e o que estou fazendo? Qual o valor de minha presença aqui?

Bem, é óbvio que não posso competir com qualquer um dos porcos-espinho. Eu ouço as falas aqui e muitas delas me são muitíssimo interessantes e aprendo diversas coisas com elas. Mas confesso que, quando os porcos-espinho entram mais a fundo na discussão da química, eu desisto e não sei mais o que é que está sendo discutido. Em todo caso, sinto que a raposa, com seu conhecimento de muitas coisas, superficial a bem da verdade, seu vasto leque de atividades em todas as direções, tem o seu valor e é capaz de fazer suas contribuições, sobretudo se estiver preparada para colaborar com os porcos-espinho.

Estamos diante, é claro, do grande problema da especialização. Outro dia, eu estava lendo um livro extremamente interessante que deverá sair nesta primavera, que trata das atividades do meu avô na promoção de reformas educacionais. Muito além de suas atividades enquanto biólogo, ele tinha um tremendo interesse em questões sociais, em cuja área foi bastante ativo e teve grande responsabilidade pelo currículo da London School Board quando a educação se tornou universal e gratuita na Inglaterra. E ele teve uma grande colaboração em transformar a Universidade de Londres numa universidade moderna, com departamentos especializados em todas as áreas. Ele percebeu que é preciso se especializar para explorar as profundezas do conhecimento científico.

Mas o interessante é que, uns vinte anos depois, dois ou três anos antes de sua morte, sua grande preocupação era desfazer os efeitos da especialização. Ele queria tirar os professores de seus nichos separados, reuni-los num esforço harmônico para acumular seu conhecimento especializado e trazê-lo até o mundo lá fora. Após quase setenta anos, este continua sendo um de nossos enormes problemas. Como conseguir o melhor dos dois mundos: o mundo da especialização, que é absolutamente necessário, e o mundo da comunicação e dos interesses gerais nos assuntos mais amplos da vida, o que também é necessário? E aqui eu penso que o homem de letras tem uma contribuição a fazer. Ele pode, caso opte por se associar um pouco com porcos-espinho, agir de modo a formar uma ponte entre a ciência e o mundo em geral, o que me parece ser um assunto de crucial importância. Parece que temos uma atitude das mais esquizofrênicas no momento.

Se eu tivesse o controle da educação, começaria a destacar para as crianças, a partir da mais tenra idade, que a regra fundamental da moral, a regra de ouro, começa em nível sub-humano, talvez sub-biológico. Para que a natureza nos trate bem, é preciso tratá-la bem. Se começarmos a destruir a natureza, a natureza irá nos destruir, e esse preceito moral básico é fundamental em nosso conhecimento presente da ecologia e da conservação. O que sabemos agora sobre a ecologia aponta para o fato de que a natureza existe no mais delicado equilíbrio e que qualquer coisa que tenda a perturbar esse equilíbrio produzirá consequências do tipo mais inesperado e muitas vezes mais desastroso. Vemos então que muitas das verdades éticas mais importantes derivam simples e naturalmente de fatos científicos, e sou da opinião firme de que esse tipo de ponte entre o mundo da ciência pura e o mundo da ética deve ser construído desde cedo.

Mas, nesse ínterim, o homem de letras pode ajudar muito a construir essa ponte. Os homens de letras dedicaram boa parte de suas reflexões à relação entre mente e corpo, cérebro e corpo, o físico em geral e o espírito, tendo produzido alguns resultados extremamente interessantes, que podem ser chamados de pré-científicos, nesse campo. Por exemplo, se compararmos a psicologia medieval ou a psicologia do século XVI com a poesia dos *Contos da Cantuária*, de Chaucer, perceberemos a enorme superioridade do artista literário em comparação com o homem de ciências do período. O mesmo se aplica a Shakespeare. Quando examinamos a psicologia oficial da época, ficamos deslumbrados com a enorme sutileza da psicologia e a profundidade desse homem extraordinário. A psicologia oficial, a psicologia científica, só começa a alcançar a psicologia literária, mal e mal, por volta da segunda metade do século XIX. É incrível perceber a esterilidade da doutrina psicológica oficial do período em comparação com a psicologia literária de romancistas como Balzac, Dickens, George Eliot, Dostoiévski ou Tolstói. É estarrecedora a pobreza das formulações científicas se comparadas com a riqueza e sutileza extraordinárias que esses homens, por meio da observação e da intuição, puseram em seus romances. É curioso também ver o modo como certos problemas sendo discutidos agora — o efeito das drogas sobre a mente, por exemplo — já foram discutidos e compreendidos pelos grandes mestres da literatura no passado.

Mencionamos agora mesmo o problema do álcool. É interessante observar como esses homens perceberam o fato de que os efeitos do álcool eram profundamente distintos de acordo com o temperamento e a constituição das pessoas que o consomem. E, por acaso, eu não assisti a todas as palestras da conferência até o momento, mas entre aquelas que eu assisti fiquei chocado pela ausência de referências ao fato profundamente importante de que a espécie humana é mais variável do que qualquer outra espécie em todo o reino natural. Em geral, podemos dizer que a variabilidade da espécie aumenta conforme avançamos na escala evolutiva e que atinge o seu máximo de variabilidade na espécie humana, que somos profundamente diferentes enquanto indivíduos, um do outro, tanto em nível estrutural quanto até mesmo bioquímico. É interessante, por exemplo, observar o modo como Shakespeare aponta que a embriaguez de um Falstaff é totalmente diferente da embriaguez de Cássio, uma figura militar pertencente ao extremo daquilo que Sheldon chamou de o polo somático da variabilidade humana. Esses dois tipos de embriaguez são bastante diferentes da embriaguez manifestada, por exemplo, por uma pessoa com o meu tipo físico. Enquanto eu me sentiria extremamente mal e muito, muito melancólico, Cássio seria agressivo ao extremo e Falstaff extremamente alegre. Essa profunda variabilidade entre indivíduos há de ser observada, imagino, não apenas no que diz respeito ao álcool, mas a todas as outras drogas. Eu aponto esse fato meramente para demonstrar que, desde muito cedo na história da cultura, o homem literário já vem fazendo observações bastante pontuais.

Chegamos então à questão da linguagem. O dr. Joel Elkes, em sua fala de ontem, demorou-se sobre o fato de que nos falta a linguagem necessária para discutirmos muitos desses problemas e exprimiu a esperança de que poderemos, muito em breve, fazer uso da matemática para essas discussões. Mas, até onde diz respeito ao público em geral, a matemática não é de grande utilidade, e aqui o homem de letras, acredito, é capaz de realizar uma tarefa importantíssima. Nosso problema é adaptar uma linguagem que não é adequada no momento para descrever o contínuo da mente e do corpo, um universo da completa continuidade. De algum jeito ou outro, precisamos inventar os meios para falar sobre esses problemas de um modo artisticamente variado que os torne acessíveis ao público em geral. Por exemplo, o ideal seria conseguirmos falar sobre uma experiência mística nos termos, ao mesmo tempo, da teologia, da psicologia e da bioquímica. É um belo desafio, mas, a não ser que possamos pensar em algo do tipo, permanecerá a dificuldade extraordinária para as pessoas pensarem sobre essa teia contínua da vida, pensá-la como um contínuo e não em termos do velho dualismo platônico e cartesiano que falsifica, de forma tão extraordinária, a nossa imagem do mundo. Como faremos isso, como os homens literários realizarão esse tipo de milagre, isso eu não sei, mas acredito que precise ser realizado. E talvez aconteça. Talvez surja algum Shakespeare futuro com uma imensa maestria da linguagem, capaz de pegar o nosso idioma existente e, de algum modo, por meio de algum milagre da poesia ou milagre da prosa poética, conceba essa imagem do contínuo. É um assunto sobre o qual eu mesmo já refleti muito e francamente não tenho talento o bastante para a empreitada.

Já no começo do século XIX, Wordsworth em seu prefácio às *Baladas líricas* declarou que chegaria a época em que a mais remota descoberta do físico e do químico viria a ser um assunto digno de poesia. Mais de 150 anos se passaram, desde então, e os dois campos permanecem apartados. Ainda não fizemos a fusão, e eis aí um assunto sobre o qual os homens de letras precisam pensar com bastante cuidado.

E pensar que este era para ser um tipo de pedido de desculpa pela minha existência aqui.

Vamos agora ao tema desta fala, que eu batizei de "A Revolução Final".

A Revolução Final, como eu a enxergo, é a aplicação da tecnologia a assuntos humanos, tanto em nível social quanto individual. Mas o que é a tecnologia? A tecnologia, a técnica em geral, como eu entendo, é a aplicação, de um modo perfeitamente cônscio e racional, de métodos bem elaborados de fazer as coisas com eficiência. A palavra-chave aqui é "eficiência".

Os princípios da tecnologia, nos tempos modernos, se deram no campo da produção industrial, da aplicação de máquinas e da lógica industrial para os problemas de produção, primeiro de bens têxteis, depois metalúrgicos, cada vez mais abrangendo outros tipos de manufatura. Então, com a criação de maquinários mais e mais complicados, tornou-se necessário aplicar a técnica a esferas especificamente humanas. Em geral, podemos dizer que, quanto mais complicado o maquinário físico, mais complicada precisa ser a organização da sociedade que faz uso dessas máquinas.

É claro que a aplicação da técnica a problemas sociológicos, políticos e governamentais é muito antiga, ainda que esporádica. Por exemplo, no Velho Testamento, nos livros de Samuel e Crônicas, observamos que o rei Davi ordena que o povo seja contabilizado. Ele ordena um censo, que é um dos primeiros procedimentos seguidos por qualquer governo técnico e eficiente. Mas é interessante observar que Davi o faz contra a vontade expressa de Jeová e como resultado da tentação de Satã. Assim podemos ver que, nesse período da Idade do Bronze, em que os livros de Samuel e Crônicas foram escritos, havia um poderoso viés antitécnico. As pessoas tinham uma opinião forte de que havia um grande perigo em permitir que o governo soubesse tudo sobre elas.

Há uma boa base para essas suspeitas e, ao examinarmos a história, vemos que um dos grandes bastiões da liberdade sempre foi a ineficiência. Não é rara a existência de um desejo de tirania, mas os meios pelos quais se pode chegar a ser um tirano com frequência eram extraordinariamente inadequados. O espírito do despotismo era forte, mas a carne, fraca. Vejamos o caso de Luís XIV. Luís XIV proclamou-se monarca absoluto e gostaria de regimentar a todos, mas seu arsenal técnico era dos mais inadequados, sendo fácil para os indivíduos escaparem pela trama larga de sua rede. Mesmo na época de Napoleão, é marcante a ineficiência de seu chefe de polícia, Fouché, um homem de habilidades tremendas, no comando de um departamento altamente organizado.

Em comparação, porém, com a eficiência das forças policiais até mesmo dos Estados democráticos de hoje, essas pessoas eram incrivelmente ineptas. E havia um bom tanto de liberdade individual, pelo simples fato de que as pessoas no topo não davam conta de controlar as massas.

Esses esforços esporádicos e preliminares no que se pode chamar de controle governamental tecnicizante sempre ocorreram ao longo da história. O mundo romano, por exemplo, de muitos modos era um mundo dotado de uma organização assombrosa. Eles tecnicizaram as forças militares de uma maneira que não ocorreria de novo até a segunda metade do século XVIII. Eles possuíam um sistema de direito técnico e racional que nós não veríamos de novo até a época de Napoleão e a reforma do direito inglês durante o século XIX. Mas é claro que tudo isso desapareceu e, durante a Idade Média, tínhamos um mundo antitécnico extraordinário em que as organizações eram, por assim dizer — ninguém gosta de usar essa palavra — mas eram, de certo de modo, *naturais*. Desenvolveram-se organizações, as guildas, por exemplo, que surgiram a partir de associações de pessoas que faziam a mesma coisa, sem qualquer tipo de sistema elaborado. E tudo era de uma ineficiência notável.

Tudo precisou ser desmontado completamente por volta da época da Revolução Francesa para possibilitar o grande desenvolvimento da tecnologia que veio depois. Essas sociedades, que poderíamos chamar de naturais, precisaram se atomizar, se desintegrar, de modo a permitir que ocorresse uma organização numa grande escala técnica.

Hoje vemos a aplicação da técnica às questões humanas numa escala ainda maior em todos os países, e eu diria que a distinção que realmente importa entre o mundo comunista e o mundo do Ocidente não se baseia na teoria marxista que reivindica a posse pública dos meios de produção. Isso é um tipo de mitologia do mundo soviético. Mas a verdadeira diferença é que os comunistas estão preparados para permitir que a tecnicização chegue aos seus limites absolutos, enquanto nós temos ressalvas consideráveis quanto a permitir que essa coisa substitua nossas antigas tradições de liberdade pessoal e instituições democráticas. Marx e Engels conferiam uma importância extraordinária ao aspecto técnico da organização social; e o que vemos agora na Rússia é um mundo em que a tecnologia é livre, mas o homem se vê mais e mais subordinado às necessidades da tecnologia.

E um dos perigos mais graves que nos confronta é precisamente este: que estamos sendo forçados pela tecnologia a avançar no mesmo caminho percorrido pelos russos voluntariamente, mas no qual nós entramos sendo empurrados. A tendência da tecnologia é a de crescer e se desenvolver de acordo com as leis do seu próprio ser. De modo algum, ela se desenvolve de acordo com as leis do nosso ser. As duas coisas são bem distintas, e o homem agora se vê subordinado a essa coisa que ele criou, sujeito às suas leis, que não são leis humanas de modo algum.

Vemos essa tecnicização acontecendo em muitas, muitas áreas. Por exemplo, no campo da governança, mesmo em governos liberais e democráticos, fica evidente que todo o aparato governamental vem se tornando mais e mais tecnicizado. Neste país, existem não menos do que cinquenta e seis agências do governo, acredito, só para lidar com estatísticas; para nós, passou a ser uma necessidade ter esse arsenal imenso de conhecimentos técnicos só para permitir que a coisa funcione. Depois temos os poderes de fato do governo que foram imensamente fortalecidos pelos avanços tecnológicos. A polícia hoje, por exemplo, tem poderes que, como já comentei, a polícia de Napoleão simplesmente não poderia aproximar de modo algum. Não é uma mera questão de possuírem armamentos superiores ou os meios de comunicação que as forças policiais do passado não possuíam. É também uma questão de métodos extremamente elaborados de registro. A posição de cada um é registrada em cartões perfurados, microfilme, e assim por diante. Eis aí um fato inteiramente novo. Há uma imensa massa de informações sobre todos nas mãos de um governo central, uma massa que jamais existiu antes. A coisa pela qual Davi foi punido chegou a um grau de eminência que era absolutamente inimaginável até mesmo cem anos atrás.

Esta é apenas uma das áreas em que vimos o avanço da técnica. Podemos vê-lo de novo na área da economia, onde, até mesmo nos países ocidentais, o velho hábito de deixar a economia inteiramente na mão do livre mercado vem sendo substituído, em grande escala, por um sistema elaboradíssimo de planejamento.

A tecnicização acabou acelerada ainda mais pelo aumento imensamente rápido dos números. Conforme crescem os números, crescem também os problemas de organização. As grandes dificuldades que surgem quando os números começam a pesar cada vez mais sobre os recursos acarretam inevitavelmente uma atividade mais intensa de planejamento por parte do governo central. E, conforme os números aumentarem durante os próximos cinquenta anos, como é evidente que há de acontecer — estamos crescendo num ritmo de 45 milhões por ano no planeta todo —, conforme isso acontecer, acredito que veremos um grau ainda maior de tecnicização, de usurpação pela autoridade central de funções que costumavam ficar nas mãos de pessoas privadas.

E agora chegamos ao aspecto mais interessante e possivelmente mais alarmante da tecnicização da vida humana, que é a técnica aplicada aos indivíduos, não meramente a sociedades em larga escala, mas ao indivíduo, o que se pode dividir em várias categorias.

Antes de mais nada, é claro, existe a técnica incrivelmente bem desenvolvida da propaganda. Pode-se definir a propaganda em oposição ao argumento racional, o argumento baseado nos fatos. O argumento baseado nos fatos visa à produção da convicção intelectual; a propaganda visa, mais que tudo, à produção de atos instintivos, por reflexo. Ela visa a contornar a escolha racional baseada no conhecimento dos fatos e atingir diretamente o plexo solar, por assim dizer, afetando o subconsciente. A eficácia da propaganda foi demonstrada em suas proporções mais aterrorizantes na Alemanha hitlerista, foi demonstrada de novo na ditadura comunista e vem sendo demonstrada neste país pela eficácia extrema do anúncio comercial.

A tecnicização dos meios para se atingir o inconsciente humano representa um perigo enorme para toda a nossa concepção de democracia e liberdade. Parece que ela desmoraliza por completo o processo democrático — o qual tem como base, afinal de contas, a presunção de que os eleitores tomam decisões racionais levando em conta os fatos. E quando se lê num livro como *The Hidden Persuaders* que ambos os partidos neste país empregam agentes publicitários para manejar o maquinário de suas campanhas, não há como não ficar alarmado e se perguntar quanto tempo a tradição democrática poderá sobreviver nas mãos de um método técnico cuidadosamente armado para contornar a escolha racional e afetar as pessoas abaixo do nível do raciocínio, no nível quase fisiológico.

Depois vemos mais uma vez a tecnicização da persuasão tal como ela se manifesta nos processos de lavagem cerebral, ancorada cuidadosamente na obra de Pavlov e que, até onde podemos julgar com base nos resultados obtidos na China e entre prisioneiros de guerra na Coreia, é extremamente eficiente. E é provável que se torne mais e mais eficiente conforme o tempo passa.

Por fim, chegamos à questão do ataque ao ser humano no nível de sua fisiologia, por meios farmacológicos. Este é o ponto em que a presente conferência, acredito, precisa começar a pensar no que vai acontecer com essas drogas conforme elas forem sendo desenvolvidas. Como serão usadas? Como poderemos garantir que serão usadas direito? Parece-me perfeitamente claro que uma droga eufórica muito mais eficiente e menos prejudicial do que o álcool poderá vir a ser produzida. Caso seja disponibilizada ao público e introduzida em toda garrafa de Coca-Cola, então fica evidente, como apontei há mais de vinte e cinco anos em *Admirável mundo novo*, que esse seria um instrumento incrivelmente poderoso nas mãos de um ditador. O que se torna bem claro agora, acredito, é que as ditaduras do futuro provavelmente não terão como base o terror, como aconteceu com as ditaduras do passado imediato, as ditaduras de Hitler e Stálin. O terror é um método dispendioso, estúpido e extremamente ineficaz de controlar as pessoas. Esse fato os romanos descobriram há muitos anos, por isso tentaram, tanto quanto possível, governar seu império pelo consentimento e não pela mera coerção. E agora estamos em posição de conseguirmos ir muito além dos romanos, porque temos esse enorme arsenal de técnicas que permitem aos governantes fazer os seus súditos de fato *gostarem* de sua escravidão. Em *Admirável mundo novo*, a distribuição dessa droga misteriosa, que eu chamei de soma e cujo nome agora foi usado pela Wallace Laboratories (aplicado para algo que nem é tão bom quanto, devo dizer), a distribuição dessa droga foi um trampolim na plataforma política — ao mesmo tempo um dos grandes instrumentos de poder nas mãos da autoridade central e um dos grandes privilégios para as massas, com a permissão para fazer uso dessa droga, já que as deixa tão felizes. Naturalmente, é uma fantasia, mas uma fantasia que agora está muito próxima do que eu pensei se tornar realidade, muito mais do que era na época, com certeza. E me parece perfeitamente concebível que venha a surgir, dentro da próxima geração mais ou menos, um método farmacológico para fazer as pessoas amarem sua servidão, produzindo ditaduras sem lágrimas, por assim dizer. Produzir um tipo de campo de concentração indolor para sociedades inteiras, de modo que as pessoas na verdade serão privadas de sua liberdade, mas vão gostar disso, porque serão distraídas de qualquer desejo de rebelião — pela propaganda, pela lavagem cerebral, com ou sem o aprimoramento de métodos farmacológicos. E isso me parece ser a Revolução Final.

No passado, tivemos revoluções situadas na periferia das coisas. O meio ambiente foi modificado na esperança de modificar o indivíduo no centro do meio ambiente. Hoje, graças à aplicação da técnica a seres humanos, estamos numa posição de modificar os próprios seres humanos. Assim, a Revolução Final dirá respeito ao homem e à mulher, tais como são, e não ao ambiente onde vivem, e eu não consigo enxergar como seria possível ir além da natureza final dessa revolução.

Agora surge a questão de se é possível fazer algo sobre esse avanço constante da tecnicização — e, se sim, o quê? É óbvio que impedi-lo está fora de questão. A tecnicização seguirá avançando, nós querendo ou não, e me parece perfeitamente claro que, sem um aumento constante na tecnicização em muitas áreas, será quase impossível manejar ou providenciar uma vida decente para os números rapidamente crescentes da espécie humana. Por isso, precisamos lidar com o fato de que esse processo tecnológico vai continuar e que vai continuar se desenvolvendo de acordo com as leis do seu próprio ser. Esse processo seguirá desenvolvendo-se para o propósito de produzir uma eficiência cada vez maior e não necessariamente para o de produzir seres humanos plenamente desenvolvidos. Uma coisa nada tem a ver com a outra, e o mesmo se pode dizer das questões da ética. O imperativo categórico da tecnologia é a eficiência.

A questão é: será que podemos resistir a isso, será que podemos tirar o melhor dos dois mundos? Não se trata de uma questão, como eu disse, de esperar abolir a técnica. É uma esperança vã, acredito. A questão é como tirar o melhor dos dois mundos para que possamos desfrutar dos resultados da tecnologia, que são a ordem e a eficiência e a abundância de mercadorias, ao mesmo tempo em que desfrutamos daquilo que os seres humanos sempre consideraram ser de suprema importância, isto é, a liberdade e a abertura para a espontaneidade. É terrivelmente importante a questão da espontaneidade, de fato um dos grandes inimigos da técnica. Um ser humano numa unidade altamente tecnicizada simplesmente não tem a possibilidade de ser espontâneo. A espontaneidade interfere com os planos determinados de antemão pelos técnicos e engenheiros que decidem como ele deve trabalhar. Assim o ser humano acaba sendo profundamente diminuído, porque não lhe é permitido ser espontâneo.

Nosso problema é encontrar algum modo de permitir que essa espontaneidade venha à tona e possibilitar que a liberdade exista, ao mesmo tempo em que a técnica se desenvolve até os limites que precisa se desenvolver. Eis aí um problema incrivelmente difícil, mas também extremamente urgente.

Quando eu escrevi *Admirável mundo novo*, em 1932, imaginei que esse tipo de mundo passaria a existir em cerca de quinhentos anos. Mas diversas previsões feitas naquela fantasia se concretizaram dentro de vinte e sete anos, e me parece bem provável que muitas outras se concretizem dentro do espaço da próxima geração, por isso não temos muito tempo. A urgência é intensificada pelo imenso crescimento da população. Quando refletimos, por exemplo, que países como o México dobrarão sua população dentro dos próximos vinte e quatro anos, podemos ver que devemos começar esse trabalho imediatamente.

Imagino que o próximo passo seria tentar descobrir o que é mais provável de acontecer. No passado, nós nos deixamos ser surpreendidos pelos desenvolvimentos da tecnologia. Não acho que isso fosse necessário. Não acho que havia necessidade de sermos surpreendidos pelo desenvolvimento do sistema industrial do final do século XVIII e começo do XIX. Se nós tivéssemos nos sentado, se nossos antepassados tivessem se sentado e tentado prever o que iria acontecer, não acho que teriam sujeitado milhões de seres humanos a uma vida absolutamente infernal naquilo que Blake chamou de "sombrios moinhos satânicos" do período. Se tivéssemos usado um pouco de imaginação e de boa vontade na época, acho que poderíamos ter poupado muitos milhões de pessoas de um sofrimento incalculável durante duas ou três gerações.

E eu não acredito que precisamos nos permitir ser pegos de surpresa de novo. Acredito que temos uma grande quantidade de fatos e que, com um pouco de imaginação, podemos projetá-los no futuro e ver com alguma clareza o que vai acontecer, o que é provável acontecer, contanto que o mundo não se exploda nesse intervalo.

Parece-me de grande importância que os porcos-espinho, os especialistas, entrem em contato com os representantes de outras especialidades não científicas e com representantes do público leigo ordinário. Posso imaginar uma conferência numa escala muito maior, não necessariamente em questão de números, mas numa escala mais variada, do que a conferência que está ocorrendo hoje. Ela teria representantes de várias disciplinas científicas, junto com representantes do governo, dos negócios, da área da religião, reunidos e tentando imaginar (A) o que seria provável acontecer e (B) o que se poderia fazer para mitigar esses resultados que, sem intervenção, acredito que serão extremamente perigosos e indesejáveis. Acredito que deve haver uma tal conferência, uma tal reunião de mentes, a fim de tentar fazer funcionar algum tipo de política educativa, de política de governo e de política jurídica em relação a esse enorme processo de tecnicização, que vem se desenvolvendo ao longo dos últimos cem anos e que continua acelerando cada vez mais e sabe-se lá aonde vai nos levar nos próximos cinquenta anos.

E encerro, portanto, com esta ideia: que numa instituição como esta, na Universidade da Califórnia, no departamento médico ou num dos outros departamentos, deveria haver uma conferência periódica de outros tipos diferentes de pessoas para ponderar esses problemas e, como eu digo, se possível, elaborar algum outro meio através do qual possamos tirar o melhor dos dois mundos. O melhor do mundo puramente humano e o melhor desse mundo extraordinário, maravilhoso e aterrorizante da técnica.

Capítulo 27

1960 Correspondência

Huxley deu muitas palestras nesse ano, em faculdades de ambos os extremos do país, bem como na Menninger Foundation, em Topeka. Sua popularidade como palestrante crescia, o que pode ser atribuído à combinação de sua rara e encantadora inteligência com o seu objeto de pesquisa, que incluía a experiência visionária entre seus vários assuntos cativantes. Foi descoberto um câncer, logo destruído, pelo tratamento com agulhas radioterapêuticas. Houve tempo para duas sessões psicodélicas: um experimento com LSD *em junho, no qual ele contemplou as interpretações hindus e budistas do amor (apego/desapego — "dois tipos de nirvana"). Depois, em novembro, ele e Humphry Osmond fizeram uma viagem a Cambridge, onde conheceram o dr. Timothy Leary e seus colegas, que à época conduziam experimentos em larga escala em Harvard, o Psychedelic Research Project [Projeto de Pesquisa em Drogas Psicodélicas]. Foi lá que Huxley tomou psilocibina pela primeira vez, num grupo com cinco outras pessoas.*

Ao dr. Humphry Osmond [Smith 842]

3276 Deronda Drive,
Los Angeles, 28, Califórnia
17 de julho de 1960

Meu caro Humphry,

Eu lhe agradeço pela sua ótima carta [...]

Seu trabalho com os visualizadores parece bastante interessante. Acaso o senhor tem alguma ideia de por que algumas pessoas são capazes de visualizar e outras não? Eu não consigo, exceto quando minha temperatura passa dos 39 graus. Nem mesmo o LSD — pelo menos em doses de até 100 µg — me faz ver coisas com os olhos fechados. Eu tomei LSD umas três ou quatro semanas atrás e tive algumas experiências interessantes no modo como o pensamento, o pensador e a coisa pensada são uma só, como dizem os indianos — e aí como essa experiência sem dono se torna uma coisa que pertence a *mim*; depois não tem mais um "eu" e aí é um tipo de *sat chit ananda*, num momento, sem qualquer *karuna* ou caridade (como é estranho que os vedantistas nada digam sobre o Amor, ao passo que os budistas do Maaiana insistem que, a não ser que a *prajnaparamita* (a sabedoria das outras paragens) tenha a *karuna* como o outro lado da moeda, o *nirvana* para o bodisatva não é melhor do que o inferno). E nessa experiência com o LSD, eu tive um indício dos dois tipos de *nirvana* — o êxtase do ser e da consciência sem amor e o outro com amor e, mais que tudo, a sensação de que jamais é possível amar o suficiente.

Eu gostei das coisas que o senhor disse quanto ao capítulo do dr. Raynor Johnson sobre drogas e a experiência espiritual em seu último livro[58]. Um livro interessante — mas talvez ele multiplique as entidades espirituais além do que é estritamente necessário. Porém é possível que a Navalha de Ockham não seja um princípio científico válido. Talvez as entidades devam se multiplicar além do ponto da explicação mais simples possível. Pois o mundo é, sem dúvida, muito mais estranho e complexo do que pensamos ordinariamente.

Espero que as suas dificuldades administrativas tenham sido resolvidas e que o senhor esteja livre agora para se envolver com algo mais interessante. Fico feliz de saber que os russos se interessaram pelo seu trabalho [com o adrenocromo].

Sempre atenciosamente,
Aldous

58 *Watcher on the Hills: a Study of Some Mystical Experiences of Ordinary People* (Londres, 1959).

Capítulo 28

1960
A arte da ficção

Aldous Huxley

Como convidado numa série clássica de entrevistas da Paris Review *com grandes autores, Huxley comentou, a pedidos, a relação entre drogas psicodélicas e o processo criativo, além do valor dos insights psicodélicos que as drogas conferiam ao ficcionista.*

Entrevistadores

O senhor enxerga qualquer relação entre o processo criativo e o uso de drogas como o ácido lisérgico?

Huxley

Não acredito que haja qualquer generalização que se possa fazer sobre esse assunto. A experiência já demonstrou que há uma enorme variação no modo como as pessoas reagem ao ácido lisérgico. É provável que algumas pessoas recebam uma inspiração estética direta para uma pintura ou poema a partir daí. Mas tem outras que eu acredito que não. Para a maioria das pessoas, é uma experiência de extrema significância e eu imagino que poderia ajudar indiretamente o processo criativo. Mas não acho que alguém possa sentar e dizer: "Quero escrever um poema magnífico e por isso vou tomar ácido lisérgico". Não penso que haja qualquer certeza de que você vai obter o resultado desejado — é possível receber qualquer coisa como resultado, praticamente.

ENTREVISTADORES

Será que as drogas são mais úteis ao poeta lírico do que ao romancista?

HUXLEY

Bem, o poeta certamente tiraria disso uma visão extraordinária da vida que não seria possível obter de qualquer outro modo, o que poderia ajudá-lo bastante. Mas, entendam (e essa é a coisa mais significativa sobre essa experiência), durante a experiência você não tem o menor interesse, na verdade, em fazer qualquer coisa prática que seja — nem mesmo escrever poesia lírica. Se você estivesse tendo um caso de amor com uma mulher, você teria interesse em escrever sobre isso? Claro que não. E durante a experiência, você não se encontra particularmente inserido na linguagem, porque a experiência transcende as palavras e é bem inexprimível em termos verbais. Por isso a noção toda de conceitualizar o que está acontecendo parece uma bela bobagem. *Depois* do evento, me parece bem possível que ele poderia ser de grande ajuda: as pessoas veriam o universo ao seu redor de um modo muito diferente e possivelmente poderiam se inspirar a escrever algo a respeito.

Entrevistadores
Mas tem bastante coisa que fica depois da experiência?

Huxley
Sempre fica a memória completa da experiência. A gente se lembra de ter acontecido algo extraordinário. E, em algum grau, é possível reviver a experiência, particularmente a transformação do mundo exterior. Temos indícios disso, vendo o mundo de vez em quando transfigurado desse modo — não com o mesmo grau de intensidade, mas parecido. Ajuda a enxergar o mundo de uma nova forma. E dá para compreender com bastante clareza o modo como certas pessoas dotadas de dons especiais já enxergaram o mundo. Somos apresentados, de fato, ao tipo de mundo que Van Gogh habitou, ou o tipo de mundo de Blake. Começa-se a ter uma experiência direta desse tipo de mundo enquanto se está sob efeito da droga e depois é possível lembrar e, em algum grau, recapturar esse tipo de mundo, o mundo pelo qual certas pessoas privilegiadas conseguiam transitar, entrando e saindo, como era óbvio que Blake fazia o tempo todo.

Entrevistadores
Mas não terá qualquer diferença nos talentos do artista em comparação a como era antes de tomar a droga?

Huxley
Não vejo o porquê de ter diferença. Alguns experimentos foram conduzidos a fim de ver o que os pintores poderiam fazer sob influência da droga, mas a maioria dos exemplos que eu vi foram bem desinteressantes. Não podemos ter a

menor esperança de reproduzir plenamente a incrível intensidade da cor que se obtém sob influência da droga. A maioria das coisas que eu vi eram só exemplos cansativos de expressionismo, que sequer correspondem, na minha opinião, à experiência real. Talvez um artista de imensos talentos — alguém como Odilon Redon (que provavelmente já enxergava o mundo daquele jeito, para começo de conversa) —, talvez um tal homem pudesse se beneficiar da experiência com o ácido lisérgico e pudesse usar suas visões como modelos, reproduzindo na tela o mundo externo tal como ele aparece transfigurado pela droga.

ENTREVISTADORES
Ao longo da tarde de hoje, como ocorre no seu livro, *As portas da percepção*, o senhor vem falando principalmente da experiência visual sob efeito da droga e sobre pintura. Existe qualquer benefício semelhante em termos de insights psicológicos?

HUXLEY
Sim, eu acredito que sim. Enquanto se está sob efeito da droga, chegam insights penetrantes quanto ao mundo ao seu redor e também sobre a própria vida. Muitas pessoas conseguem tremendas rememorações de lembranças enterradas. Um processo que poderia levar seis anos de psicanálise acontece numa hora — e a um custo consideravelmente menor! E a experiência pode ser bastante libertadora de outros modos, ampliando os horizontes. Ela mostra que o mundo no qual vivemos habitualmente é uma mera criação desse ser convencional e intimamente condicionado que se é, e que há outros

tipos bem distintos de mundos lá fora. É uma coisa bastante salutar perceber que o universo bem tedioso no qual nós, em nossa maioria, passamos a maior parte de nosso tempo não é o único universo que há. Acredito que seja saudável as pessoas terem esse tipo de experiência.

Entrevistadores
Será que esse insight psicológico pode ser útil ao ficcionista?

Huxley
Eu duvido. Afinal, a ficção é fruto de um empenho constante. A experiência do ácido lisérgico é uma revelação de algo além do tempo e da ordem social. Para se escrever ficção, é preciso de toda uma série de inspirações sobre as pessoas num ambiente real, depois muito trabalho árduo em cima dessas inspirações.

Entrevistadores
Existe qualquer semelhança entre o ácido lisérgico, ou a mescalina, e o "soma" do seu *Admirável mundo novo*?

Huxley
Nenhuma. O soma é uma droga imaginária, com três efeitos distintos — eufórico, alucinógeno ou sedativo — uma combinação impossível. A mescalina é o princípio ativo do cacto de peiote, usado há muito tempo pelos indígenas do sudoeste em seus ritos religiosos. Agora existe uma versão sintetizada. A dietilamida do ácido lisérgico (LSD-25) é um composto químico com efeitos semelhantes aos da mescalina; foi desenvolvido uns doze anos atrás e vem sendo

usado de forma experimental no presente. A mescalina e o ácido lisérgico transfiguram o mundo externo e, em alguns casos, produzem visões. A maioria das pessoas tem o tipo de experiências positivas e iluminadoras que eu descrevi, mas as visões podem ser tanto infernais quanto celestiais. Essas drogas são inócuas, do ponto de vista fisiológico, exceto para pessoas com lesões no fígado. Para a maioria das pessoas, não há ressaca nem formação de hábito. Os psiquiatras descobriram que, com uso habilidoso, elas podem ser utilíssimas no tratamento de certos tipos de neurose.

Entrevistadores
Como foi que o senhor se envolveu em experimentos com a mescalina e o ácido lisérgico?

Huxley
O meu interesse já vem de alguns anos e eu tenho trocado correspondência com Humphry Osmond, um jovem psiquiatra britânico muito talentoso que trabalha no Canadá. Quando ele começou a testar seus efeitos sobre os diferentes tipos de pessoas, eu me tornei uma de suas cobaias. Tudo isso eu descrevi em *Portas da percepção*.

Capítulo 29

1960
Cogumelos no almoço

Timothy Leary

Huxley e Osmond fizeram uma visita ao dr. Timothy Leary em Harvard, onde o Projeto de Pesquisa em Drogas Psicodélicas estava se desenvolvendo. Segue o relato de Leary das impressões que teve de Huxley, à ocasião de seus primeiros encontros em Cambridge.

[...] George [Littwin] começou a falar da literatura sobre estados visionários e me perguntou se eu havia lido os livros de Aldous Huxley sobre a mescalina, *As portas da percepção* e *Céu e Inferno*. Quando eu lhe respondi que não, ele saiu correndo, atravessou o corredor até a sua sala, e os trouxe até mim. Pequenos retângulos fininhos. Eu os meti nos bolsos do meu paletó.

A última questão era a mais importante. Onde iríamos encontrar os cogumelos? Alguém me disse que o Serviço de Saúde Pública havia conseguido sintetizar os cogumelos e me sugeriu mandar uma carta a Washington tentando seguir essa pista. Gerhardt [Braun], lá no México, me disse que iria continuar a busca pela bruxa Juana e, caso a encontrasse, pegaria um estoque maior para me mandar um pouco. E Frank Barron, em Berkeley, me disse que as pessoas da Universidade do México vinham cultivando cogumelos e talvez fosse possível obter alguns com eles.

Naquela noite eu li Huxley. E então reli aqueles dois livros. E reli de novo. Tudo estava lá. Toda a minha visão. E mais ainda. Huxley havia tomado mescalina num jardim, despido a mente e despertado para a eternidade.

Cerca de uma semana depois, alguém numa festa me disse que Aldous Huxley tinha vindo passar o outono na cidade, o que me pareceu um bom presságio, por isso sentei e lhe escrevi uma carta.

Dois dias depois, durante uma de nossas conferências, o sr. Huxley me telefonou para dizer que tinha interesse e combinamos nosso almoço.

Aldous Huxley estava ficando num novo apartamento do MIT de frente para o rio Charles. Ele atendeu à campainha — aquela figura alta, pálida e frágil — e me acompanhou, então fomos de carro até o Harvard Faculty Club. Ele leu o cardápio devagar com a sua lupa. Perguntei se ele queria a sopa e ele me respondeu "de qual tipo?". Olhei no cardápio e era sopa de cogumelos, então demos risada e comemos cogumelos no almoço.

Aldous Huxley: um buda grisalho, alto e curvado. Um homem bom e sábio. A cabeça como uma enciclopédia multilíngue. A voz elegante e risonha, exceto quando subia o tom num estado momentâneo de indignação jocosa quanto a questões como a superpopulação e a pompa dos psiquiatras.

Conversamos sobre como estudar e fazer uso de drogas de expansão da consciência e nos demos muito bem. Concordávamos quanto a tudo que era ou não recomendável. Decidimos evitar a abordagem behaviorista da consciência alheia. Evitar rotular ou despersonalizar o sujeito. Não iríamos impor nosso próprio jargão ou nossos jogos experimentais nos outros. Não estávamos procurando descobrir novas leis, isto é, descobrir as implicações redundantes de nossas próprias premissas. Não estávamos limitados ao ponto de vista patológico. Não queríamos interpretar o êxtase como mania ou a serenidade tranquila como catatonia, não queríamos diagnosticar o Buda como um esquizoide distante, nem Cristo como um masoquista exibicionista, nem a experiência mística como um sintoma, nem o estado visionário como um caso de psicose modelo. Aldous Huxley, com seu senso de humor compassivo, dava risada da sandice humana.

E a sua erudição! Indo e voltando pela história, citando os místicos. Wordsworth. Plotino. O Areopagita. William James. Indo do passado esotérico ao presente bioquímico: Humphry Osmond curando alcoólatras em Saskatchewan com LSD; os planos de Keith Ditman de limpar o Skid Row em Los Angeles com o LSD; Roger Heim levando seu saco de cogumelos mexicanos aos químicos parisienses que não conseguiam isolar o ingrediente ativo, depois indo ao grande suíço Albert Hofmann, que conseguiu e batizou de psilocibina. Devolveram os comprimidos à *curandera* no estado de Oaxaca, que os experimentou, teve visões divinatórias e ficou feliz que agora poderia praticar a sua arte o ano inteiro e não apenas nos três meses chuvosos que dão cogumelos.

Aldous Huxley, perspicaz como era, tinha consciência das complicações políticas e da oposição já esperada dos Murugans, o nome que ele deu aos poderosos em seu romance *A ilha*.

> "Droga... Murugan estava me contando sobre os fungos que são utilizados aqui como base para uma droga."
>
> "Eu pergunto: o que há num nome? [...] Resposta? Praticamente tudo. Tendo a infelicidade de ter sido criado na Europa, Murugan a chama de droga e sente por ela toda a desaprovação que, por reflexo condicionado, uma palavra suja evoca. Nós, pelo contrário, damos à substância bons nomes: pílula de moksha, revelador da realidade, comprimido da verdade e da beleza. E nós sabemos, por experiência direta, que os bons nomes são merecidos. Enquanto nosso jovem amigo aqui não tem conhecimento em primeira mão da substância e não pode sequer ser convencido a experimentá-la. Para ele, é droga, e droga é algo que, por definição, nenhuma pessoa minimamente decente pode apreciar." [59]

Aldous Huxley dava conselhos e avisos, contava piadas e histórias, nós ouvíamos e nosso projeto de pesquisa foi sendo moldado de acordo. Huxley se ofereceu para participar de nossas reuniões de planejamento e estava pronto para tomar cogumelos conosco quando nossa pesquisa começou a andar.

A partir dessas reuniões, surgiu o plano para um estudo piloto naturalista, em que os participantes seriam tra-

59 *A ilha*, p. 193.

tados como astronautas — preparados com cuidado, instruídos com todos os fatos disponíveis e só depois seriam considerados aptos para pilotar suas próprias naves, fazer suas observações e reportá-las à estação de controle de solo. Nossas cobaias não eram pacientes passivos, mas heróis/exploradores.

Durante as semanas de outubro e novembro de 1960, houve muitas reuniões para planejar nossa pesquisa. Aldous Huxley vinha e ouvia, depois fechava os olhos e se desligava da cena, entrando no seu próprio estado controlado de transe meditativo, que era incômodo para um pessoal lá de Harvard que igualava a consciência com o falatório, e então ele abria os olhos e fazia um comentário puro como um diamante...

Capítulo 30

1960
Relatório da sessão de Harvard

Huxley e Osmond fizeram uma visita ao dr. Timothy Leary em Harvard, onde o Projeto de Pesquisa em Drogas Psicodélicas estava em desenvolvimento. O seguinte relatório de uma sessão de uso de psilocibina a partir das observações de laboratório exibe a metodologia dos pesquisadores de Harvard, e revela Huxley como o participante semianônimo num experimento em grupo.

Data: domingo, 6 de novembro de 1960

Situação:

Nesta sessão, os membros restantes do grupo de pesquisa foram expostos à experiência com psilocibina. A sessão começou ao meio-dia de domingo e durou até às 20 horas. A cena, como no contexto anterior, foi a casa ampla e confortável do investigador principal.

Participantes:

#1, 4: os mesmos das sessões anteriores
#11: dr. Aldous Huxley

#12: mulher de vinte anos, esposa de #3. É uma menina preocupada e um tanto imatura que criou expectativas (e medos) extravagantes quanto à participação da experiência na companhia de homens mais velhos e renomados, pelos quais tinha respeito.

#13: estudante brilhante de pós-graduação em psicologia, vinte e sete anos, um indivíduo tenso e enérgico que passou as duas semanas antes da experiência num estado de pânico de antecipação.

#14: diplomada, vinte e cinco, esposa de #6, envolvida em questões visionárias, de modo periférico, desde que o seu marido se envolveu em pesquisas com mescalina no ano anterior.

Dosagem:

#1 tomou 10 mg no começo, acompanhado de 10 mg adicionais após quarenta minutos.

#4, mesma dosagem.

#11 tomou 10 mg no começo e só.

#12, mesma dosagem que #1 e #4, que foi claramente excessiva. Essa pessoa (de 49 kg) teve um distúrbio intestinal no dia anterior e estava menstruada, além de não ser tão resiliente e "forte" emocionalmente quanto qualquer um dos participantes anteriores.

#13, mesma dosagem que #1, 4 e 12, totalizando 20 mg.

#14, mesma dosagem.

Resultados:

#1 teve a experiência dos fenômenos clássicos, com intensificação visual, tranquilidade vedântica, experiências filosoficamente unificantes centradas em torno das questões suscitadas pela atividade em grupo — *i.e.* as questões da domesticidade e do dever. O participante foi obrigado a assumir atividades executivas durante seis das oito horas do experimento e foi mais ou menos bem-sucedido em seu funcionamento no modo de lidar com as decisões sociais rotineiras que vieram à tona; alega ter tido insights duradouros sobre questões éticas e filosóficas.

#4 ficou cinco horas sentada tranquilamente, eufórica, observando de perto e empatizando com os eventos em torno dela; foi capaz de exercer controle quase completo apesar da dosagem de 20 mg.

#11 sentou-se num estado de tranquilidade contemplativa durante toda a sessão; de vez em quando chegou a epigramas relevantes; relatou a experiência como uma experiência filosófica edificante.

#12 euforia tola; sentiu-se isolada porque os outros participantes sentaram-se em silêncio meditativo; após os 10 mg adicionais, ficou deprimida, chorou e demonstrou preocupação com problemas pessoais; embora a experiência tenha sido dolorosa, ela trouxe de volta à superfície problemas com os quais subsequentemente foi capaz de lidar e ponderar.

[restante do relatório ausente]

Capítulo 31

1961 Correspondência

Em maio desse ano, um incêndio florestal destruiu completamente a casa dos Huxley em Deronda Drive, incluindo sua biblioteca de mais de quatro mil volumes e todos os seus manuscritos, com exceção de A ilha, *já quase completo, resgatado das chamas e concluído algumas semanas depois. "É estranho começar do zero com a minha idade", ele escreveu ao falar do incêndio. Foram ministradas três grandes palestras em 1961: numa conferência sobre controle mental em San Francisco, na conferência anual de parapsicologia na França e numa conferência internacional de psicologia aplicada na Dinamarca. Sua mais longa entrevista — que durou quase duas tardes completas — foi dada a um comentarista da BBC em Londres. Ele se encontrou com o dr. Albert Hofmann na Suíça e viajou à Índia pela primeira vez desde a década de 1920.*

As cartas endereçadas ao dr. Timothy Leary demonstram seu interesse contínuo pela arte visionária, bem como "a inviabilidade da abordagem científica (e.g. *pavloviana)" que ele entende que afeta negativamente o comportamento. Seu aviso, muitas vezes exprimido, quanto aos riscos de dramatizar ou romantizar as drogas psicodélicas na mídia de massa é reiterado numa carta a Osmond.*

Ao dr. Timothy Leary[60]

3276 Deronda Drive,
Los Angeles 28, Califórnia
6 de fevereiro de 1961

Caro Tim,

Muito obrigado pela sua carta de 23 de janeiro, que chegou durante a minha ausência — primeiro no Havaí, depois em San Francisco (onde tivemos uma boa conferência sobre *Controle Mental*).

Infelizmente, não *tenho condições* agora para escrever qualquer coisa para a *Harpers* — estou desesperadamente ocupado tentando terminar um livro.

Em S. F., me encontrei com o dr. [Oscar] Janiger, a quem eu não via fazia vários anos. Ele me diz que deu LSD a cem pintores, que fizeram pinturas antes, durante & após a droga, & cujos trabalhos foram avaliados por um comitê de críticos de arte. Pode ser interessante. Eu lhe repassei o seu endereço & acredito que você terá notícias dele.

Também tive uma breve conversa com o dr. Jolly West (prof. de psiquiatria da Faculdade de Medicina da U. de Oklahoma), que me contou que fez muita pesquisa com privação sensorial, usando versões aprimoradas das técnicas de John Lilly. Resultados visionários interessantes — mas não tive tempo de ouvir os detalhes.

60 Diretor do Projeto de Pesquisa em Drogas Psicodélicas em Harvard, 1960-1963. Esta carta não consta em Smith.

Você tem razão quanto à inviabilidade da abordagem "científica". Aqueles idiotas querem ser etnólogos pavlovianos, não lorenzianos. Pavlov nunca viu um animal em seu estado natural, apenas sob coação. Os meninos "científicos" do LSD fazem o mesmo com suas cobaias. Não é de admirar que relatem psicoses.

Atenciosamente,
Aldous

Ao dr. Timothy Leary [Smith 861]

The Plaza,
Fifth Avenue at 59th Street, Nova York
13 de abril de 1961

Caro Tim,

Da próxima vez que você estiver em Nova York, vá à exposição de Max Ernst no Museu de Arte Moderna. Algumas das imagens são exemplos maravilhosos do mundo visto a partir da perspectiva do LSD ou cogumelos. Ernst enxerga de um modo visionário e também é um artista de primeira, capaz de expressar o que vê nas pinturas, as quais são tão adequadas aos fatos visionários quanto qualquer outra de que eu tenha conhecimento. Pode ser interessante entrar em contato com ele, descobrir qual é o seu estado normal e então lhe dar cogumelos ou LSD para tentar fazê-lo comparar suas experiências normais com as experiências induzidas quimicamente. Sua combinação de idiossincrasia psicológica e enorme talento faz dele um caso de raro valor.

Atenciosamente,
Aldous

Capítulo 32

1961
Entrevista em Londres

Aldous Huxley

Durante o verão em Londres, Huxley concedeu sua mais longa entrevista (que durou quase duas tardes inteiras) a John Chandos. Partes dela foram citadas em Bedford, incluindo os seguintes trechos que dizem respeito a drogas psicodélicas.

— *Com que frequência o senhor tomou mescalina?*

— Acho que já tomei mescalina duas vezes e LSD umas cinco[61].

— *O efeito é o mesmo para todo mundo?*

— Varia. Em geral, não. Estatisticamente, cerca de 70% das pessoas recebe um resultado bom e positivo, uma certa porcentagem não obtém resultado algum, e uma certa porcentagem tem resultados bastante desagradáveis e infernais. Ficam muito assustados.

61 Huxley quis dizer que havia tomado mescalina quatro vezes e LSD três vezes. Subsequentemente, ele tomou LSD mais uma vez e psilocibina duas vezes, somando um total de dez doses psicodélicas (documentadas) ao longo de uma década — virtualmente o mesmo número fornecido por L. Huxley e S. Bedford.

— *E como foram as suas?*

— As minhas foram sempre positivas...

— *Quanto tempo dura o efeito?*

— Oito horas.

— *Durante esse tempo, o senhor fica só sentado ou anda por aí?*

— É possível andar se quiser... Passa-se muito tempo sentado em silêncio olhando para as coisas — trazendo algumas dessas estranhas revelações metafísicas ao mundo...

— *É uma droga que cria hábito?*

— Não, não, de forma alguma... A maioria das pessoas que eu conheço não têm nenhum desejo em especial de sair por aí tomando-a. Elas gostam de tomá-la uma vez a cada seis meses ou um ano ou algo nessa linha...

— *É um estado desejável de estar ou de manter?*

— Não dá para ficar o tempo todo nesse estado... O mundo se torna tão extraordinário e fica-se tão absorto nele que não dá nem para atravessar a rua sem um risco considerável de ser atropelado...

— *Mas se essa visão é tão valiosa, não é desejável continuar nela?*

— Eu gosto de tomar uma vez ao ano. A maioria das pessoas que a tomaram não tem o menor desejo de brincar com ela constantemente... É uma coisa que se acaba levando a sério demais para poder agir desse jeito. Não é uma coisa na qual se queira chafurdar.

— *Seria chafurdar mesmo que servisse para dar uma abertura à vida?*

— Acredito que o seja preciso de um bom tanto de tempo para digerir essa informação...

Capítulo 33

1961
A experiência visionária

Aldous Huxley

A seguinte palestra, ministrada por ocasião de uma reunião internacional de psicólogos, é talvez a mais sistemática das muitas palestras dadas por Huxley sobre esse assunto. A pergunta "O que faz com que as pedras preciosas sejam preciosas?" funcionava como um tipo de koan Zen sempre que ele tratava do assunto. Aqui o autor abrange os métodos de acesso ao mundo visionário, as características da experiência e seu valor na religião, no folclore e nas artes. Seus comentários sobre o acesso químico agora incluem referências à recente sintetização da psilocibina. Uma conferência semelhante foi dada por Huxley no outono de 1960 no MIT *e gravada num LP (*A Series of Talks on the Human Situation, *vol. II). Huxley também deu essa palestra para cientistas em Los Alamos, em maio de 1962.*

Sr. presidente do Conselho, senhoras e senhores, eu me sinto um tanto hesitante em estar aqui em meio a um grupo como este, de cientistas de destaque. Porém, consola-me pensar que as pessoas em minha profissão vêm se ocupando com os problemas da psicologia há trezentos ou quatrocentos anos antes de a sua profissão ter sido inventada. Os senhores, é claro, sistematizaram o que o pessoal do campo literário observou de um modo um tanto vago e aos trancos, e claro que nós também podemos aprender muito com vocês.

A minha desculpa por estar aqui, na verdade, pode ser resumida pela expressão de Alexander Pope de que "tolos correm onde anjos temem pisar". Em meio a tantos anjos acadêmicos — que se encontram completamente inibidos, é claro, pelos seus arredores, pelos seus interesses intelectuais pessoais, pelos seus doutorados — é importantíssimo, acredito, que um tolo literário de vez em quando se intrometa, livre de todas essas inibições, que comece a correr por esse campo imenso, sem medo de fazer papel de tolo ou de se meter em encrencas acadêmicas. Acredito que, apesar do fato de o homem literário ser incapaz de qualquer contribuição científica sólida, ele pode, ainda assim, ser de algum valor, na medida em que explora as áreas desse fantástico universo da mente humana, cuja exploração deixa nervoso o psicólogo acadêmico mais cauteloso. E, com esta breve introdução, deixem-me chegar a este assunto fascinante que é a experiência visionária.

Por que é que as pedras preciosas são preciosas?

Vamos começar fazendo uma dessas perguntas que as crianças fazem aos pais e que os deixam completamente sem chão — coisas do tipo: "Por que é que a grama é verde?". E essa pergunta é: por que é que as pedras preciosas são preciosas? É algo muito peculiar, quando pensamos no assunto: por que é que os seres humanos gastaram tanto tempo, energia e dinheiro para colecionar pedrinhas coloridas? Não existe nenhum valor econômico concebível nisso e elas são bonitinhas a seu próprio modo, mas me parece estranhíssimo que tanta energia tenha sido dedicada em colecionar pedras preciosas. É estranho também que toda essa riqueza de mitologia e folclore tenha surgido e se cristalizado em torno de pedras preciosas.

Por que é que as pedras preciosas sempre foram vistas como extremamente preciosas? Essa pergunta foi feita há uns quinze anos pelo distinto filósofo estadunidense George Santayana, e ele chegou a esta resposta. Diz ele, acredito, que elas são preciosas pelo fato de que, entre todos os objetos neste mundo transitório, este mundo do perpétuo perecer, elas parecem mais próximas da absoluta permanência; elas nos dão, por assim dizer, um tipo de imagem visível da eternidade e da imutabilidade. Acredito que tenha alguma substância nessa resposta, mas não acredito que ela represente o todo da resposta ao nosso problema. É importante porque parece retomar um profundo fator psicológico em nossa mente, mas não acho que ele foi longe o suficiente; não acho que ele chegue ao mais importante dos fatores psicológicos que determina a preciosidade das pedras preciosas. E aqui eu devo citar outro filósofo da antiguidade, Plotino, o grande neoplatônico. Numa passagem muito interessante e profundamente significativa, ele diz: “No mundo inteligível, que é o mundo das ideias platônicas, tudo brilha; por consequência, a coisa mais bela em nosso mundo é o fogo”.

É um comentário significativo de muitas maneiras. Primeiro de tudo, ele tem para mim um profundo interesse em demonstrar que uma grande estrutura metafísica, a estrutura platônica e neoplatônica, foi construída, em essência, quase como uma experiência sensorial. O mundo das ideias brilha, é um mundo que pode ser visto; e esse fato curioso de que é possível, de fato, ver o mundo ideal também foi descoberto pelo próprio Platão. No *Fédon*, Sócrates fala do mundo póstumo ao qual vão os bons homens após a morte, e é difícil compreender a partir do diálogo em si se seria apenas um mundo paradisíaco ou se é também, num certo sentido, o mundo das ideias. Em todo caso, o que Sócrates diz desse mundo — que ele chama de "a outra terra" — é, de novo, que nessa outra terra tudo brilha, que as próprias pedras da estrada e das montanhas têm a qualidade de pedras preciosas; e ele termina afirmando que as pedras preciosas da nossa terra, nossas esmeraldas, rubis e outras às quais damos tanto valor, são apenas fragmentos infinitesimais das pedras que são vistas nessa outra terra; e essa outra terra, onde tudo é mais reluzente e mais claro e mais real do que no nosso mundo, diz ele, é uma visão para os contempladores bem-aventurados. De novo aqui temos outra indicação de que uma grande ideia metafísica, a ideia platônica, o sistema platônico do mundo ideal, se baseia também no mundo da visão. É uma visão para contempladores bem-aventurados, e acredito que podemos agora começar a ver o porquê da preciosidade das pedras preciosas: elas são preciosas porque, de algum modo, nos lembram algo que já está em nossas mentes. Elas nos lembram esse mundo paradisíaco, mais do que real, que por vezes é visto de relance, conscientemente, por algumas pessoas e que eu acredito que a maioria das pessoas tenha já vislumbrado, de leve, e do qual todos nós, de algum modo obscuro, temos ciência num nível inconsciente. E, como diz Plotino, é por conta da existência desse outro mundo, esse outro mundo luminoso, que a coisa mais bela na terra é o fogo.

Ora, temos um fato interessante quando falamos em diamantes conterem fogo dentro de si, que os diamantes mais preciosos e mais valiosos são aqueles com a maior quantidade de fogo, e que toda a arte da lapidação de diamantes é, claro, a arte de torná-los mais brilhantes, tanto quanto possível, e fazê-los ostentar o máximo de seu fogo interior. E, de fato, pode-se dizer que todas as pedras preciosas são, em algum grau, fogo cristalizado. É significativo que no contexto que encontramos no livro de Ezequiel, quando ele descreve o Jardim do Éden, ele afirma que lá está repleto de pedras de fogo — o que quer dizer apenas pedras preciosas. Assim, podemos ver, acredito, de forma bem definida, que o motivo pelo qual as pedras preciosas são preciosas é precisamente isso, que nos lembram esse estranho outro mundo no fundo de nossas mentes, ao qual algumas pessoas conseguem obter acesso e algumas podem acessar de forma espontânea.

Acesso ao Mundo Visionário

Acesso espontâneo • Antes de eu prosseguir falando da natureza real desse mundo visionário interno, deixem-me falar um pouco dos meios de acesso a esse mundo. Algumas pessoas chegam lá de modo espontâneo; elas parecem ser capazes de ir e voltar, sem qualquer dificuldade, entre o mundo visionário e o mundo cotidiano e biologicamente útil de nossa experiência ordinária. Temos pessoas, por exemplo, como William Blake, que vai e volta o tempo todo entre os dois mundos. Blake teve um período, no meio de sua vida, em que não conseguia visitar o mundo visionário. Durante cerca de vinte anos, ele não conseguiu vê-lo. Conseguia visitá-lo livremente durante a juventude e depois de novo na velhice. E nós temos, creio, uma abundância de casos de poetas e artistas que foram e voltaram de um mundo ao outro. Há descrições belíssimas e muito detalhadas do mundo visionário dadas pelo poeta irlandês George Russell — que escreveu sob o nome A. E. — nas quais ele trata de suas próprias experiências de ir e vir por esse mundo luminoso dentro da mente.

Há esses casos espontâneos em que alguns poucos privilegiados podem visitar o outro mundo e voltar sãos e salvos. Eu penso que podemos dizer também que, num grande número de crianças — não sei dizer a proporção, não acho que isso jamais tenha sido investigado de maneira sistemática —, mas num bom número de crianças, existe essa capacidade de viver num tipo de mundo visionário. Elas enxergam dentro e fora esse mundo luminoso transfigurado. É claro que é o mundo descrito por Wordsworth em sua famosa "Ode aos prenúncios de imortalidade recolhidos da mais tenra infância". Acho que muitas crianças tiveram esse exato tipo de prenúncios de imortalidade descritos por Wordsworth. Depois, com o tempo, elas são sujeitadas ao nosso sistema educacional analítico e conceitual e perdem a capacidade de enxergar esse outro mundo, que aos poucos, nas palavras de Wordsworth, "desaparece sob a luz do dia comum". Elas saem desse mundo onde viveram até então, dotado da "glória e frescor de um sonho", e retornam a este outro mundo tedioso e enfadonho no qual a maior parte de nós passa a sua vida. Eu diria, de passagem, que um dos maiores problemas da educação é: como ajudar as crianças a aproveitar o melhor dos dois mundos? Como podemos ajudá-las a aproveitar o máximo do mundo da experiência primária (e dessa extensão da experiência primária: a experiência visionária) e ao mesmo tempo ajudá-las a aproveitar ao máximo o mundo da linguagem e o mundo dos conceitos e ideias gerais? No presente, nosso sistema educacional parece quase garantir que, embora ensinemos a elas como usar palavras e conceitos, nós apagamos esse outro mundo de beleza e de uma realidade superior no qual tantas crianças vivem.

Há dois casos de consciência espontânea do outro mundo, do mundo visionário. Outra classe de pessoas que ganham essa consciência espontaneamente é a classe dos moribundos. Leitores de Tolstói hão de se lembrar daquela história extraordinária que é *A morte de Ivan Ilitch*, na qual, ao término de seus sofrimentos e desgraças impronunciáveis, esse homem miserável sente que está sendo empurrado para dentro de um saco preto, cada vez mais fundo, e a poucas horas de morrer, de repente, ele percebe que o fundo do saco é aberto e há uma luz no fim.

Não se trata de mera invenção literária. Nos últimos anos, o dr. Karlis Osis[62], da Fundação de Parapsicologia de Nova York, vem enviando questionários a um grande nú-

62 Karlis Osis, *Death Observations by Physicians and Nurses*. "Parapsychological Monographs", n. 3. N. Y.: Parapsychology Foundation, 1961. (artigo condensado no *International Journal of Parapsychology*, N.Y., v. 4, n. 2, primavera de 1962, pp. 27-56. Cf. também Duncan Blewet, "Psychedelic Drugs in Parapsychological Research", *ibid.*, v. 5, n. 1, inverno de 1963, pp. 43-74).

mero de médicos e enfermeiras para relatarem o estado de espírito dos pacientes em seus leitos de morte. O interessante é que ele obteve, creio, cerca de oitocentas respostas de médicos e enfermeiras que relataram observar pacientes à beira da morte terem espontaneamente essas tremendas experiências visionárias de luz, de figuras luminosas. É um dos fatos mais interessantes descobrir que esse fenômeno, já relatado na literatura do passado, foi agora confirmado estatisticamente. Essa é uma das coisas mais fascinantes que os psicólogos profissionais vêm fazendo agora. Eles confirmam, por meio de questionários e em laboratório, todo tipo de coisa conhecida pelo ser humano por meio da observação e da intuição, e registrada casualmente pelos literatos e filósofos do passado.

Como eu digo, esta representa uma terceira classe dos casos espontâneos. Agora vamos ver os casos induzidos.

Acesso induzido • O fato de que a experiência visionária sempre, em todas as eras e em toda parte, foi considerada muito valiosa significa que, em todos os tempos e em todas as culturas, esforços sistemáticos foram empreendidos para se induzir essa experiência.

A experiência pode ser induzida por uma variedade de meios. Vamos passar rapidamente por alguns deles.

Um desses métodos é a hipnose. Sob profunda hipnose, um certo número de pessoas (não muitas, mas já vi alguns casos) entram evidentemente nesse mundo e relatam ocorrências muito estranhas e interessantes: elas enxergam figuras, veem paisagens luminosas, e assim por diante. Não são fenômenos dos mais comuns, mas é interessante saber que há um certo número de pessoas que podem ser transportadas a esse outro mundo pela hipnose.

Há outros métodos psicológicos para entrar no outro mundo, e um dos mais conhecidos no Oriente, claro, é o método da concentração pontual, o método tradicional do yoga de excluir tudo exceto um ponto em particular no qual toda a atenção se concentra. Em muitos casos, isso parece resultar na travessia da barreira que cerca o nosso mundo ordinário, cotidiano e biologicamente utilitário da consciência, chegando a outro modo de consciência, o visionário. Há ainda outro método que foi praticado, claro, dentro de todas as grandes tradições religiosas, o método hoje chamado de privação sensorial ou ambiente limitado. Aqui, de novo, é interessantíssimo ver psicólogos profissionais repetindo, no laboratório, um trabalho feito por motivos metafísicos e religiosos pelos santos e eremitas habitantes das cavernas de montanhas ou desertos. É um fato dos mais extraordinários o de que, quando limitamos o número de estímulos externos ou os eliminamos de vez, o que é possível com um pouco de dificuldade, então num espaço de tempo relativamente breve a mente começa a produzir tremendas experiências visionárias. Historicamente, vemos figuras como santo Antão e os monges da Tebaida do século IV no deserto egípcio, mas também nos eremitas dos Himalaias, os eremitas tibetanos e hindus que viviam em completo isolamento em suas cavernas. Por exemplo, se formos ler sobre a vida de Milarepa, o grande eremita tibetano ou as vidas de santo Antão e são Paulo, o eremita da tradição cristã, é possível ver que esse isolamento produziu experiências visionárias de verdade. E é interessante, como eu disse, observar como esses fatos vêm sendo confirmados por pesquisadores contemporâneos como D. O. Hebb, em McGill, no Canadá, ou meu amigo dr. John Lilly, do Instituto Nacional de Saúde, em Washington. Lilly provavelmente já foi mais longe do que qualquer outro na criação de ambientes limitados. Ele se submerge num banho a uma temperatura de 35,5 graus, preso a um suporte de modo a quase não poder se mover, respirando por meio de um snorkel, de modo que até mesmo o seu rosto é coberto pela água e não há qualquer diferenciação de sensação em qualquer parte do seu corpo. Dentro de três ou quatro horas nesse estado, ele começa a ter tremendas experiências visionárias. Agora, o interessante é que, assim como santo Antão, a maioria dessas experiências visionárias é de uma natureza desagradável ao extremo. Eu pedi ao dr. Lilly que as descrevesse para mim, mas ele nunca me disse exatamente como eram, exceto que eram de fato muito, muito desagradáveis. Santo Antão, como sabe qualquer um que tenha visitado uma galeria de arte, foi submetido a experiências extremamente desagradáveis, mas de vez em quando evidentemente místicas e divinas. É interessante também que, em todas as tradições religiosas, desertos e lugares onde há um mínimo de estímulos sensoriais sempre foram vistos de forma ambivalente, primeiro de tudo como os lugares onde Deus está mais perto e, em segundo lugar, como o local onde abundam diabos. Vemos no Novo Testamento, por exemplo, que os diabos expulsos por Jesus vão ao deserto, porque lá é o seu lugar natural, o habitat dos diabos. Mas os eremitas habitantes dos desertos do século IV dizem que foram para lá por ser o lugar onde é possível se aproximar de Deus mais do que em qualquer outro espaço. Como eu disse, é extremamente interessante descobrir que essas antigas práticas religiosas podem e foram confirmadas no laboratório dos pesquisadores da psicologia moderna.

Um outro método de entrar no outro mundo é o da respiração sistemática. Exercícios de respiração, claro, foram desenvolvidos de modo mais sistemático na Índia, e encontramos vestígios deles na tradição ocidental, particularmente na tradição da Igreja Ortodoxa Grega, na qual é evidente que foram utilizados métodos de respiração, e até mesmo em místicos individuais do Ocidente. Penso no caso do padre Surin, o jesuíta francês do século XVII, que fala de diferentes modos de respirar, mas não descreve em termos exatos quais seriam. O fato significativo sobre a respiração é que eu acredito que é possível dizer que todos esses exercícios elaborados costumam culminar em suspensões prolongadas da respiração, o que necessariamente acarreta uma concentração cada vez maior de dióxido de carbono no sangue. De novo, é bem conhecido que altas concentrações de dióxido de carbono produzem na mente experiências visionárias das mais notáveis e assombrosas, por isso vemos aqui, empiricamente, que pessoas de todas as tradições religiosas do passado fizeram uso de métodos para alteração da química fisiológica, de modo a facilitar as experiências visionárias. Essa é, mais uma vez, a razão fisiológica, não ética, nem metafísica, para práticas como o jejum.

O jejum foi empregado em virtualmente todas as tradições culturais, entre outras coisas, para propósitos de induzir visões. Por exemplo, nas sociedades indígenas primitivas da América, era parte regular da iniciação de jovens adolescentes. Eles iam até a floresta ou à pradaria e jejuavam até terem a visão do deus que estavam procurando e, no tempo certo, as visões eram sempre recebidas. Os métodos de jejum, é claro, sempre foram usados em todas as tradições religiosas. Esses efeitos psicológicos do jejum foram confirmados por um grande estudo de Keys chamado *The Biology of Human Starvation*[63]. Há uma descrição elaboradíssima do que acontece após um longo tempo de abstenção de alimentos, e entre as coisas que acontecem constam as experiências visionárias. Sabemos ainda que quantias inadequadas de vitaminas, bem como meras quantidades inadequadas de calorias produzem também alterações psicológicas profundas. Há alterações psicológicas profundas nos casos de pelagra, por exemplo, e no beribéri. Aqui de novo é interessante, com o conhecimento que temos agora, lançar um olhar retrospectivo para a história e ver o porquê de um período como a Idade Média ser provavelmente muito mais frutífero em termos de visões do que o período atual. O motivo muito simples é que estamos fartos de vitaminas e eles não estavam. Afinal, todos os invernos na Idade Média eram períodos de extrema deficiência de vitaminas: pelagra e outras deficiências eram muito comuns. Além de um longo período de jejum involuntário, havia também os quarenta dias da Quaresma, quando era imposto um jejum voluntário que se somava ao involuntário, de modo que, quando chegava a Páscoa, a mente já estava completamente pronta para qualquer tipo de visão. Acho que não há dúvida de que esse

63 Ancel Keys *et al.*, *The Biology of Human Starvation*. Mineápolis: Univ. of Minnesota Press, 1950.

é um dos motivos pelos quais as experiências visionárias espontâneas são menos comuns agora do que eram nessa época; é apenas uma questão de dieta. No passado, nas antigas civilizações, uma dieta um tanto deficiente costumava possibilitar certos tipos de experiência visionária, ao passo que nossas dietas fartas de hoje tendem a bloqueá-las.

Entre os métodos para transportar a mente ao outro mundo havia a privação de sono. É possível encontrá-la em todas as tradições religiosas: o sono é reduzido e a mente se abre e se torna pronta para experiências visionárias. Aqui, de novo, é interessante ver como o psicólogo profissional confirma os achados do passado. Meu amigo o dr. J. West, faz um ano ou dois, teve a ocasião de supervisionar o período de privação de sono de um homem que era DJ numa rádio estadunidense. Por conta de uma aposta, ele decidiu ficar sem dormir não lembro quantos dias, talvez dez ou doze. O dr. West o supervisionou e me disse que foi muito interessante, após cerca de sete ou oito dias, como esse homem já estava vivendo num mundo completamente visionário, com acessos de todo tipo de visões estranhas, algumas das quais eram horríveis e outras belíssimas. De novo, vemos uma confirmação interessante de antigos achados empíricos, no laboratório moderno.

É provável que até mesmo o hábito medieval de austeridades e castigos autoimpostos fosse extremamente condutivo a induzir visões. No caso da autoflagelação, se formos analisar os efeitos desse tipo de procedimento, é evidente que ajudava a ter experiências visionárias. A autoflagelação liberava, antes de mais nada, uma grande quantidade de adrenalina e uma grande quantidade de histamina, ambas as quais têm efeitos estranhíssimos na mente. Além disso, na Idade Média, quando não existiam sabonetes nem antissépticos, qualquer ferida poderia supurar, e era o que acontecia, de modo que os produtos da decomposição da proteína acabavam entrando na corrente sanguínea. Sabemos também que essas coisas têm efeitos psicológicos estranhos e interessantes. Para confirmar esse fato, é curioso lermos o comentário do grande Curé d'Ars francês do século XIX (hoje canonizado como são João Maria Batista Vianney), que foi proibido pelo seu bispo de praticar austeridades extremas, os atos de autoviolência que praticava quando jovem, sobre os quais ele disse, nostalgicamente: "Quando me era permitido fazer o que eu quisesse com meu corpo, Deus nada me recusava". Essa é uma declaração psicológica muito interessante, de que evidentemente há reações psicológicas em nível bioquímico que, em conexão com esse tipo de autotortura, tende sim a produzir visões.

Acesso químico • Passaremos agora à última classe de procedimentos que induzem visões, aqueles que têm a ver com a ingestão de várias substâncias químicas. Como demonstrado pelo antropólogo francês Philippe de Félice, cerca de vinte anos atrás em seu livro *Poisons sacrés, ivresses divines*[64], virtualmente todas as tradições religiosas, sejam elas civilizadas ou primitivas, fizeram uso de drogas alteradoras da consciência para os propósitos de induzir experiências visionárias.

64 Philippe de Félice, *Poisons sacrés, ivresses divines. Essai sur quelques formes inférieures de la mystique* (Paris, 1936).

Todo tipo de substância química já foi usado para esse propósito. Suponho que a mais antiga de que temos registro seja o soma dos indianos. Ninguém sabe, acredito, que planta era o soma. Já foi identificada como a *Asclepias*, mas a descrição no texto sagrado não parece se encaixar com a identificação dessa planta. A partir desse texto antigo, parece ser uma planta rasteira que os invasores arianos trouxeram da Ásia Central à Índia em 1000 a.C., e foi ficando cada vez mais difícil encontrá-la conforme eles foram penetrando mais e mais na região. Philippe de Félice tem uma hipótese interessantíssima quanto ao desenvolvimento do yoga (que evidentemente se deu durante essa época, embora possa ter começado antes com o povo pré-ariano da Índia). Os invasores arianos podem ter tomado o yoga por obrigação, dado o fato de que lhes era impossível obter os ingredientes do soma e assim induzir visões por meios bioquímicos. Logo, foram obrigados a recorrer a métodos puramente psicológicos e exercícios de respiração para chegarem ao mesmo lugar. É uma hipótese interessante que talvez seja verdadeira. Eu não sei. Depois, é claro, entre as outras drogas que já foram usadas no passado, constam as drogas alteradoras da consciência perigosas ao extremo como o ópio e a coca, a partir da qual é derivada a cocaína, bem como outras drogas relativamente perigosas como o haxixe — e, afinal de contas, nosso velho amigo álcool foi usado pelos gregos e depois pelos persas, além dos celtas na Europa, como uma droga alteradora da consciência e venerada como um deus. Isso é interessante: a substância que produz a alteração mental é vista como divina e hipostasiada na forma de uma figura projetada no universo externo como sendo divina. O mesmo fenômeno ocorre na América Central, onde recentemente os arqueólogos escavaram, nos planaltos da Guatemala, um grande número de pequenas estatuetas de pedra representando cogumelos de cujo estipe emerge a cabeça de um deus. É um fato dos mais significativos esse cogumelo alterador da mente — que, como veremos num momento, já virou parte da vida dos europeus — ter sido de fato hipostasiado como uma divindade.

Acesso por cogumelos • Entre as substâncias alteradoras da consciência mais inofensivas usadas pelo povo em seus ritos religiosos do passado constam o cacto mexicano peiote, usado nos estados do Sudoeste dos Estados Unidos e em grandes partes do México, depois o *banisterio* (*Banisteriopsis caapi*) da América do Sul e, claro, o cogumelo mexicano.

Nos tempos modernos, a farmacologia produziu, em parte por via de métodos mais refinados de extração e em parte por métodos de sintetização, um grande número de drogas alteradoras da consciência de um poder extraordinário, mas notáveis pelo fato de que causam pouquíssimos efeitos prejudiciais ao corpo. O peiote, entre as drogas naturais, quase não tem efeitos prejudiciais sobre o corpo; não vicia, e os indígenas de oitenta anos não precisam consumir quantidades da droga maiores do que consumiam quando eram jovens, tampouco sentem qualquer desejo de tomá-la com maior frequência do que uma vez a cada mês ou a cada seis semanas, quando se dão os ritos religiosos. O extrato do peiote, que é o princípio ativo, agora sintetizado como mescalina, tem as mesmas qualidades. Entre as adições mais recentes ao arsenal dos farmacólogos, ou psicofarmacólogos, temos o

LSD-25 (dietilamida do ácido lisérgico), sintetizado pelo dr. Albert Hofmann em Basel, em 1943, e mais recentemente a psilocibina (sobre a qual vamos ouvir falar mais esta noite, imagino, com o dr. Leary), sintetizada não mais do que dois ou três anos atrás, acredito, também pelo dr. Hofmann, que começou a extrair os princípios ativos do cogumelo mexicano que o professor Heim havia trazido de volta de uma expedição ao México junto com o sr. Gordon Wasson[65]. Recentemente tive a experiência interessante de ler uma carta escrita pelo professor Heim e destinada ao meu irmão, que dizia: "Acabei de voltar do México. Como um grande triunfo, eu trouxe várias das cápsulas de psilocibina de Hofmann e dei uma dose à senhora — a *curandera* — com quem ele havia feito os experimentos originais com os cogumelos — e ela ficou encantada, porque os efeitos eram exatamente os mesmos do cogumelo. E disse: 'Agora posso fazer a minha magia o ano todo, não preciso esperar a temporada de cogumelos!'". Então talvez seja esse um dos grandes triunfos da ciência moderna, que um dia talvez o professor Hofmann em Basel receba um telegrama dizendo: "Por favor, me envie cem cápsulas ao sul do México, tenho magias importantíssimas para semana que vem" — e as cápsulas serão enviadas e as magias serão feitas.

Eu imagino que esses métodos bioquímicos sejam os mais poderosos e infalíveis, por assim dizer, de todos os

65 Roger Heim e R. Gordon Wasson, *Les Champignons Hallucinogénes du Mexique:* Études Ethnologiques, Taxonomiques, Biologiques, Physiologiques et Chimiques. Com a colaboração de Albert Hofmann, Roger Cailleux, A. Cerletti, Arthur Brack, Hans Kobel, Jean Delay, Pierre Pichot, Th. Lemperière e J. Nicholas-Charles (*Archives du Muséum National d'Histoire Naturelle*, 1958. Série 7, v. VI). (Paris, 1959). A *curandera* se chamava Maria Sabina.

existentes na atualidade para nos transportar ao outro mundo. Acredito, como apontará o professor Leary esta noite, que haja um grande campo para a experimentação sistemática a ser feita pelos psicólogos, porque é possível explorar áreas da mente a um custo mínimo para o corpo, áreas até então inacessíveis, exceto pelo uso de drogas extremamente perigosas ou então procurando-se esses casos raros de pessoas que podem entrar de modo espontâneo nesse mundo (é claro que é muito difícil eles irem e virem sob demanda, "O vento assopra onde quer", jamais poderemos ter certeza de que as pessoas com o dom espontâneo da experiência visionária podem tê-la sempre que quiserem). Com drogas como a psilocibina, é possível que a maioria das pessoas entre nesse outro mundo com dificuldades mínimas e quase nenhum prejuízo para si mesmas.

A natureza da experiência visionária

Tendo discutido os meios de acesso a esse mundo da experiência visionária, deixem-me começar a falar sobre a natureza desse mundo. Qual é a natureza da experiência visionária?

Luz • O fator mais comum, acredito, em todas essas experiências é o fator da luz. Pode ser uma luz má, negativa, ou uma luz boa. No *Paraíso perdido*, Milton fala da iluminação do inferno, que ele diz ser uma escuridão visível, o que eu acredito que seja uma excelente descrição psicológica do tipo de luz sinistra que os visionários veem às vezes, e acredito que seja a mesma que muitos esquizofrênicos também enxergam. No volume *Journal d'une schizophrène*[66], da dra. Séchehaye, sua paciente fornece uma descrição precisa dessa luz mortificante, sob a qual afirma viver: é um tipo de luz infernal, uma luz como o clarão dentro de uma fábrica, o clarão hediondo das iluminações elétricas reluzindo sobre as máquinas. Mas, por outro lado, aqueles que têm a experiência positiva dizem que é uma luz de uma beleza e significância incríveis.

A experiência positiva da luz pode ser dividida, acredito, em dois tipos principais. Temos a experiência do que se pode chamar de luz indiferenciada, uma experiência só de luz, de tudo estar inundado de luz. E há a experiência da luz diferenciada, o que quer dizer objetos, pessoas e paisagens que parecem estar impregnadas e irradiando uma luz própria.

Em geral, acredito ser possível afirmar que a percepção da luz indiferenciada tende a ser associada à experiência mística completa. A experiência mística, acredito, pode ser definida de modo bastante simples como a experiência em que a relação entre sujeito e objeto é transcendida, na qual há uma noção de completa solidariedade do sujeito com outros seres humanos e o universo em geral. Há também uma noção do que se pode chamar de "como está Tudo Bem no universo", o fato de que, apesar da dor, apesar da

66 Marguerite A. Séchehaye, *Journal d'une schizophrène. Auto-observation d'une schizophrène pendant le traitement psychothérapique* (Paris, 1950) [em tradução inglesa, de G. Rubin-Rabson: *Reality Lost and Regained. Autobiography of a Schizophrenic Girl, with Analytic Interpretation* (N.Y., 1951); *Memórias de uma esquizofrênica*, na versão brasileira].

morte, apesar de todos os horrores que prosseguem ao nosso redor, de algum modo, está tudo bem neste universo, e há uma compreensão direta de tais expressões como as que encontramos no livro de Jó, expressões que em nosso estado ordinário certamente não conseguimos compreender. Refiro-me a quando Jó diz: "Ainda que ele me mate, nele esperarei". É uma frase incompreensível em nosso nível biológico ordinário, porém torna-se perfeitamente compreensível no nível místico, mesmo no nível do misticismo induzido.

Depois existe mais uma característica bastante típica da experiência mística: a sensação de uma gratidão intensa, uma gratidão intensa pelo privilégio de estar vivo num universo tão extraordinário como este e tão maravilhoso. Aqui de novo encontramos expressões na literatura mística que são completamente incompreensíveis em nível biológico, ordinário, cotidiano, mas que se tornam compreensíveis em nível visionário e místico. Por exemplo, há uma frase de William Blake em que ele afirma que a "Gratidão é o próprio céu". O que isso significa? É dificílimo imaginar em nosso estado de espírito ordinário, mas se torna perfeitamente claro sob a condição mística induzida ou espontânea: a gratidão é *sim* o próprio céu, a gratidão é intensa e a experiência real da gratidão tem uma qualidade jubilosa e edificante que vai além de todas as palavras.

A experiência da luz é, claro, repetidamente descrita na literatura religiosa. Afinal, o caso mais celebrado (a luz vista por são Paulo na estrada para Damasco; uma tremenda explosão de luz que acordou Maomé de seu sono e o fez desmaiar com sua intensidade; a experiência de uma tremenda luminosidade que Plotino descreveu tendo ocorrido três ou quatro vezes em sua vida) — isto nós encontramos de novo e de novo na literatura. E não vamos imaginar que essas experiências de luz estejam confinadas apenas a homens e mulheres notáveis e de destaque; não é o caso. Muitas pessoas comuns já a tiveram, e este é um dos grandes méritos do livro mais recente do professor Raynor C. Johnson, chamado *Watcher on the hills*[67], em que ele reúne um grande número de relatos de casos de pessoas perfeitamente normais que tiveram essa experiência tremenda da luz indiferenciada. Se posso citar uma carta que recebi há pouco tempo de uma correspondente desconhecida — uma mulher de uns sessenta anos que me escreveu contando ter tido experiências quando era menina que a afetaram ao longo de toda a sua vida —, ela disse: "Eu era uma jovem de quinze ou dezesseis anos, estava na cozinha tostando pão para o chá e de repente, numa tarde sombria de novembro, a casa toda foi inundada de luz, e por um minuto no tempo do relógio eu fiquei lá imersa nisso, e tive uma sensação de que, de algum modo impronunciável, estava tudo bem no universo. Isso me afetou pelo resto da vida, perdi todo o medo da morte, tenho uma paixão pela luz, mas não tenho medo algum da morte, porque essa experiência da luz foi um tipo de convicção para mim de que estava *sim* tudo bem, de algum modo".

Essas experiências são relativamente comuns; há mais pessoas que as têm do que deixam transparecer. Digo, vivemos hoje numa época em que as pessoas não gostam de falar disso. Há quem prefira manter a boca fechada, de medo

67 *Watcher on the hills* (1959).

que a mandem visitar um psicanalista. No passado, quando se dava crédito às visões, elas eram assunto para discussão. Havia sim um risco considerável, claro, porque a maioria das visões do passado era vista como inspirada pelo diabo, mas se você tivesse a sorte de conseguir convencer os seus semelhantes de que suas visões eram divinas, então era possível conseguir um tanto de crédito. Mas hoje, digo, a situação mudou e as pessoas não gostam de falar dessas coisas. Eu penso que esse é o valor do trabalho recente do professor Maslow sobre o que chama de experiências de pico[68]. Ele vem reunindo um grande número de casos desse tipo de experiência e garante aos seus alunos que não vai taxá-los como malucos se lhe contarem essas coisas. Segundo o autor, um número surpreendente de seus alunos anunciam o fato de terem tido esse tipo de experiência.

Isso temos a dizer sobre a luz indiferenciada. E aqui deixem-me apontar um fato interessante. Acho que se pode afirmar que, em todas as religiões, tanto primitivas quanto desenvolvidas, a luz é um tipo de símbolo divino predominante, mas o fato interessante é que esse símbolo se baseia num fato psicológico, que a luz do mundo, a luz interior, a iluminação, a Luz Clara da literatura budista... tudo isso são símbolos. Mas também são fatos psicológicos. Assim como os grandes sistemas metafísicos — pelo que me parece — têm sua origem, em muitos casos, em experiências psicológicas, também vemos de novo esses grandes símbolos primários da vida religiosa tirarem sua origem de expe-

68 Abraham H. Maslow, *Toward a Psychology of Being* (Princeton, 1962) [em português, *Introdução à psicologia do ser*].

riências psicológicas. A experiência quase sensorial da luz é algo recorrente em diversas religiões, senão todas, e se tornou, como eu me refiro, um símbolo primário.

Agora, da luz indiferenciada passamos para a luz diferenciada, o que quer dizer a luz contida em objetos, irradiando de dentro dos objetos e pessoas. Em seu nível mais simples, é um tipo de geometria viva e luminosa. Há algo de interessante aqui. Eu penso que, de novo, podemos dizer que certos símbolos se baseiam em fatos psicológicos. Por exemplo, as mandalas da Índia, que tanto interessavam ao falecido dr. Jung, também se baseiam, acredito, em fatos psicológicos. No que pode ser chamado de estágios iniciais da experiência visionária, as pessoas de fato enxergam coisas que são exatamente parecidas com mandalas. Esses grandes construtos simbólicos, de novo, se baseiam em experiências psicológicas imediatas.

Além disso, é claro, existem todos os tipos de experiências visionárias realistas e naturalistas — experiências de arquiteturas, paisagens, figuras. É interessante apontar que, de novo e de novo, nos relatos que as pessoas dão de suas experiências visionárias, encontramos os mesmos elementos sendo descritos, por exemplo, no livro sobre peiote de Heinrich Klüver, em que ele resume boa parte do material que foi publicado até a época de sua composição[69]. De novo e de novo, encontramos essa descrição de paisagens luminosas e arquiteturas incrustadas de pedras preciosas. As portas e janelas são cercadas de pedras, o mundo todo da paisagem é preenchido pelo que Ezequiel chamou de

69 *Mescal* (1928).

pedras de fogo. Essas descrições, claro, estabelecem um paralelo muito próximo com todos os relatos de paraísos, mundos póstumos e terras de contos de fadas que encontramos em todas as tradições do mundo. Entraremos nessa questão um pouco mais adiante, mas acho importante apontar aqui que, mais uma vez, temos uma base psicológica para uma boa quantidade de material que se encontra na literatura tradicional da religião e do folclore.

Figuras visionárias • Chegamos agora às figuras visionárias. Estas também ocorrem, e aqui novamente há um fato curiosíssimo e interessantíssimo que já foi registrado mais de uma vez, tanto na literatura da experiência espontânea quanto na das experiências induzidas, em que, quando uma figura é vista, ela virtualmente nunca tem um rosto reconhecível. Não são nossos pais e mães e esposas e filhos que aparecem. O que vemos é um completo estranho.

Aqui, mais uma vez, esse fato cobre algumas especulações teológicas interessantes. Por exemplo, os anjos não seriam, como alguns já teorizaram, os espíritos dos mortos, mas completamente outra espécie de ser. Isso confirma de um modo exato aquilo que os psicólogos descobriram em relação a experiências induzidas ou espontâneas, que são sempre figuras de estranhos.

Quando se começa a pensar sobre a neurologia e a psicologia desse estado de coisas, é muitíssimo extraordinário que haja algo em nosso cérebro/mente, alguma parte de nosso cérebro/mente, que use as memórias de experiências visuais e as recombine de tal modo a apresentar à consciência algo absolutamente novo, que nada tem a ver com nossa vida privada e muito pouco a ver, até onde sabemos, com a vida da humanidade em geral. Pessoalmente, me é muitíssimo reconfortante pensar que tem alguma coisa no fundo da minha cabeça que é absolutamente indiferente a mim e até mesmo indiferente à raça humana. Acho que há algo de satisfatório que haja uma área da mente que não se importa com o que estou fazendo, mas que se ocupa com algo muito, muito diferente. E o porquê de as coisas serem assim e qual seria a base neurológica, isso eu não posso imaginar, mas é algo que exige investigação.

Transfigurações • Agora passamos para outro aspecto da luz diferenciada, que pode ser descrito como um transbordamento do mundo interior no exterior. Há um tipo de experiência visionária que as pessoas têm com os olhos abertos e que consiste numa transfiguração do mundo externo de modo que ele lhes parece ser de uma beleza, uma vivacidade e um brilho avassaladores. Isso, é claro, é o que Wordsworth descreveu tão precisa e belamente em sua grande "Ode aos prenúncios de imortalidade", e experiências semelhantes podem ser observadas nas obras dos místicos, na obra do místico anglicano Traherne, que confere uma descrição incrivelmente bela do tipo de mundo transfigurado em que ele viveu na infância. Essa descrição termina com a mais bela passagem quando ele descreve esse mundo maravilhoso e diz: "E com muito barulho me foram ensinadas as artimanhas sujas do mundo que agora desaprendo e passo a ser como se fosse uma criança pequena de novo para entrar mais uma vez no Reino de Deus".

E aqui, como dito antes, encontra-se certamente um dos maiores desafios à educação moderna: como manter vivo esse mundo de imenso valor que as pessoas tiveram durante a infância e que certas pessoas privilegiadas conseguem manter ao longo de suas vidas? Como manter isso vivo e ao mesmo tempo repassar uma quantidade suficiente de educação conceitual para torná-las cientistas e cidadãos eficientes? Isso eu não sei, mas estou absolutamente convencido de que *este* é um dos mais importantes desafios que confrontam a educação moderna.

Essa visão externa transfigurada é importantíssima no que diz respeito à arte. De modo algum pode-se dizer que toda arte seja visionária; existem exemplos maravilhosos de arte que em essência não têm nada de visionário. Mas há também uma arte maravilhosa que é essencialmente visionária, sendo produto ou da visão do artista, por assim dizer com os olhos fechados, ou do que acontece em sua cabeça, esse outro mundo extraordinário; ou então uma visão do mundo externo transfigurado para bem ou para mal. Nas obras de Van Gogh, por exemplo, encontramos exemplos extraordinários de transfigurações negativas e positivas. É possível ver numa mesma exposição duas pinturas, uma das quais fica claro ser a imagem mais beatífica da mais beatífica experiência de um mundo transfigurado positivamente, e ao lado dela temos uma imagem absolutamente sinistra em seu terror, em que ele percebe o mundo de fato transfigurado, mas de um modo diabólico. É possível compreender os sofrimentos desse homem infeliz que poderia de repente ser precipitado de um verdadeiro paraíso para algo absolutamente infernal, e não é de surpreender que ele tenha terminado como suicida. Quando vemos um grande acervo de suas imagens, é fácil traçar os altos e baixos de sua experiência extraordinária de transfigurações tanto positivas quanto negativas.

Experiência visionária, religião e folclore

Agora vamos tocar brevemente no assunto da significância da experiência visionária para a religião e o folclore. Em todas as tradições, encontram-se descrições do paraíso, da era de ouro, da vida futura, colocadas lado a lado com descrições da experiência visionária, espontânea ou induzida, e nota-se que ambas são exatamente a mesma coisa; que o mundo descrito na religião popular, esses outros mundos, são apenas descrições de experiências visionárias que os homens projetaram no universo a partir de seus interiores. Em todas as tradições, encontramos a mesma confusão de pedras preciosas — e onde não se usam pedras preciosas, há vidro em vez disso, visto no passado como um material bastante precioso e estranho. É o que encontramos no livro do Apocalipse, um mar de vidro na Nova Jerusalém, cujas muralhas são de ouro, porém transparentes, um tipo de vidro dourado e translúcido, e nas tradições do norte encontramos a mesma ênfase dada ao vidro como um material mágico e maravilhoso. O mesmo aparece na tradição celta, na tradição galesa; por exemplo, a morada dos mortos se chama Ynis Vitrin, a Ilha de Vidro, e na tradição teutônica os mortos habitam um lugar chamado *Glasberg*, a montanha de vidro. E é uma coisa curiosa encontrarmos, do Japão à Europa Ocidental, as mesmas imagens surgindo de novo e de novo, que mostram o quanto foi e é universal e uniforme esse tipo de experiência visionária, constantemente considerada de imensa importância e projetada no cosmos das várias tradições religiosas.

Artes visionárias

Deixem-me falar muito brevemente sobre algumas das artes que são de natureza visionária. Desnecessário dizer, uma das mais extraordinárias que atingiu o seu pico de excelência nos séculos XII e XIII é a arte dos vitrais coloridos. Qualquer um que tenha estado na Catedral de Chartres ou na Sainte-Chapelle, em Paris, perceberá o quão extraordinária essa arte pode ser. Na Sainte-Chapelle, por exemplo, quem entra se vê dentro de uma imensa pedra preciosa, um tipo elaboradíssimo de visão cristalina em cujo cerne o observador se situa. É um fato histórico dos mais interessantes, no século XII, o famoso abade de St. Denis, Suger, afirmar que, em sua época, em todas as igrejas, havia duas caixas de coleta, uma para os pobres e outra para fabricação dos vitrais. Enquanto a caixinha dos pobres costumava ficar vazia, a dos vitrais estava sempre cheia, o que mostra que as pessoas valorizavam imensamente esse tipo de experiência visionária.

Outro fato interessante é que a arte visionária com muita frequência é uma arte popular, e muitas artes populares são muitas vezes visionárias, como é o caso, por exemplo, dos desfiles e procissões. Todos os reis e papas e todos os membros da aristocracia, das hierarquias religiosas do passado, sempre compreenderam perfeitamente bem o poder enorme que esse tipo de exposição visionária tem sobre os seres humanos. Esses desfiles, as entradas de reis nas cidades, a coroação de papas, esses eventos sempre foram de uma imensa popularidade e sempre constaram, penso, entre os mais poderosos instrumentos para persuadir as pessoas de que a autoridade *de facto* era também uma autoridade *de jure*, na verdade *de jure divino*. E é ao criar um tipo de entorno visionário, um ambiente visionário para o símbolo de pura autoridade, que essa pura autoridade pode ser aceita como legítima.

Outro tipo de arte popular que é visionária, é claro, é a arte dos fogos de artifício. Os fogos de artifício se desenvolveram imensamente desde a era do império romano e foram muito além do que poderiam ir no passado após a invenção da pólvora. Mas essas formas de arte imensamente populares são, em essência, visionárias.

De modo semelhante, temos a arte do espetáculo no teatro: as grandes mascaradas elisabetanas e jacobinas dos séculos XVI e XVII nas quais gastavam-se somas fantásticas de dinheiro. Há registro de uma mascarada organizada pelos advogados das Inns of Court, em Londres, que custaram 20 mil libras em dinheiro da época, uma soma absolutamente gigantesca hoje, provavelmente um quarto de um milhão de libras, para o entretenimento de uma única noite. Estou demonstrando aqui o interesse e entusiasmo enormes que esse tipo de ostentação evocava. Desnecessário dizer que esse tipo de arte popular, que depende de ostentações luminosas, depende em grande parte dos desenvolvimentos atuais da tecnologia. Tenho certeza de que, no passado, com o uso de velas, tinha-se uma iluminação extremamente deficiente, e é interessante observar que, desde a invenção do espelho parabólico no final do século XVIII, depois com a invenção do bico de gás, dos holofotes e da eletricidade, vem sendo possível produzir no mundo do teatro efeitos visionários impensáveis no passado.

Aqui, de novo, a etimologia popular é interessantíssima. É curioso, por exemplo, observar que a invenção de Athanasius Kircher no século XVII foi chamada imediatamente de *lanterna mágica*; sua projeção de uma imagem luminosa numa sala escura com uma tela branca foi imediatamente entendida como sendo, de algum modo, mágica. Sentiu-se que a palavra "lanterna mágica" era completamente adequada para esse tipo de experiência visionária.

Acho muito comovente pensar que é possível rastrear todo um espectro completo de experiências visionárias que vão dos fogos de artifício à lanterna mágica, passando pelas revistas modernas e filmes a cores, espetáculos coloridos, até as visões de santos e, por fim, a luz indiferenciada dos místicos. A coisa toda segue uma curva contínua e ao longo dela existe essa sensação imediata da parte de quase todos os envolvidos de que existe algo com um valor intrínseco relevante nesse tipo de experiência.

E isso me leva à minha conclusão — qual é o valor da experiência visionária?

O valor da experiência visionária

Suponho que, num certo sentido, pode-se dizer que o valor é absoluto. Num certo sentido, dá para afirmar que a experiência visionária é, por assim dizer, uma manifestação ao mesmo tempo do belo e do verdadeiro, de intensa beleza e intensa realidade. Como tal, ela não precisa se justificar de forma alguma. Afinal, o Bom, o Verdadeiro e o Belo são valores absolutos, e de certo modo pode-se dizer que a experiência visionária sempre foi vista como um valor absoluto, sempre houve essa sensação de que ela tem intrinsecamente uma significância e uma importância imensas e que vale a pena tê-la a qualquer preço.

Mas é importante apontar que, embora tenha, em algum sentido, um valor intrínseco e absoluto, acredito que podemos falar de experiências visionárias em termos de seu valor dentro do referencial da bondade e da espiritualidade. Nesse contexto, acredito que seja de suma importância pensar na definição teológica dessas experiências. A definição teológica de uma visão ou mesmo de uma experiência mística espontânea é uma "graça gratuita". São graças, coisas que nos são dadas; nós não trabalhamos para recebê-las. Elas chegam a nós de forma gratuita, o que significa que não são nem necessárias, nem significativas para a salvação ou iluminação, não importa como você o chame. Mas se forem usadas de forma adequada, se cooperarmos com elas, se a sua lembrança for tida como importante e as pessoas trabalharem dentro das linhas traçadas durante a visão, então podem nos ser de imenso valor e de grande importância para mudar nossas vidas. A ideia da graça gratuita que assume uma importância se cooperarmos com ela é das mais significativas em todo o alcance das experiências visionárias, sejam elas espontâneas ou induzidas.

Ouviremos do dr. Leary[70] sobre a indução de tais experiências a partir de substâncias como a psilocibina, e eu certamente diria que esse tipo de experiência induzida pode não ter valor nenhum, assim como ir ao cinema e ver um filme interessante. Ou, do contrário, se cooperarmos com a experiência, se percebermos que ela tem algum tipo profundo de significado e se fizermos algo a respeito, então ela pode ser muito, muito importante em mudar as nossas vidas, mudar nosso modo de consciência, percebendo que há outros modos de olhar para o mundo além da maneira utilitária normal, e pode também resultar em mudanças significativas de comportamento. Chegamos, claro, ao problema filosófico: qual é o status metafísico da visão, qual é o seu status ontológico? Bem, felizmente, aqui é um Congresso de Psicologia Aplicada e não precisamos entrar nesse tipo de problema, mas acho que é um problema em que vale a pena entrar e espero que alguém o faça mais cedo ou mais tarde. Por ora, podemos dizer, acredito, que o valor, fora o seu valor intrínseco, o valor ético, sociológico e espiritual, por assim dizer, da experiência visionária, é o de que, se for bem usada, ela pode resultar numa mudança significativa e importante no nosso modo de consciência e talvez também mudar para melhor o nosso comportamento.

Transcrição ipsis litteris, *levemente editada.*

70 Posteriormente, naquele dia, o dr. Leary deu uma palestra com o tema "Como alterar o comportamento".

Capítulo 34

1961
Explorando as fronteiras da mente

Este artigo da revista Fate *descreve as impressões de Huxley durante o verão que ele passou no exterior em 1961, quando participou de uma conferência de parapsicologia em Saint-Paul-de-Vence, se reuniu com um médico italiano em Turim que praticava o método chinês de acupuntura, visitou o dr. Albert Hofmann e sua esposa nos subúrbios de Zurique e então pegou um avião até o Congresso de Psicologia Aplicada em Copenhague. Ele conclui com um comentário de teor político, deixando vir à tona o pacifismo assertivo que cultivou ao longo de toda sua vida. Uma tradução deste artigo para o francês apareceu na* Planète. *As duas revistas, tanto a americana quanto a francesa, eram publicadas para um público, em sua maior parte, interessado pelo oculto, o qual encontrou em Huxley se não um campeão, pelo menos um aliado extremamente capaz.*

Menos de duas horas de voo separam o mundo báltico do mundo mediterrâneo. Em milhas e minutos, as distâncias entre meus vários portos de escala são muito pequenas, mas enormes se nos orientarmos por qualquer medida mental.

Entre a psicoterapia pós-freudiana e a acupuntura chinesa pré-hipocrática, há um grande abismo.

A telepatia nada parece ter a ver com a psicologia industrial e a medida de QIs. A experiência visionária induzida pelas drogas sintéticas alteradoras da consciência do dr. Hofmann está distante, de fato, do tipo de pensamento que resultou num artigo como "O efeito de meprobamato e sulfato de dextroanfetamina sobre os tempos de reação de pacientes normais não hospitalizados a palavras neutras e tabus". E de tudo isso há um longo, longo caminho até chegarmos à definitiva "liberdade do conhecido" de que fala Krishnamurti. No entanto, todos esses universos incomensuráveis coexistem dentro do crânio humano. Concretizados de fato ou enquanto potencialidades, esses universos são todos *nossos*. "Que obra-prima é o homem!"

A conferência em Saint-Paul-de-Vence foi organizada pela Fundação de Parapsicologia, cuja presidente é aquela mulher talentosa, sensível e incansável, a instigadora das pesquisas psíquicas, sra. Eileen Garrett. Havia quatro psiquiatras, italianos e suíços, um endocrinologista parisiense e outro doutor francês especializado em medicina psicossomática, um proeminente neurologista inglês, o dr. Grey Walter, e um jovem parapsicólogo americano, ativamente engajado em pesquisas e experimentações.

Uma série de palestras foram dadas: sobre casos de aparente conexão telepática entre médicos e pacientes durante a psicoterapia; sobre a indução de hipnose a distância por meios telepáticos; sobre uma série de experimentos que pareciam demonstrar como é possível afetar telepaticamente os sonhos de alguém enquanto essa pessoa dorme; e, em outra série, em que um instrumento chamado pletismógrafo foi usado para registrar as alterações corporais que ocorriam, em nível subconsciente, em resposta a estímulos recebidos telepaticamente. Esses relatórios de pesquisas conduzidas na Suíça e nos EUA foram antecedidos pelo trabalho realizado na Rússia vinte e cinco anos atrás, mas apenas recentemente publicado, discutido abertamente e continuado.

O propósito da pesquisa soviética era descobrir se a percepção extrassensorial era um fato e se poderia ser explicada em termos físicos, como produto de algum tipo de radiação eletromagnética. Enclausurados em cápsulas de chumbo e imersos em banhos de mercúrio, de modo que radiação nenhuma poderia alcançá-los, o desempenho dos pacientes sensitivos foi significativamente positivo. Os responsáveis por conduzir o experimento foram obrigados a concluir — e, na época de Stálin, essa conclusão foi constrangedora ao extremo — que a telepatia ocorre e que não é uma forma de rádio.

O que se pode fazer com dados que não se permitem ser explicados em termos das teorias atualmente aceitas? Na maioria dos casos, como William James apontou há duas gerações, a tendência é se ater à teoria e ignorar, tanto quanto possível, os dados perturbadores. A ideia de Herbert Spencer de tragédia (nas palavras de T. H. Huxley) era uma bela generalização assassinada por um fato horrível.

O espírito escolástico de Spencer segue firme e forte, e a tendência de preferir a generalização consagrada e régia aos dados, esquisitos, reles e presunçosos, ainda se encontra mesmo nos mais respeitáveis círculos científicos. Em termos de teorias atualmente aceitas, os fatos da parapsicologia "não fazem sentido". O que se deve fazer? Devemos fechar os olhos na esperança de que irão embora e nos deixarão em paz se não olharmos para eles? Ou devemos aceitá-los?

Aceitá-los, por ora, como anomalias inexplicáveis, enquanto nos empenhamos ao máximo para modificar as teorias atuais de tal modo que elas possam "livrar as aparências" — *todas* as aparências, incluindo aquelas que estão além das explicações no momento. A Sociedade de Pesquisa Psíquica foi fundada em 1882, e aqueles que escolheram a segunda opção dessas duas abordagens possíveis aos fenômenos psíquicos ainda aguardam, esperançosamente, uma teoria capaz de livrar todas as aparências, do atômico ao extrassensorial. De William James a C. D. Broad e H. H. Price, nos dias de hoje, toda uma sucessão de filósofos com interesses psíquicos já apontaram para os modos de livrar todas as aparências. Mas suas sugestões jamais foram elevadas ao patamar de teorias testáveis, e os fatos da parapsicologia permanecem, após oitenta anos de estudos sistemáticos, tão estranhos e inexplicáveis quanto sempre foram.

De Saint-Paul-de-Vence e o mundo extremamente anômalo da parapsicologia, eu viajei até Turim, onde minha esposa e eu passamos uma noite memorável conversando com o dr. Quaglia Senta sobre sua experiência no universo, ainda um tanto anômalo, da acupuntura. Os missionários jesuítas foram os primeiros europeus a nos trazer relatos desse ramo curioso da medicina chinesa. Mas só em 1928 um relato completo e preciso da acupuntura chegou à Europa. Naquele ano, Soulié de Morant voltou da China e publicou seu primeiro tratado sobre o assunto.

Hoje, diversas centenas de médicos europeus (e pelo menos um médico inglês solitário) combinam a ciência e a arte da medicina europeia com a antiga ciência e arte da acupuntura chinesa. Há Congressos Internacionais de Acupuntura que hoje se reúnem (o último foi na Universidade de Clermont-Ferrand) e relatos de médicos soviéticos desenvolvendo grande interesse pelo assunto.

É obviamente incrível que uma agulha espetada na superfície externa da perna, um pouco abaixo do joelho, possa afetar o funcionamento do fígado. Se nossa preocupação primária é livrar, não as aparências, mas a nossa teoria, seremos tentados a ignorar os fatos empiricamente estabelecidos e descartar as alegações dos acupunturistas como mera superstição e bobagem. Não podem ser verdadeiras, porque, dentro do nosso modelo atual, não fazem sentido.

Para os chineses, ao contrário, pode fazer todo o sentido do mundo. Num organismo normalmente saudável, eles afirmam, há uma circulação contínua de energia. A enfermidade é, ao mesmo tempo, causa e resultado de um desequilíbrio dessa circulação. Os órgãos vitais podem sofrer de deficiência ou excesso insalubre da força vital. A acupuntura redireciona e normaliza o fluxo de energia.

Isso é possível, porque — e esta é uma questão de um fato empírico — os membros, o tronco e a cabeça estão alinhados de acordo com "meridianos" invisíveis, associados de algum modo aos vários órgãos do corpo. Sobre esses meridianos, localizam-se pontos especialmente sensíveis. Uma agulha inserida num desses pontos afeta o funcionamento do órgão associado ao meridiano sobre o qual se situa aquele ponto. Ao espetar uma série de pontos judiciosamente selecionados, o acupunturista habilidoso restabelece a circulação normal de energia e restaura a saúde do paciente.

Mais uma vez somos tentados a dar de ombros e dizer que nada aqui faz sentido. No entanto, ao lermos os anais do mais recente Congresso de Acupuntura, aprendemos que os responsáveis por conduzir os experimentos conseguiram, por meio de delicados instrumentos elétricos de medição, traçar o caminho dos meridianos chineses e que, quando um ponto estratégico é espetado com uma agulha, é possível registrar alterações relativamente grandes no estado elétrico. Então, talvez, as aparências estranhas da acupuntura possam, enfim, ser livradas até mesmo pelas *nossas* teorias.

Nesse ínterim, permanece o fato de que há sintomas patológicos que reagem muito bem aos antigos métodos chineses. Entre esses sintomas patológicos (e isso, em nosso contexto atual, é particularmente interessante) constam vários estados mentais indesejáveis — certos tipos de depressão e ansiedade, por exemplo — os quais, presumivelmente associados a desarranjos orgânicos, desaparecem assim que a circulação normal de energia é restaurada. Resultados que não sairiam nem mesmo após anos no divã do analista podem ser obtidos, em alguns casos, com uma ou duas espetadas de uma agulha de prata.

E isso leva a nossa conversa pelos subúrbios de Zurique, com o dr. Albert Hofmann e sua esposa. Nós, seres humanos, para usar a expressão de Andrew Marvell, somos "anfíbios racionais", habitando ao mesmo tempo o mundo da alma e um mundo da experiência em primeira mão, um mundo de noções abstratas e generalizações, bem como também um mundo de eventos irrepetíveis. O dr. Hofmann é um químico de destaque, cujo trabalho mais recente e espetacular foi conduzido naquela estranha fronteira entre os dois mundos, em que a menor das alterações bioquímicas produz enormes e revolucionárias alterações na mente.

As drogas sintéticas do dr. Hofmann são novas; mas os problemas éticos, filosóficos e religiosos que elas trazem à tona assim, de um modo tão dramático, são antiquíssimos. O fato de que a cerveja (junto com o chá, o café, a aspirina, as vitaminas e uma dúzia de tranquilizantes e energizantes psíquicos) é "mais que Milton já fez / Para justificar de Deus as leis" é evidente a partir da observação e da experiência — um fato deprimente e humilhante, para alguns, consolador e engraçado para outros. A que grau os nossos pensamentos, crenças e ações são produtos de nossa fisiologia e temperamento herdados ou das flutuações em resposta a eventos externos e internos de nossa química corporal? O quanto é válida uma filosofia baseada num estado de espírito (por exemplo, a convicção do pecado) que pode ser alterado radicalmente pela picada de uma agulha ou uma pequena dose diária de Ritalina? E quanto àquelas experiências induzidas pelas drogas alteradoras da consciência, fisicamente inofensivas, do dr. Hofmann — experiências de um mundo transfigurado em belezas inimagináveis, dotado de significados intrínsecos e manifestando, apesar de toda a dor e morte, o fato essencial e divino (não há outra palavra) de que está Tudo Bem? Sim, e quanto a isso? As opiniões divergem.

Para a maioria daqueles a quem as experiências foram confirmadas, seu valor é autoevidente. Ao dr. Zaehner, autor de *Misticismo sagrado e profano*, sua indução deliberada é vista como imoral. Ao que o seu colega, o prof. Price, replica, com efeito: "Fale por si mesmo!".

Price concordaria com William James que, se for possível essa façanha de não causar mal a si mesmo ou aos outros, a indução de estados incomuns de consciência é salutar e iluminadora. E, muito tempo atrás, em defesa de William James contra aqueles que o culpavam pelos experimentos com óxido nitroso, Bergson apontou que a substância química não era a causa das experiências metafísicas notáveis de James, mas meramente sua ocasião. As mesmas experiências poderiam ter sido induzidas por métodos puramente psicológicos, pelas mortificações e exercícios usados pelos místicos e visionários de todas as tradições religiosas e, de fato, por qualquer método capaz de alterar os estados mentais ou a química corporal de tal modo que possa baixar a barreira do mundo fabricado pelas nossas percepções, ideias e sensações cotidianas, biologicamente úteis e socialmente condicionadas, que o separa dos mundos estranhos e, no entanto, não menos reais subjetivamente (e talvez até mesmo objetivamente), revelados quando se altera a modulação da consciência de utilitária para estética ou espiritual.

Espiritual... Para ouvidos sensíveis e atentos às suas conotações de tagarelice motivacional, esta palavra é quase um palavrão. No entanto, em certos contextos, que outra palavra se pode usar? Ao ler Meister Eckhart, por exemplo, ou ouvir, como fizemos em Gstaad, as palavras de Krishnamurti, somos forçados a reconhecer que "espiritual" pode ser o *mot juste*. "Eu lhes mostro o sofrimento e o fim do sofrimento."

Todos os grandes mestres da vida espiritual (essa palavra aí de novo!) foram ao mesmo tempo profundamente pessimistas e quase infinitamente otimistas. *Se* certas condições forem cumpridas, os seres humanos podem parar de se comportar como as criaturas patéticas ou deploráveis que equivocadamente pensam ser, para passarem a ser, na verdade, o que sempre foram, se apenas tivessem se dado a chance de o saberem — seres iluminados, liberados, "divinizados em Deus". Mas é avassaladoramente improvável que mais do que alguns poucos dentre nós algum dia cheguem a essas condições. Muitos os chamados, poucos os escolhidos; pois mais raros ainda os que escolhem ser escolhidos.

O fim do sofrimento é possível, mas a sua continuação é certa. Tudo que está ao alcance dos mestres da vida espiritual é nos lembrar de quem somos de verdade e dos meios pelos quais podemos chegar ao reconhecimento de nossa identidade — a meditação no sentido da consciência completa e inclusiva a todo instante, e os corolários dessa tal meditação, o ser correto e, a partir disso, a correta ação espontânea.

Saindo da França, da Itália e da Suíça e das experiências viajadas de percepção extrassensorial e mais ainda do visionarismo e, além disso, da iluminação, pegamos um avião para Copenhague e o Congresso Internacional de Psicologia Aplicada. O que *é* a Psicologia Aplicada? Ou será que devemos inverter a pergunta e perguntar o que *não* é Psicologia Aplicada? A resposta: pouquíssima coisa, pelo menos no que diz respeito ao comportamento individual e (em termos estatísticos) níveis normais. Esse assunto espaçoso foi discutido em Copenhague por uma delegação de 1.300 enviados, que escutaram duzentas ou trezentas conferências sobre todo tipo de assunto concebível, desde "O desenho como expressão da autoestima" até "Pesquisas sociais no Ártico".

O mundo está tão repleto de tantas coisas, e as universidades tão cheias de psicólogos que não é possível eu fazer jus a tudo que foi dito e lido em Copenhague. Vou me limitar, portanto, à pergunta mais importante de todas, aquela à qual, infelizmente, as respostas sugeridas foram as menos satisfatórias. Será que a psicologia pode contribuir para dissolver as tensões internacionais, para a solução de conflitos, a manutenção da paz?

Na palestra com a qual o prof. Osgood inaugurou o Congresso[71] e nos textos lidos ao longo do simpósio do dia seguinte, houve uma abundância de sugestões razoáveis e humanizadas. Era de despertar no ouvinte uma sensação de aprovação, mas ao mesmo tempo não há como não ser também assombrado pela dúvida.

Será que essas sugestões razoáveis e humanizadas encontrariam aceitação? No presente contexto histórico, no clima ideológico predominante, seria *possível* que elas encontrassem aceitação? E embora seja obviamente verdadeiro que, nas palavras da dra. Baumgarter-Tramer, exista uma *Notwendigkeit der Bildung einer Psychologie für Politiker* [necessidade de construir uma psicologia para políticos], é provável que as poucas dúzias de políticos, generais e tecnólogos, a cuja mercê se flagram os restantes 29 milhões de membros da raça humana, consintam em voltar à escola e aprender aquela psicologia para estadistas que é tão indispensavel-

71 C. E. Osgood, "Towards International Behavior Appropriate to a Nuclear Age" [Para um comportamento internacional adequado à era nuclear], in *Psychology and International Affairs*, Proceedings of the XIV International Congress of Applied Psychology, v. 1, pp. 109-132. Copenhague: Munksgaard, 1962.

mente necessária de formular e ensinar? Aqueles poucos homens imensamente poderosos, a cuja mercê se encontra toda a raça humana, são eles mesmos prisioneiros hipnotizados das tradições políticas e filosóficas que, fundamentadas pela idolatria nacionalista e dogmatismo ideológico, nos levaram, no passado, invariavelmente à guerra.

O indivíduo neurótico é uma pessoa que reage aos desafios do presente em termos do passado obsessivamente relembrado. Na medida em que suas políticas são ditadas pelas antigas e errôneas noções fossilizadas na forma de dogmas, todas as sociedades exibem os sintomas de uma neurose coletiva, e os poucos poderosos em cujas garras (como Gulliver nas patas de um macaco de Brobdingnag) a humanidade agora se debate, impotente, são eles mesmos as vítimas da alienação da sociedade em relação à sua realidade presente.

Nos tempos de outrora, quando o ritmo das mudanças tecnológicas e demográficas era lento, as sociedades podiam se dar ao luxo de nutrir sua neurose coletiva. Hoje, o comportamento político ditado pelas memórias obsessivas do passado (em outras palavras, pelas tradições veneráveis que perderam o sentido, bem como noções velhas, bobas ou mesmo diabólicas elevadas ao nível de princípios primeiros e canonizadas como dogmas) há de ser fatalmente inadequado.

E, infelizmente, a cura para essa inadequação fatal do comportamento político atual não há de ser encontrada só na psicologia aplicada. O problema é complexo demais e, se um dia for possível resolvê-lo, deve ser atacado simultaneamente em várias frentes — na frente semântica (pois é uma questão de linguagem mal utilizada e crenças nunca analisadas); na frente organizacional (pois envolve o fato bruto do poder e os problemas do seu controle); na frente filosófica (pois nosso comportamento político é influenciado, em algum grau, por nossa visão da natureza humana); na frente biológica (pois, sob os problemas políticos, há o problema subjacente da explosão populacional e a distribuição desigual de recursos).

Um ataque coordenado em todas essas frentes será difícil de organizar e mais difícil ainda de sustentar. O tempo não está do nosso lado. Dados os fatos da inércia social e individual, será que é possível fazermos o que precisa ser feito dentro do prazo breve e cada vez menor que a história moderna (a história das mudanças tecnológicas e demográficas em ritmos alucinados, com todas suas consequências sociais) nos permite? Num nível internacional, um fim para pelo menos parte do nosso sofrimento é factível. Mas o quanto é provável? Todas as nações e seus governantes são os chamados. Antes de ser tarde demais, será que eles escolherão ser escolhidos?

Capítulo 35

1962
Amor e trabalho

Laura Huxley

Enquanto corrigia as provas de revisão de A ilha *em sua nova casa (que o casal dividia com Ginny Pfeiffer) em Mulholland Highway, Huxley um dia colocou sua obra de lado para experimentar mais uma vez a psilocibina. A maior parte dessa sessão foi gravada em fita e mais tarde transcrita e editada por sua esposa, Laura. É aparentemente o único relato "ao vivo" existente de Aldous em estado psicodélico. A compreensão de Laura no papel de guia se aprofundou bastante desde o episódio de 1955, enriquecida por suas próprias experiências psicodélicas, bem como pelas experiências que ela mesma providenciou para alguns de seus pacientes em etapas adequadas de psicoterapia.*

Os mantras se desdobram: amor e trabalho, paixão e desapego, a "sanidade fundamental" que existe no mundo, "apesar de toda distração e das bobajadas ridículas que acontecem", a sincronicidade das grandes filosofias e a coriza que leva a uma discussão sobre a morte e o valor do yoga oriental da morte, exemplificado no Bhagavad-Gita, *em* A carne e os ossos do zen *e, sobretudo, no* Livro tibetano dos mortos.

Segue um relato de uma sessão psicodélica com Aldous. É o único relato que ainda tenho gravado, não da sessão toda, mas de sua porção mais importante.

Alguns meses após a morte de Aldous, fiquei profundamente comovida quando encontrei esta fita. Eu havia me esquecido dela e, agora, após a sua morte, essas palavras passaram a ser mais significativas do que nunca, ainda que, por vezes, fossem um tanto equívocas. E como é bom passar da "vida após a morte" para a "sopa aqui e agora", do Sermão da Montanha para corizas! E de novo eu percebi o quanto de encorajamento e consideração Aldous tinha pelo meu projeto atual, até mesmo naquele dia extraordinário.

A princípio pensei em publicar as palavras dele tal como se apresentam, sem comentário. Mas quando foi feita a transcrição da fita para o papel, comecei a observar que elas não seriam tão claras ao leitor quanto eram para mim, enquanto participante do diálogo. Há todo um mundo de diferença entre ler uma conversa e escutá-la. Na leitura, há dois elementos importantes faltando: a voz, particularmente significativa no caso de Aldous, pois ele tinha toda uma variedade de inflexões, de cores e humores e ritmos; e as pausas, sempre importantes, ainda mais neste tipo de diálogo. Eu podia ter editado a conversa, mas prefiro deixá-la tal como está na fita. As frases de Aldous não são tão bem-acabadas e claras como em seus escritos e palestras — mas ele não estava palestrando, ele estava conversando comigo. Sinto que o conteúdo e a autenticidade de suas palavras contrabalanceiam a consideração da elegância literária.

Outro motivo para fornecer comentários a esta conversa gravada é que Aldous se refere a assuntos desconhecidos da maioria das pessoas. A experiência da Luz Clara do Vazio, do *Bardo* ou estado de pós-morte, do herói guerreiro do *Bhagavad-Gita* — não são assuntos cotidianos, porém são de grande importância a todos nós. Aldous se refere a dois livros: o *Bhagavad-Gita* e o *Livro tibetano dos mortos*. Eu não havia lido esses livros na época, mas Aldous me falou muito sobre eles. A qualquer um que os tenha lido, nada do que Aldous diz é obscuro, num nível intelectual. No entanto, embora a familiaridade com esses livros lance uma luz sobre o nosso diálogo, a conversa de Aldous — a atmosfera, a sua aura — não é de modo algum uma discussão sobre eles. A parte extraordinária dessa conversa é a sensação de que Aldous está vivenciando aquilo que há muito tempo já sabe. Mas, como escreveu em "Conhecimento e entendimento"[72], existe todo um mundo de diferença: "O entendimento é primariamente a consciência direta da matéria-prima". Por outro lado, o conhecimento é adquirido e "pode ser repassado e compartilhado por meio de palavras e outros símbolos. O entendimento é uma experiência imediata e só pode ser discutido (de um modo bastante inadequado), nunca partilhado". O conhecimento é "público". O entendimento é "privado". Em *A ilha*, as crianças recebem uma ilustração dessa diferença no começo da 5ª série, por volta dos dez anos de idade:

> "As palavras são públicas; elas pertencem a todos os falantes de dada língua; elas estão listadas nos dicionários. E agora vamos dar uma olhada nas coisas que acontecem ali." Ele

72 *Collected Essays* (N.Y.: Bantam, 1960).

apontou para a janela aberta. Reluzentes contra uma nuvem branca, meia dúzia de papagaios surgiu aos olhos de todos, passou por trás de uma árvore e desapareceu. O professor desenhou um segundo quadrado do lado oposto da lousa e assinalou "A" para "acontecimentos" e ligou-o por linhas aos círculos. "O que acontece ali é público. Ou pelo menos muito público. Mas as coisas que estão dentro desses círculos são privadas. Privadas." Ele levou uma mão ao peito. "Privadas." Ele coçou a testa. "Privadas."

As palavras que Aldous pronunciou em sua experiência psicodélica podem ser conferidas no dicionário, são públicas. O entendimento de sua experiência é um assunto privado para cada um de nós.

De muitos modos, esta foi uma sessão diferente das outras. Geralmente, quando tínhamos uma sessão psicodélica, a noite anterior e o dia da sessão eram deixados absoluta e rigorosamente em aberto. Desta vez, saímos para jantar na noite anterior à sessão. Eu reparo ainda no meu calendário que, no dia daquela sessão, em 22 de janeiro de 1962 — uma segunda-feira — há três outras entradas: um convidado que chega no aeroporto, o aniversário da empregada e uma tentativa de visitar uma família cujos três membros estavam, todos, sofrendo de transtornos mentais, mas à solta.

Foi porque não tínhamos o dia inteiro livre que trocamos o LSD pela psilocibina. Diferente do LSD, que permanece ativo durante várias horas após o seu pico, a psilocibina em geral perde completamente o seu efeito. Na verdade, esta sessão durou das 10h40 até as 15h. Considerando que

Aldous havia tomado uma dosagem tão pequena, ficamos admirados depois de ter tido um efeito tão pronunciado.

Na manhã após o café, fomos até o meu apartamento, um estúdio, onde ninguém poderia nos perturbar. O estúdio estava praticamente vazio, sem mobília. O chão é coberto por um tapete felpudo branco — parece um gramado branco e é macio e agradável de sentar. Como sempre, mas especialmente no caso da sessão psicodélica, havia flores e frutas frescas. Aqui e ali, pontuando aquele vazio branco, havia bambu fresco, conchas, livros de arte, discos e alguns galhos de acácia-dourada que tinham acabado de desabrochar em nosso jardim parcialmente incendiado. No canto da sala de estar, via-se prateleiras ainda sem tinta, um grande pedaço de madeira, também sem tinta, que servia como mesa, um gravador e duas pequenas poltronas.

Às 10h40, Aldous tomou quatro miligramas de psilocibina.

Há um período de meia hora até cerca de duas horas entre a ingestão da psilocibina e ela começar a fazer efeito. Geralmente durante esse período, nós conversávamos ou olhávamos figuras; com muita frequência, ouvíamos música — ou ficávamos sem fazer nada. Nunca se sabe o rumo que essas experiências podem seguir. Por vezes, as "portas da percepção" são limpas de repente, num sobressalto; por vezes, a limpeza se dá gradualmente, com uma descoberta atrás da outra. Essas descobertas podem ser revelações psicológicas ou podem ser feitas por meio de qualquer um dos sentidos — geralmente são os olhos, dos quais saem as escamas pela primeira vez.

Na sessão psicodélica, o papel do acompanhante é ficar lá, com atenção plena e sem qualquer opinião preconcebida do que pode acontecer. O acompanhante deve estar, ao mesmo tempo, completamente lá e completamente sem obstruir o caminho. Às vezes fica a impressão de que é preciso estar lá no estado mais intenso e alerta de passividade que for possível obter — mas de um modo invisível, o que é meio paradoxal. Porém, isso nunca foi o caso com Aldous. As sessões com ele sempre foram fáceis, e eu sabia que ele me queria lá, visível e tangível.

O acompanhante na experiência psicodélica não deve ter uma ideia preconcebida — mas é muito difícil chegar ao ponto de não se ter *nenhuma* opinião. Como costuma acontecer, naquela manhã eu me flagrei pensando que essa sessão seria bem leve, já que era uma dosagem tão pequena, e seria semelhante às outras que tive com Aldous — que ela iria se modular a partir da beleza e da presença intensa da vida ao amor em todos os níveis, humano tanto quanto místico.

O que me surpreendeu foi que Aldous pediu para desligar a música. Era Bach que estava tocando, provavelmente a *Oferenda musical* ou uma cantata.

Desliguei o toca-discos e fiquei me perguntando se Aldous queria ouvir alguma outra coisa. Nisso, ele se levantou do chão onde estava sentado e começou a perambular pelo corredor que liga a sala de estar ao quarto. Isso também nunca tinha acontecido antes. Aldous, como a maioria das pessoas num estado de experiência psicodélica, se mexe muito pouco e costuma ficar no mesmo lugar durante a maior parte do dia.

Eu o acompanhei por um tempo, tentando sentir o que ele sentia. Parecia preocupado, com uma sensação de agitação, e de novo — o que era incomum — murmurava algo com uma voz baixa, pouco inteligível. Não consegui entender a princípio o que estava dizendo. Então compreendi as palavras: "Confusão — confusão terrível". Fiquei perambulando com ele — havia uma agitação incomum em seus movimentos, em sua expressão, nas meias palavras que dizia. Após um tempo, ele respondeu à minha pergunta, "Onde está essa confusão?", dizendo que era na vida após a morte; acho que ele mencionou a palavra *limbo*. Ele estava contatando ou tornando-se ou sentindo um mundo incorpóreo em que havia um estado aterrorizante de confusão.

Nas sessões psicodélicas, há longos períodos, por vezes de horas, em que nem uma única palavra é dita. A música, às vezes o silêncio, é a forma menos inadequada de exprimir o inexprimível, o melhor modo de não dar nome ao inominável. Mas eu conhecia esses momentos extáticos, pois se refletiam no rosto de Aldous — e mesmo naqueles momentos Aldous dizia uma palavra ou outra. Mas aqui era uma situação diferente. Ele não estava tendo uma experiência extática — ele estava passando por algo bastante intenso, de grande importância, mas que não era agradável. Não parecia disposto ou capaz de colocar a experiência em palavras. Esse estado durou talvez uma meia hora. Então, de repente, ele disse: "Está tudo bem agora — está tudo bem". Seu rosto mudou; ele se sentou na poltrona perto do gravador; aquele outro mundo havia se dissolvido. Ele parecia bem e eu pude sentir que estava pronto agora para falar de sua experiência. Era um momento de pico de suas atividades mentais.

As primeiras palavras de Aldous gravadas:

Entende, isso é — estou pensando num dos seus livros — é um dos modos de tentar fazer cubos de gelo a partir de água corrente, não é? Tentar fixar alguma coisa e guardá-la — e claro, isso é sempre errado.

Eu achei que ele queria dizer que seria errado fixar suas impressões na fita gravada.

Laura: Bem, vamos parar o gravador.
Aldous (*imediatamente, enfático*): Não, não — não quero dizer isso, quero dizer que a luz pura é o maior cubo de gelo de todos, o cubo de gelo definitivo.

Aldous se referia ao meu livro *Receitas para viver e amar*, que ainda precisava passar por várias etapas de revisão. O título da receita era: "Não tente fazer cubos de gelo a partir de um rio corrente"[73]. O conceito aqui é que os nossos organismos estão continuamente mudando num mundo que também muda continuamente, que a essência da vida é sua fluidez, sua habilidade de mudar, de fluir e tomar novos rumos; que o problema é que, às vezes, com frequência de

73 *You Are Not the Target* (Nova York: Farrar, Straus and Giroux, 1963), cap. 23.

um modo inconsciente e involuntário, nós congelamos uma parte dessa vida fluida num "cubo de gelo". Na receita, há exemplos que ilustram o quanto isso pode ser prejudicial; então há instruções para descongelar esses "cubos de gelo" que aprisionam a vida e a energia. Em resumo, esses "cubos de gelo" se referem ao efeito duradouro e enregelante de uma experiência inexprimida e hiperemotiva de luto, raiva ou medo em suas numerosas e variadas manifestações. Aldous havia me ajudado com a receita, e a expressão "cubos de gelo num rio corrente" era muito usada entre nós.

Aldous: A luz pura. Este é o maior cubo de gelo de todos — é o cubo de gelo definitivo.

A Luz Pura. A Luz Clara do Vazio. A experiência da Divindade. A experiência mística. O pico da experiência... Quantos nomes, ao longo dos séculos e em culturas distintas, foram dados a esse estado sobre o qual dizem os mais sofisticados dos virtuosos literários não haver palavras! Eu lembro de Aldous falar sobre santo Agostinho, que escreveu vários volumes de tratados que formam a base da teologia católica e como ele, ao fim da sua vida, teve a experiência da Luz Pura — e jamais escreveu uma palavra de novo. Em *A ilha*, Aldous descreve essa experiência como "o entendimento para além do conhecimento, o êxtase luminoso".

Laura: Você achou que fosse ter *essa* experiência [a Luz Pura] hoje?

Aldous: Eu ainda posso, se quiser! Mas quero dizer que é muito bom perceber que se trata apenas — por assim dizer — do reflexo dessa outra coisa. É essa distração total, apenas — digo, se você conseguir imobilizar a distração total durante um período suficiente de tempo, então ela se torna uma distração pura e concentrada — a luz pura.
Laura: Se puder imobilizá-la? O que você quer dizer?
Aldous: Você pode imobilizá-la, mas não é a coisa de verdade — dá para passar a eternidade nessa coisa *em detrimento do amor e do trabalho*.
Laura: Mas *essa coisa em si deveria* ser amor e trabalho.
Aldous (*enfático*): *Exatamente!* Digo, é por isso que é errado. Como eu dizia, isso ilustra que não se deve fazer cubos de gelo de um rio corrente. É possível *conseguir* fazer cubos de gelo... este é o maior cubo de gelo do mundo. Mas dá para ficar nisso durante — ah, não para sempre — mas durante vários éons — durante aquilo que *parece* [esta palavra é bastante enfatizada] ser a eternidade, estar na luz.

Em seus anos finais, Aldous destacou, com uma ênfase cada vez maior, o perigo do vício na meditação *por si só*, no conhecimento *por si só*, na sabedoria *por si só* — sem amor. Agora mesmo ele havia tido a experiência da tentação de um vício de uma ordem ainda superior: o vício em estar na luz e lá permanecer. "Eu ainda posso, se quiser", ele havia dito. Permanecer nessa consciência extática e se isolar da participação e do compromisso com o restante do mundo — algo que é exprimido perfeitamente hoje, numa expressão poderosa, a gíria *dropping out*.

Aldous (*continuando*): Isso nega completamente os fatos, é errado de um ponto de vista moral, e enfim, claro, absolutamente catastrófico.

"Absolutamente catastrófico." Essas duas palavras, ele disse com a mais profunda e sincera convicção. Sem erguer a voz, cada letra era como se esculpida num bloco reluzente de mármore Carrara — e permanece esculpida na alma de quem quer a escute. É uma declaração definitiva: não é possível se isolar dos seus semelhantes e do seu meio, pois não existe salvação privada; é possível ficar "preso" até mesmo na Luz Pura em vez de permitir que ela penetre no "Amor e no Trabalho", que é a solução direta para a vida de todos, aqui e agora mesmo. O Amor e o Trabalho — se eu puder resumir a essência da vida de Aldous, eu não conseguiria encontrar um modo mais preciso de dizê-lo.

Após as palavras "absolutamente catastrófico", a fita corre por um tempo em silêncio. E então há uma completa mudança de humor. Um sorriso de uma ternura envolvente na voz de Aldous, o *meu* sorriso. Ele deixa transparecer, pela voz, criando uma atmosfera de amor, uma atmosfera de uma surpresa, de quem acha graça nas coisas, mas de ternura, mais que tudo.

Aldous: Não sei como você captou tudo isso, querida. (*Risos.*) O que entrou por esse crânio tão, tão duro seu — como chegam todas essas ideias extraordinárias?

Ele ficava sempre tão contente quando eu inventava alguma coisa, e agora retornava à receita do cubo de gelo.

LAURA: Um dos cubos de gelo, pelo menos, eu lembro muito bem. Eu estava aplicando LSD em [———] e tive essa sensação... Eu estava praticamente vendo uma torrente d'água — sabe, um rio — e ele estava tentando tirar uma lógica disso — para demonstrar que toda essa gente mentiu para ele, sabe...

ALDOUS (*interrompendo com uma risada plena*): Claro que mentiu!

LAURA: E eu tive a impressão de que ele estava racionalizando a água ou até mesmo tentando congelar um pedaço desse rio corrente e fazer cubos de gelo dele...

ALDOUS (*ainda rindo, tocando a minha cabeça*): Mas você tem tantas ideias. É óbvio que esse crânio terrivelmente duro deve ter um buraco aí em algum lugar (*muitas risadas e gargalhadas*).

LAURA: Eu espero que sim.

ALDOUS (*depois de fazer silêncio*): É certamente muito notável.

Ter "um buraco no crânio" é uma expressão com significados diferentes para pessoas diferentes. Aldous queria dizer que essas ideias deveriam ter fluido para *dentro* da minha cabeça, não *saído* dela. Aldous mencionava, com frequência, ainda mais após suas experiências psicodélicas, a teoria de Bergson — de que o nosso cérebro e sistema nervoso não são a fonte de nossas ideias, mas sim um tipo de válvula redutora, por meio da qual a Mente Integrada faz pingar apenas o tipo de informação que é necessário para nossa sobrevivência no planeta. Uma ampliação temporária dessa válvula, ou "um buraco na cabeça", permite que um fragmento da Mente Integrada entre — que é o que chamamos de inspiração. Nas *Portas da percepção*, em que Aldous relata sua primeira experiência psicodélica, ele discorre longamente sobre essa teoria de Bergson e diz que ela deve ser levada a sério.

Há um silêncio na fita e então o diálogo continua num tom sério e ponderado.

LAURA: Não lembro se eu lhe contei ou se sonhei que lhe contei — não lhe falei de uma frase que tem passado pela minha cabeça esses dias, "Eu sou mil pessoas"?
ALDOUS: Não, você não me contou.
LAURA: Mas isso também não facilita nada.
ALDOUS: Não, óbvio que não. E quando não se tem uma ancoragem em algum lugar — quando, ao se voltar da morte, digo, não vai ter ancoragem nenhuma...
LAURA: Ah, sim. Eu entendo.

Aldous estava pensando e pondo em palavras a experiência que havia tido um pouco antes, quando estava andando para lá e para cá pelo corredor. Ele havia tido a experiência do estado incorpóreo pós-morte, quando há uma sobrevivência da consciência, mas não do corpo tal como o conhecemos.

ALDOUS: Por isso, quando tiver umas mil pessoas correndo de todas as diferentes direções — digo, em todo caso... (*depois, à parte, com a voz bem baixinha*) o seu cabelo tem o mesmo cheiro das acácias... a sua cabeça é bem sólida (*tocando a minha cabeça*), porque a questão é: quando não há nada que nem isto...

Isto — um corpo tangível, algo para ver, ouvir, cheirar, *tocar* — em contraste a esse outro estado do ser, que ele havia vivenciado antes, em que havia sentimentos e pensamentos, mas nenhuma percepção, nem formas sólidas, tais como estamos acostumados.

LAURA: Quando não há nada ao que se ater…
ALDOUS: Há milhares de pessoas diferentes indo em milhares de direções diferentes, e é disso que você teve um indício agora. E isso, é claro, é tão terrível, mas acho que eu sei — (*após uma pausa, com profunda convicção*), mas eu *sei* que sempre haverá — e eu quero dizer que é *esta* a experiência extraordinária — pelo menos em *alguém que sabe* que há mil outras pessoas indo em direções diferentes — que há uma sanidade fundamental no mundo, que está sempre lá *apesar* dos milhares de pessoas indo em milhares de direções diferentes. E enquanto estamos no espaço e no tempo, cercados pela gravidade, somos controlados num grau considerável (*eu gostaria de conseguir transmitir aqui a profundidade da voz de Aldous, esse sentimento de maravilhamento*). Mas ter um insight de como é quando não existe controle algum exceto esse conhecimento fundamental — é aqui que o *Bardo* tem razão.

Aldous se refere ao *Livro tibetano dos mortos* ou a *Experiência de pós-morte no plano de Bardo*. Fiquei sabendo desse livro pela primeira vez por conta de Aldous, alguns dias após a morte de Maria. Em resposta a um bilhete meu, ele me pediu para almoçarmos e darmos uma caminhada. Ele conhecia inúmeras ruazinhas secundárias bem ali no coração de Los Angeles e não longe de casa, por isso, depois do almoço, fomos caminhar em Laurel Canyon. Eu tinha muitas perguntas em mente a respeito de Maria e ele as respondeu sem que eu perguntasse, contando-me tudo que havia acontecido após nosso encontro em Roma, no verão.

Ele me disse que, durante as últimas horas da vida dela, eles haviam conversado, e ele a encorajou a ir adiante, como no *Bardo*. "O que é isso?", eu perguntei. Ele me falou do *Bardo* — o plano intermediário após a morte do corpo, tal como descrito no *Livro tibetano dos mortos*, explicando que, nesses ensinamentos antigos, a pessoa que está para morrer é encorajada a ir adiante — ir além — e não se preocupar, nem se deixar sobrecarregar com este corpo presente ou com parentes ou amigos ou negócios inacabados, mas seguir rumo a um estado mais amplo de consciência.

Prosseguindo, ele me disse que o *Livro tibetano dos mortos* é tanto um manual da Arte da Vida quanto é da Arte da Morte. Aconselha-se aos sobreviventes para que pensem no seu ente querido e na sua necessidade e destino em seu novo estado de consciência em vez de se deixarem envolver, completa e egocentricamente, em seu próprio luto. "Prossiga. Siga adiante" — a ambas as consciências, tanto aquela que ainda usa o corpo quanto aquela cujo corpo está sendo despachado —, eis aí um conselho saudável e compassivo. "Prossiga. Siga adiante."

Quantos de nós vamos andando por aí sem estarmos inteiramente vivos, porque parte de nós *não* conseguiu prosseguir, mas morreu junto com a sua Mãe ou o seu Pai ou outro ente querido — às vezes até mesmo um animal de estimação? O fato aterrorizante e incompreensível da morte já é difícil o suficiente de aceitar e assimilar, mesmo com o mais iluminado dos ensinamentos, mesmo com o encorajamento mais caloroso e tangível — que dirá quando não há auxílio em compreender, em aceitar e falar sobre a morte. Como podemos começar a compreender a morte quando sequer é um assunto respeitável na boa sociedade? O sexo é, hoje, um assunto aceitável para se discutir; a morte ainda é varrida para baixo do tapete, trancafiada na masmorra, assim como faziam com os loucos, não muito tempo atrás.

Aquela primeira caminhada após a morte de Maria me causou uma impressão duradoura. Eu tinha ouvido falar, vagamente, sobre esse modo sábio e nobre de lidar com a morte, enquanto doutrina esotérica. Agora Aldous, pálido e debilitado, porém cheio de vida, me dizia como havia aplicado esse conhecimento, como encorajou Maria a prosseguir sem preocupações ou arrependimentos. Conforme ele foi falando durante aquela caminhada, eu fui traçando comparações com a minha familiaridade com a morte: os serviços lúgubres, os cantos trágicos sobre o pecado, o fogo infernal e a danação eterna; o implorar dos beatos pela clemência de uma divindade distante, que oscila entre a ira e o perdão; enquanto nós, os sobreviventes, imersos no luto e completamente centrados nele, sequer pensávamos no morto exceto em relação à nossa angústia. É perturbador pensar que as preocupações e o dinheiro gastos com cadáveres nos EUA bastariam para alimentar milhões de crianças e para salvar tantas vidas de um estado de delinquência e desespero, transformando-as em vidas de felicidade e dignidade humana.

Aldous continuou a me contar, durante aquela primeira caminhada após a morte de Maria, como ele a levou até onde podia. Ele ficou arrasado, como qualquer ser humano que tenha perdido a companheira amada de uma vida inteira; porém, na hora de sua morte, foi capaz de desviar a sua atenção da dor de perdê-la e concentrar a sua mente e a dela nesse fato importantíssimo — a *sanidade fundamental* da qual ele fala em todas as experiências psicodélicas — e ao longo desta também.

A fita continua.

ALDOUS: O *Bardo* está correto. Você entende, é preciso ter ciência deste fato e *se agarrar nele com tudo* — do contrário, a gente fica completamente perdido no redemoinho.
LAURA: Sim. Mas quantas são as pessoas que sabem disso?
ALDOUS (*muito enfático*): Exato! Mas é por isso que dizem que é preciso começar a se preparar para isso (*Aldous se referia à preparação para a morte*). E devo dizer que acredito que seja terrivelmente *importante* que, por meio desse conhecimento que obtemos com esses cogumelos ou seja lá o que for[74], a gente seja capaz de compreender um pouquinho sobre o sentido disso tudo. Acho que a experiência mais extraordinária é saber que existe toda essa insanidade que é apenas a multiplicação… a caricatura da insanidade normal que segue adiante. Mas existe uma sanidade fundamental à qual é possível se ater e unir, consciente dela. Isso é, claro, é o todo da doutrina do *Bardo* — ajudar as pessoas a terem consciência da sanidade fundamental que está lá, apesar de todas as coisas aterrorizantes — e das coisas que não são aterrorizantes, na verdade, mas

74 "Os cogumelos sagrados" (*Psilocybe mexicana*), que possibilitam sintetizar quimicamente a psilocibina — "ou seja lá o que for", referindo-se a materiais psicodélicos em geral [nota de L. Huxley].

por vezes são maravilhosas e causa de êxtase. Como eles dizem o tempo todo, *não* se deve ir para o céu.

De novo e de novo! Não se deve abandonar o Amor e o Trabalho, mesmo no caso de uma sociedade insatisfatória, rumo à segurança pessoal e isolada da Luz Pura, com ou sem psicodélicos. "Como eles dizem continuamente" — Aldous aqui se refere aos budistas maaianas, para os quais o Bodisatva é a forma mais elevada do homem: um tal homem não chafurda na salvação particular, mas vive e participa das atividades do mundo como resultado da compaixão por aqueles que ainda não obtiveram a iluminação.

Eu queria saber mais sobre isso de não ir para o céu.

LAURA: Não se deve ir para o céu?

ALDOUS: *Não se deve ir para o céu*. É tão perigoso quanto. É temporário — e, de algum modo, o que se quer é se agarrar à verdade definitiva das coisas.

LAURA: A verdade definitiva das coisas?

ALDOUS: Quero dizer... a luz total do mundo, imagino, que está no aqui e no agora da experiência. É claro que é o corpo mental. Mas, quando somos libertados do corpo, há de haver algum equivalente experimental ao corpo, algo no que se ater... Eu não sei.

LAURA: E no que podemos nos ater?

ALDOUS: Tudo que dá para dizer é que devemos nos ater à sanidade fundamental, o que, como eu digo, é *garantida*, enquanto se está no corpo, pelo fato do tempo e do espaço e da gravidade, e as três dimensões e tudo mais. De algum modo, quando nos livramos dessas âncoras —

No *Livro tibetano dos mortos*, somos o tempo inteiro avisados quanto aos perigos de entrar em um céu ou inferno ilusórios e fantasmagóricos. O guia (ou *guru*) explica que nesse estado incorpóreo todos os nossos pensamentos e sentimentos parecem assumir uma forma concreta. Os pensamentos são coisas. O morto continua a ver essas coisas e, a não ser que receba auxílio, acaba preso nelas. Por isso, lhe é dito, continuamente, que essas aparições são apenas alucinações — mera projeção da sua consciência — e que ele deve ir adiante, sem se envolver com elas, sem repulsa ou atração, que ele deve se dar conta de que são apenas distrações que ele mesmo criou. Continuamente repete-se a admoestação: "Ó, tu de nobre nascimento! Não permitas que tua mente se distraia". De um modo semelhante, a primeira e a última palavra de *A ilha* é "Atenção". É a primeira palavra que o viajante ferido e distraído, vindo do Ocidente — o homem que não aceitava *sim* como resposta escuta na Ilha, cantada pelo pássaro mainá, um modo encantador pelo qual o romancista sintetizou numa única palavra uma antiga mensagem vital a todos: Atenção.

Aldous (*continuando*): Mas há um equivalente de algum tipo ao qual é preciso se agarrar. Do contrário, o mundo ao seu redor se torna rarefeito e vira — como é a palavra — *Pretas*, o mundo dos fantasmas inquietos. A pessoa desce ao inferno e então, em desespero, precisa voltar correndo e arranjar um outro corpo.
Laura: Para se agarrar de novo?
Aldous: Para se agarrar de novo. É óbvio que é a melhor opção, quando não se chega ao melhor dos melhores. Mas

é evidente como todos eles disseram que existe algo equivalente — de novo, nessa doutrina extraordinária do cristianismo, a ressurreição do corpo e a imortalidade final necessitarão ter algo que se parece com um corpo ligado a elas. Não sei o que isso significa, mas é óbvio que não se pode atribuir qualquer sentido ordinário. No entanto, vê-se exatamente o que se está procurando — alguma ideia de que, de algum modo, precisamos arranjar um equivalente, num nível superior, desse ancoramento que o tempo e o espaço e a gravitação nos dão. E que é possível obter. Tem-se a sensação, digo, nessa experiência estranha, tem-se a sensação de que há uma sanidade fundamental, apesar de todas as distrações e bobagens ridículas acontecendo — e que são irrelevantes para o indivíduo — que nada têm a ver, estranhamente, embora possam parecer muito, muito importantes. (*Silêncio. Então:*)

É muito importante, se a pessoa conseguir, *enquanto tudo acontece*, se a pessoa conseguir enxergar a aparência externa da coisa. É óbvio que é importante cuidar razoavelmente dos seus próprios afazeres e ver a sua importância, de um modo bobo, mas se a pessoa conseguir, no meio disso tudo, enxergar esse outro nível de importância, à luz disso muitas atividades precisarão cessar. Não há absolutamente nenhum motivo em empreendê-las — apesar de que muitas delas precisarão ser realizadas, mas de um jeito novo — com um tipo de desapego e, no entanto, fazendo as coisas até o seu limite. Este é de novo um dos paradoxos: trabalhar até o limite a fim de obter sucesso no que você está fazendo e, ao mesmo tempo, desapegar-se do sucesso — se você não conseguir, que pena —, se conseguir — *tant mieux* —

não precisa ficar se gabando. Esse é o todo da história do *Bhagavad-Gita*: de algum modo, fazer tudo com paixão, mas com desapego.

LAURA: Paixão e desapego...

Paixão e desapego. Anos atrás, antes que eu sequer tivesse ouvido falar dessas filosofias, com que paixão eu ansiava pelo desapego! Era um ideal que eu havia determinado para mim mesma enquanto musicista, tocar com tudo que eu tinha, abrasar-me em paixão, porém manter uma pureza cristalina e desapego na perfeição técnica e estilística. Só que, nos últimos anos de explorações e trabalhos psicológicos, eu pude observar, em minha vida e trabalho cotidianos, tanto em mim mesma quanto fora de mim, variados tipos e gradações só de paixão ou só de desapego — como é rara a fusão dos dois!

No *Bhagavad Gita*, o herói Arjuna é um grande guerreiro, e Krishna, ou Encarnação do Espírito Supremo, é seu guia. Arjuna fica sabendo que precisa lutar com toda sua força e coragem — e, no entanto, deve agir com desapego em relação à luta.

Se olharmos dentro e ao redor de nós, podemos ver as muitas maneiras pelas quais se dá a batalha, entre as quais há três que são as mais notáveis. Uma delas é o caminho do guerreiro, *compelido* química e psicologicamente a lutar, sendo interiormente descontente, ressentido e punitivo. Ele *precisa* agir de modo a contrariar os outros; ele precisa responder e ouvir o *não* mesmo que — especialmente *se* — o *sim* lhe seja mais vantajoso. Ele enfrenta um inimigo externo que, muitas vezes, é apenas o reflexo de uma sombra do inimigo interno; mesmo quando esse inimigo externo é conquistado, o interno é apenas temporariamente pacificado. Depois tem um outro tipo de guerreiro: o homem que se desencoraja com facilidade, que permanece passivo, em vez de arriscar a possibilidade da derrota; hipercauteloso e desconfiado, ele se engana em vez de enfrentar os problemas e tomar decisões. Há ainda um terceiro tipo de guerreiro, aquele de quem fala Krishna. Encontramos também esse tipo — mas como é raro! Ele é aquele que luta apenas após uma avaliação ética da questão e suas próprias motivações originais. Independente da vitória ou da derrota, há uma paz interior. Esse guerreiro, libertado dos demônios subconscientes, controlado e mentalmente perspicaz, pode parecer implacável, determinado e até mesmo furioso externamente; mas por dentro, é invulneravelmente harmonioso.

No *Gita*, esses três tipos de homens são descritos nos seguintes termos:

> O que faz sem desejo,
> Que não se jacta de seu feito,
> Que é ardoroso, perseverante,
> Intocado pelo triunfo,
> Inabalável no fracasso,
> Este é um homem de *sattwa* [a energia da inspiração]
>
> O que faz com desejo,
> Que arde pelo espólio da vanglória,
> Brutal, ganancioso e vil
> Apressado em regozijar-se no triunfo,

Desesperado no fracasso:
Este é um homem de *rajas* [a energia da ação]

O que faz com indiferença
Cujo coração não se encontra no que faz,
Estúpido e teimoso,
Lograd or e malicioso,
O amante indolente do atraso
Que facilmente se deprime:
Este é um homem de *tamos* [a energia da inércia][75].

Aldous falava do homem que luta com a energia da inspiração (*sattwa*).

ALDOUS: Ele consegue ver o que é — não se envolve mesmo quando está envolvido até o limite. Que parte dele não se envolve? Mas não vale a pena tentar analisar, porque, como sempre, trata-se de um paradoxo e um mistério.
LAURA: Mas mesmo se...
ALDOUS: Começa-se a entender que este é o problema principal.

Havia muitas pausas nessa conversa. A maioria das palavras era formulada devagar, num empenho para esclarecer realidades às quais a maioria de nós não está acostumada. Aldous vinha falando com uma voz baixa e reflexiva. Apesar dos defeitos da gravação, muitas vezes atrapalhada pelos

75 *The Song of God: Bhagavad-Gita*. Tradução de Swami Prabhavananda e Christopher Isherwood, com introdução de Aldous Huxley (Nova York: New American Library, 1954).

ruídos de carros e estática, é possível sentir uma atmosfera impregnada de reflexões e descobertas. Agora vem uma pausa e então alguns ruídos — estamos tirando lenços de papel de uma caixa. E então:

ALDOUS: Estou com coriza (*agora o humor e a voz mudam completamente, tornam-se leves e há uma risada divertida na voz de Aldous*). Um belo lembrete de que a maior das filosofias está conectada *inextricavelmente* a corizas. Uma das coisas de que deviam ter falado nos Evangelhos. É óbvio que ele estava numa montanha — é o Sermão da Montanha —, devia ventar muito e fazer frio. É provável que seu nariz escorresse.

Não há nenhuma intenção iconoclasta na sua voz — apenas uma risada e uma reafirmação da convicção de Aldous de que tudo está conectado com todo o resto e que não devemos nos esquecer disso; não importa quais os planos elevados da espiritualidade que nós habitemos, ainda assim estamos presos às leis da natureza. Tenho certeza também de que Aldous se deu conta, naquele momento, de que vinha falando sério fazia um bom tempo — era natural para ele, graças a Deus, aliviar a gravidade com seu charme e senso de humor.

LAURA (*após um silêncio*): Mas é muito difícil. Como se preparar para a morte? Tudo isso parece, como você diz, fazer tudo ser muito...
ALDOUS: Acho que o único modo de se preparar para a morte... você percebe que, afinal, toda a sua psicoterapia é, de um certo modo, uma preparação para a morte no sentido de

que você *morre* para essas lembranças que recebem a permissão para assombrá-la como se fossem presentes: "Que os mortos enterrem seus mortos". É óbvio que "basta a cada dia o seu mal" é um modo completamente saudável de viver.

Aldous sempre citava essas palavras, que eram o modo de Cristo de dizer "Viva no aqui e agora". Ele sugeriu que eu incluísse essa citação em minha receita, intitulada "Enterre o fantasma", que trata do problema de ser assombrado por lembranças emotivas que interferem com o presente. Ele sentia que as palavras de Cristo ao homem que queria enterrar o pai, "Segue-me e deixa aos mortos o enterrar os seus mortos", era o modo mais poderoso de dizer "Viva no aqui e agora". Não devemos nos preocupar com o passado ou o futuro, pois cada dia que passa já tem problemas suficientes. O princípio pelo qual ele vivia — ou estava em seu poder fazer algo a respeito de um problema X aqui e agora, ou ele não permitia que interferisse no aqui e agora.

ALDOUS: Você aceita isso sem se obcecar com o que está no passado — você morre para essa coisa. A preparação para a morte é ter ciência de que *a sua forma mais elevada e intensa de viver é acompanhada e dependente de uma série de pequenas mortes o tempo inteiro. Precisamos morrer para essas lembranças obsessivas. Digo, de novo, o paradoxo é ser capaz de lembrar, com extrema clareza, mas se deixar assombrar.*

Aldous aqui fala da diferença entre as duas memórias, a memória informativa e a memória emocional. A memória informativa é essencial para nós, para tocarmos a vida cotidiana. A memória emocional tem uma qualidade mais sutil, poderosa e, por vezes, onipresente, sobretudo quando inconsciente, sendo capaz de nos assombrar com fantasmas do passado emocional, privando-nos da energia e da atenção de que precisamos aqui e agora.

Laura: Mas, mesmo sem as lembranças, tem essa figura compósita do que somos — a composição de tantos personagens — e se elas não tiverem um lugar onde possam se encontrar, um meio-termo, que é o corpo, onde podem se encontrar?
Aldous: Elas precisam se encontrar, imagino, em alguma coisa — o que é chamado, abre aspas, de "o Espírito", tal como o encontramos normalmente no nível inconsciente-subconsciente. E então eles se encontram no nível superconsciente, o qual contém, é claro, todo o inconsciente (*pausa*). E esse certamente seria o ensinamento dos *Bardos* — esse milhar de figuras — que eles podem se encontrar do modo errado que é... o ponto de distração por meio do cubo de gelo, ou então se encontram no reconhecimento do que é definitivo no espírito, naquele nível.

Esta é uma repetição do que Aldous disse no começo: ou há um encontro naquela confusão aterradora de pensamentos e emoções em redemoinho sem a segurança de um meio-termo que é o corpo, ou há um encontro na consciência daquela sanidade fundamental do mundo, da qual ele tinha tanta certeza.

Aldous: E é por isso que dizem que é preciso trabalhar duro e se esforçar e se dar conta desse fato — e um dos modos de se dar conta é — afinal, como consta naquele livrinho A *carne e os ossos do zen*[76] — a preparação por meio desses exercícios da consciência. Isso meio que leva à terceira camada da consciência.

LAURA: Mas no intermédio entre os dois extremos, tem tanta margem de manobra...

ALDOUS: Há muitos modos de dar errado. Digo, até as pessoas com as melhores intenções dão errado (*longo silêncio*). Vou dar uma olhada nesse Rembrandt —

Na fita, ouve-se então ruídos confusos. Aldous estava olhando os livros de arte — Rembrandt era, para ele, o maior de todos os pintores. Ouve-se a minha voz, vinda do outro cômodo, falando ao telefone com Paula, a filha de Ginny, que então tinha onze anos e não estava na escola naquele dia. Então ouvimos mais uma vez a voz de Aldous. Passamos a morar com Ginny e suas duas crianças desde o incêndio. Essa convivência íntima fez com que os problemas educacionais se tornassem bastante concretos para Aldous. Ele via todos os dias a dificuldade que é educar duas crianças numa cidade como Los Angeles. O problema tinha tantas facetas, uma das quais ele trouxe à tona nesta conversa.

ALDOUS: Se ela quiser, querida, podemos voltar lá. Ela está sozinha? Provavelmente não quer ficar sozinha. Talvez devêssemos ir (*silêncio*). Ela disse que queria escrever uma história, por isso eu lhe dei uma caneta (*outro silêncio*).

76 Paul Reps, *Zen Flesh, Zen Bones* (Rutland: Tuttle, 1957).

Quando penso no que tinha de admirável na minha escolinha para meninos.

LAURA: Sim? Uma rotina?

ALDOUS: Tínhamos uma oficina de carpintaria. Podíamos sempre passar nosso tempo livre lá, se quiséssemos, e duas ou três horas por semana eram obrigatórias. Tinha esse carpinteiro que era o faz-tudo da escola, mas era um carpinteiro treinado. Ele nos repassava todos os exercícios que o aprendiz precisa dominar — quase até o trabalho de mestre. É isso que "trabalho de mestre" quer dizer: o aprendiz aprende tudo e enfim produz sua prova final como PhD.

LAURA: É mesmo?

ALDOUS: No caso do carpinteiro, havia todo tipo de montagens de caixa e espiga, ensambladuras e por aí vai — várias coisas para serem encaixadas.

LAURA: O que é muito difícil.

ALDOUS: Muito difícil. Você entende, todas as superfícies precisavam ser absolutamente niveladas — você precisava aprender a nivelar até deixar absolutamente retinho.

LAURA: E você fazia isso?

ALDOUS: Sim, nós passamos direto pelos diferentes tipos de montagem de caixa e espiga, ensambladura, e assim por diante — do mesmo modo como teria feito um aprendiz medieval.

LAURA: Mas...

ALDOUS: Então, quando todos já tivéssemos concluído esse tipo de exercício, tínhamos a permissão para fazer o que quiséssemos — montar um trenó ou uma caixa ou uma estante — e era o que fazíamos —, mas sempre sujeitos aos mais elevados padrões de qualidade. Digo, não se fazia essa bobagem de sair pregando tudo, as coisas eram todas sempre ensambladas.

Laura: Mas aqui eles não fazem isso — nem os carpinteiros profissionais.

Aldous: Bons armários ainda são montados desse modo, mas é claro que hoje não é assim de fato — digo, é bem diferente.

Laura: Mas, nessa escola, eles não fazem nada: só ficam a tarde toda correndo para lá e para cá.

Aldous: Um dos problemas é o salário. Tinha esse homem excelente que fazia todo tipo de bico na escola, mas que era um artesão da velha guarda que havia passado por tudo isso pessoalmente. Mas era um homem muito astucioso: era um prazer a sua companhia. E ele fazia cada discurso, tinha umas expressões maravilhosas — como quando afiava uma ferramenta e dizia: "Agora já está afiada o suficiente para cortar fora os bigodes de um rato morto sem correr o risco de ele acordar". Tudo isso é passado já. Mas o que não devia ser passado é essa coisa perfeitamente razoável de os meninos terem alguma coisa para fazer.

Laura: Devo ir lá fazer sopa? Você quer sopa?

Aldous: Ah, sim, seria bom.

Capítulo 36

1962
Correspondência

Huxley manteve uma rotina ainda mais atribulada de palestras nesse ano, apesar da recorrência do câncer que precisou de uma pequena cirurgia e mais tratamentos de radioterapia. Além das palestras universitárias, ele deu uma conferência sobre hipnose, outra para físicos em Los Alamos, para a Academia Americana de Artes e Letras e para a Academia Mundial de Arte e Ciência, na Bélgica. Também encontrou um tempo para visitar o Apollo Space Center, em Los Angeles, e a casa onde cresceu, em Surrey. A Real Sociedade de Literatura o homenageou com o título de Companheiro na Literatura, também dado já a Churchill, Maugham e Masefield, que estavam vivos na época. O romance A ilha *foi publicado; e ele começou o que viria a ser seu último livro.*

Em suas cartas, Huxley discute a natureza da "experiência sem mediação" dos psicodélicos, a aplicação tântrica do LSD *e cogumelos, além de responder ao marajá da Caxemira, que lhe pergunta onde obter drogas psicodélicas após ter lido* A ilha. *Claire Nicolas White, no livro de Bedford (p. 694), o descreve lendo em voz alta* As portas da percepção *aos filhos de sua nora durante sua estadia no seu lar em Long Island, enquanto eles "ouvem encantados, e um deles desenha o seu retrato".*

Ao dr. Timothy Leary [Smith 888]

2533 Hillegass,
Berkeley 4, Califórnia
11 de fevereiro de 1962

Caro Tim,

Eu me esqueci, na última carta, de responder à sua pergunta sobre o Tantra. Há livros enormes sobre o assunto de autoria de "Arthur Avalon" (Sir John Woodroffe), nos quais é possível mergulhar e tirar algo de bom. Depois tem um capítulo em Filosofias da Índia, de Heinrich Zimmer. Quem dá o tratamento acadêmico mais completo, numa escala manejável, é Mircea Eliade, em seus vários livros sobre yoga. Veja também os Textos budistas, de Conze. Até onde consigo compreender, o Tantra parece ser uma estranha mistura de magia e superstição com uma filosofia sublime e revelações filosóficas precisas. Há uma quantidade infinita de rituais e magia verbal. Mas o ideal básico me parece ser o mais nobre possível — a iluminação, não fora do mundo (como ocorre com os vedantistas e os viciados em Nirvana da Escola Hinayana do Budismo), mas dentro do mundo, por meio do mundo, valendo-se dos processos ordinários da vida. O Tantra ensina um yoga do sexo, um yoga da alimentação (até mesmo de alimentar-se de comidas proibidas e beber bebidas proibidas). A sacramentalização da vida comum, de modo que cada evento pode se tornar um meio através do qual se realiza a iluminação, é obtida em essência por meio da conscientização constante. Este é o yoga supremo — estar consciente, consciente até mesmo do inconsciente — em todos os níveis, desde o fisiológico até o espiritual. Nesse contexto, vale ver a lista dos 112 exercícios de consciência, extraída de um texto tântrico e impresso ao fim de *A carne e os ossos do zen* [de Paul Reps] (agora disponível em formato de capa mole). Toda a "terapia da Gestalt" é antecipada nesses exercícios — e a terapia não é apenas para os anormais, mas é sobretudo uma terapia para a doença muito mais grave da insensibilidade e ignorância que chamamos de "normalidade" ou "saúde mental". O LSD e os cogumelos deveriam ser usados, pelo que me parece, no contexto dessa ideia tântrica básica do yoga da consciência total, que leva à iluminação dentro do mundo da experiência cotidiana — este por sua vez se torna, claro, o mundo do milagre, da beleza e do mistério divinos quando a experiência é aquilo que deveria sempre ser.

Atenciosamente,
Aldous

A Reid Gardner [Smith 902]

31 Pond Street,
Hampstead, N.W. 3
18 de setembro de 1962

Caro sr. Gardner,

[...] Eu não sabia que [Robert] Graves havia escrito sobre o assunto da psilocibina e preciso ler o seu artigo[77]. Em experi-

77 Graves escreveu sobre suas experiências com drogas psicodélicas no *Atlantic Monthly* e em seu livro *Food for Centaurs* (1960).

mentos feitos com LSD e psilocibina subsequentes à experiência com mescalina descrita nas *Portas da percepção*, eu tive aquela sensação de solidariedade afetuosa com as pessoas ao meu redor e o universo de modo geral — também a sensação de como, fundamentalmente, está Tudo Bem no mundo, apesar de toda a dor, morte e luto. Esse estar Tudo Bem pode ser exprimido em palavras ou por meio de outros símbolos — mas sua natureza não pode ser transmitida a qualquer um que não tenha passado pela experiência direta, sem mediação. E será que essa experiência pode ser induzida até mesmo pela mais arrebatadora das obras poéticas? Nunca tive impressão de que esse método poderia ser capaz de induzi-la — no máximo, preparar o indivíduo para a experiência (incidentalmente, a mescalina, o LSD e a psilocibina produzem, todas, um estado em que a verbalização e a conceitualização são, de algum modo, contornadas. É possível falar da experiência — mas sempre com o conhecimento de que "o resto é silêncio").

Quando eu retornar à Califórnia, tenho a esperança de que o senhor poderá vir me ver.

Sinceramente,
Aldous Huxley

A S. A. O MARAJÁ DR. KARAN SINGH, DE JAMMU E DA CAXEMIRA [SMITH 911]

6233 Mulholland Highway,
Los Angeles 28, Califórnia
22 de dezembro 1962

Vossa alteza,

Eu lhe agradeço por sua carta tão gentil. *A ilha* é um tipo de sonho pragmático — uma fantasia com instruções detalhadas e (razoavelmente) práticas para transformar a harmonização, imaginária e desejável, das revelações europeias e indianas num fato. Infelizmente, apesar desses aspectos pragmáticos, o livro continua sendo um sonho — distante (como deixei lastimavelmente claro nos parágrafos finais da história) da nossa realidade atual. No entanto, se não estivéssemos todos empenhados em criar alguma outra coisa, *poderíamos*, acredito, fazer deste mundo um lugar digno para seres plenamente humanos viverem.

Quanto às drogas "psicodélicas", o LSD, a mescalina e a psilocibina — há um estoque pequeno delas, disponível apenas aos pesquisadores. Não faço ideia se pesquisas nesta área estão sendo conduzidas em alguma das universidades da Índia. Vossa Alteza poderia descobrir enviando uma carta à Sandoz Com pany, em Basel, na Suíça (os fabricantes do LSD e da psilocibina).

Outra possibilidade: meu amigo o dr. Timothy Leary, do Departamento de Psicologia da Universidade Harvard, em Cambridge, Massachusetts, nos EUA, está conduzindo pesquisas em larga escala. É possível que ele tenha interesse em alguma oportunidade de trabalhar com psicodélicos e participantes criados numa cultura que não a dele. Se Vossa Alteza puder deixar uma casa à disposição dele durante algumas semanas, é possível que ele queira visitar a Índia para realizar seu experimento sociopsicológico. E se e quando eu for ao seu país de novo, certamente lembrarei desse convite tão generoso.

Aldous Huxley

Capítulo 37

1962
Moksha

O último romance de Huxley — a coroa da obra da última década de sua vida — demorou cinco anos para ser escrito. Talvez fosse a primeira vez em toda a sua carreira que ele se flagrou questionando sua capacidade criativa de "poetizar e dramatizar o material intelectual e criar uma obra que seja, ao mesmo tempo, engraçada, trágica, lírica e profunda" (correspondência a Matthew Huxley, 20 de agosto de 1959). A Osmond (22 de junho de 1958), ele descreveu a empreitada como "tentar imaginar o que poderia ser feito para criar uma boa sociedade, dedicada a despertar todos os talentos e dons latentes dos indivíduos". Ele incluiu no livro algumas das técnicas de psicoterapia de Laura. A ilha *foi dedicada a ela; as* Portas da percepção, *a Maria; como comenta Sybille Bedford, estes são os únicos volumes entre os quase cinquenta que Aldous publicou que ostentam dedicatórias.*

Os habitantes da Ilha — os palaneses — usam uma droga chamada moksha*: um tipo de psicodélico aperfeiçoado na forma de um cogumelo amarelo que cresce nas montanhas e que eles cultivam. A substância é chamada de "pílulas de* moksha*" e fornece "a experiência mística em sua totalidade". Diferente do soma do* Admirável mundo novo, moksha *não* *é para escapistas: um principal componente da ética dos habitantes da Ilha é "prestar atenção". Numa cerimônia de rito de passagem em que a droga é aplicada aos jovens palaneses, o guia revela sua mensagem essencial: "Libertação [...], o fim da dor, o cessar de ser o que vocês ignorantemente pensam que são e a transformação para o que vocês de fato são. Por um breve instante, graças à pílula de* moksha, *vocês vão saber como é ser o que de fato são, o que na verdade sempre foram".*[78]

"O sexo é diferente aqui", Murugan insistiu.

"Por causa da yoga do amor?", Will perguntou, relembrando o rosto arrebatado da jovem enfermeira.

O garoto assentiu.

"Eles conseguiram uma coisa que os faz pensar que são perfeitamente felizes, e não querem mais nada."

"Que bênção!"

"Não há benção alguma nisso!", Murugan disparou. "É apenas estúpido e nojento. Nada de progresso, apenas sexo, sexo, sexo. E, é claro, aquela droga bestial que todos recebem."

"Droga?", Will repetiu com alguma surpresa. Droga naquele lugar onde Susila tinha dito que não havia viciados? "Que tipo de droga?"

"Ela é feita de cogumelos. *Cogumelos!*", ele falou numa caricatura cômica do tom de voz vibrante da Rani em sua indignada espiritualidade.

"Aqueles adoráveis cogumelos vermelhos em que os gnomos se sentam?"

78 *A ilha*, p. 239.

"Não. Esses são amarelos. As pessoas costumavam sair para colhê-los nas montanhas. Hoje eles crescem em viveiros especiais para fungos na Estação Experimental de Elevada Altitude. Droga cientificamente cultivada. Maravilha, não?"

Uma porta bateu, e ouviu-se um som de vozes e passos se aproximando ao longo de um corredor. Abruptamente, o espírito indignado da Rani alçou voo, e Murugan era mais uma vez o aluno de consciência pesada tentando acobertar furtivamente a própria delinquência. Num piscar de olhos a *Ecologia elementar* tinha ocupado o lugar do catálogo, e a maleta tão pesada e suspeita havia parado debaixo da mesa. No momento seguinte, nu até a cintura e brilhando com o suor do trabalho ao sol do meio-dia como bronze untado de óleo, Vijaya caminhava a passos largos, entrando na sala. Atrás dele, vinha o dr. Robert. Com o ar de um estudante-modelo interrompido no meio de sua leitura por invasores de um frívolo mundo exterior, Murugan ergueu os olhos de seu livro. Admirado, Will lançou-se de uma só vez e inteiramente ao papel que lhe fora designado.

"Fui eu quem chegou cedo demais", ele disse, em resposta às desculpas de Vijaya por ter chegado tarde demais. "Daí que nosso jovem amigo aqui não pôde dar sequência a seus deveres. Ficamos tagarelando sem parar."

"Sobre o quê?", perguntou o dr. Robert.

"Tudo. Sobre Deus e sua obra, sobre lambretas e abdomes pendulares. E, quando vocês entraram, tínhamos acabado de começar a tratar de cogumelos. Murugan estava me contando sobre os fungos que são utilizados aqui como base para uma droga."

"Eu pergunto: o que há num nome?", disse o dr. Robert. "Resposta? Praticamente tudo. Tendo a infelicidade de ter sido criado na Europa, Murugan a chama de droga e sente por ela toda a desaprovação que, por reflexo condicionado, uma palavra suja evoca. Nós, pelo contrário, damos à substância bons nomes: pílula de *moksha*, revelador da realidade, comprimido da verdade e da beleza. E nós sabemos, por experiência direta, que os bons nomes são merecidos. Enquanto nosso jovem amigo aqui não tem conhecimento em primeira mão da substância e não pode sequer ser convencido a experimentá-la. Para ele, é droga, e droga é algo que, por definição, nenhuma pessoa minimamente decente pode apreciar."

"O que Vossa Alteza tem a dizer?", Will perguntou.

Murugan balançou a cabeça. "Tudo que isso lhe dá é um bocado de ilusão", ele murmurou. "Por que eu deveria desviar-me de meu caminho para fazer papel de bobo?"

"Por que, não é mesmo?", perguntou Vijaya com uma bem-humorada ironia. "Haja vista que, em suas condições normais, apenas você em toda a humanidade nunca fez papel de bobo e nunca alimentou ilusões sobre coisa alguma!"

"Eu nunca disse isso", Murugan retorquiu. "Tudo que quis dizer é que eu não quero nada desse seu falso *samadhi*!"

"Como você sabe que é falso?", o dr. Robert inquiriu.

"Porque a vida real se desvela apenas às pessoas com muitos anos de meditação e abnegação e... bem, vocês sabem, abstinência."

"Murugan", Vijaya explicou a Will, "é um dos Puritanos. Ele está ultrajado com o fato de que, com quatrocentos miligramas de *moksha* na corrente sanguínea, mesmo os iniciantes, e mesmo meninos e meninas que fazem amor, são capazes de ter uma breve visão do mundo tal como ele parece a alguém libertado de sua prisão do ego."

"Mas não é real", Murugan insistiu.

"Não é real!", o dr. Robert repetiu. "Você poderia igualmente dizer que a experiência de se sentir bem não é real."

"Você está evitando a questão", Will objetou. "Uma experiência pode ser real em relação a alguma coisa que se passa em sua cabeça, porém completamente irrelevante para o mundo exterior."

"Claro", concordou o dr. Robert.

"Vocês sabem o que acontece dentro da cabeça de vocês quando tomam uma dose de cogumelo?"

"Nós sabemos um pouco."

"E estamos todo o tempo tentando descobrir mais", Vijaya acrescentou.

"Por exemplo", disse o dr. Robert, "nós descobrimos que as pessoas cujo eletroencefalograma não apresenta qualquer atividade de ondas alfa quando relaxadas, muito provavelmente não terão resposta significativa à pílula de *moksha*. Isso significa que, para mais ou menos quinze por cento da população, nós temos de encontrar outros meios de libertação."

"Outra coisa que estamos começando agora a compreender", disse Vijaya , "é o correlato neurológico dessas experiências. O que acontece no cérebro quando você está tendo uma visão? E o que está acontecendo quando você passa de um estado mental pré-místico a um estado genuinamente místico."

"Vocês sabem?", Will perguntou.

"'Saber' é uma palavra forte demais. Digamos que estamos em posição de elaborar algumas hipóteses plausíveis. Os Anjos e as Novas Jerusaléns e Virgens Marias e Budas Futuros, todos eles estão relacionados a algum tipo de estímulo anormal de áreas do cérebro relacionadas à projeção primária. O córtex visual, por exemplo. Só não descobrimos ainda como a pílula de *moksha* produz esses estímulos anormais. O fato importante é que, de um modo ou de outro, ela os produz. E, de um modo ou de outro, ela também faz algo anormal às regiões mais silenciosas do cérebro, áreas não especificamente relacionadas à percepção, ou aos movimentos e aos sentimentos."

"E como essas áreas silenciosas respondem a esses estímulos?", Will perguntou.

"Comecemos falando sobre quais não são os efeitos. Eles não são visões ou ilusões auditivas, nem telepatia ou clarividência ou qualquer outro tipo de performance parapsicológica. Nada desse tipo de divertimento pré-místico. O efeito é a experiência mística em sua totalidade. Você sabe, a Unidade de todas as coisas e a Pluralidade do uno. A experiência básica com seus corolários: compaixão ilimitada, mistério insondável e sentido."

"Sem falar na alegria", disse o dr. Robert. "A alegria inexprimível."

"E a coisa toda está dentro de sua cabeça", disse Will. "Estritamente provada. Sem referência a qualquer fato externo, exceto pelo cogumelo."

"Não é real", Murugan tornou a repetir. "Era exatamente isso o que eu queria dizer."

"Você está pressupondo", disse o dr. Robert, "que o cérebro *produz* consciência. Eu estou pressupondo que ele transmite consciência. E a minha explicação não é mais sólida e longamente estudada do que a sua. Como é possível que certo grupo de acontecimentos relacionados a uma ordem possam ser experimentados como um grupo de acontecimentos relativos a uma ordem completamente diversa e incomensurável? Ninguém tem a menor ideia. Tudo que se pode fazer é aceitar os fatos e elaborar hipóteses. E todas são igualmente boas em termos filosóficos. Você diz que a pílula de *moksha* age nas regiões silenciosas do cérebro de modo a levá-las a produzir um grupo de acontecimentos subjetivos para os quais as pessoas dão o nome de 'experiência mística'. *Eu* digo que a pílula de *moksha* age nas regiões silenciosas do cérebro abrindo um tipo de barragem neurológica e permitindo que um grande volume de Mente com 'm' maiúsculo flua para dentro de sua mente com 'm' minúsculo. Você não pode demonstrar a verdade de sua hipótese e eu não posso demonstrar a verdade da minha. E mesmo que você consiga provar que eu estou errado, isso faria alguma diferença prática?"

"Eu diria que faz toda a diferença", disse Will.

"Você gosta de música?", perguntou o dr. Robert.

"Mais do que tudo."

"E a que, posso eu perguntar, se refere o *Quinteto em sol menor* de Mozart? Ele se refere a Alá? Ou ao Tao? Ou à segunda pessoa da Trindade? Ou ao Atma-Brâman?"

Will riu. "Esperemos que não."

"Mas isso não torna menos recompensadora a experiência do *Quinteto em sol menor*. Pois bem, o mesmo acontece com o tipo de experiência que você obtém com a pílula de *moksha* ou por meio de prece, jejum ou exercícios espirituais. Mesmo se ela não se refere a nada além de si mesma, ela vai ser a coisa mais importante a ter acontecido com você. Como a música, só que incomparavelmente maior. E se a pessoa dá à experiência uma oportunidade, se ela estiver preparada para levá-la a cabo, os resultados são incomparavelmente mais terapêuticos e transformadores. Assim, é possível que tudo de fato aconteça em sua cabeça. Talvez seja pessoal, e talvez não exista qualquer conhecimento unificador do que quer que seja que vá além da fisiologia da pessoa. Quem se importa? Permanece o fato de que a experiência pode abrir os olhos de uma pessoa e torná-la abençoada e transformar sua vida toda." Fez-se um longo silêncio. "Deixe-me dizer-lhe uma coisa", ele retomou, voltando-se a Murugan. "Nunca pensei que trataria disso com alguém, mas agora sinto que talvez seja meu dever, um dever para com o trono, um dever para com Pala e seu povo, uma obrigação de falar-lhe sobre essa experiência pessoal. Talvez o que eu lhe diga possa ajudá-lo a ser um pouco mais compreensivo sobre sua terra e seus modos." Ele ficou em silêncio por um instante; então, num tranquilo tom de esclarecimento, prosseguiu: "Suponho que você conheça minha mulher".

Com seu rosto distante, Murugan balançou a cabeça em concordância. "Fiquei triste", ele murmurou, "quando soube que ela estava tão doente."

"É uma questão de dias, agora", disse o dr. Robert. "Quatro ou cinco, no máximo. Mas ela está perfeitamente lúcida, perfeitamente consciente do que está acontecendo. Ontem ela me perguntou se nós poderíamos tomar a pílula de *moksha* juntos. Nós o fizemos", ele acrescentou, parenteticamente, "uma ou duas vezes todos os anos pelos últimos trinta e sete anos. Desde que decidimos nos casar. E agora mais uma vez, pela última vez, a última, a última vez. Havia um risco envolvido, devido aos danos que poderia causar-lhe ao fígado. Mas nós decidimos que valia o risco envolvido. E, como vimos, estávamos certos. A pílula de *moksha* (a droga, se assim você preferir chamá-la) não lhe causou qualquer transtorno. Tudo que ocorreu a ela foi a transformação mental."

Ele ficou em silêncio, e Will de repente se viu ciente dos ruídos dos ratos nas gaiolas e, através da janela aberta, da babel da vida tropical e do chamado distante dos mainás. "Aqui e agora, crianças. Aqui e agora..."

"Você é como aquele mainá", disse por fim o dr. Robert. "Treinado para repetir palavras que não compreende e cuja razão desconhece. *Não é real, não é real.* Mas se você experimentasse o que Lakshmi e eu vivemos ontem, você entenderia. Entenderia que foi muito mais real do que o que você chama de realidade. Mais real do que o que você está sentindo e pensando agora mesmo. Mais real do que o mundo diante de seus olhos. O que *não é real* é o que você tem sido treinado a dizer. *Não é real, não é real.*" O dr. Robert colocou afeiçoadamente a mão sobre o ombro do garoto. "Disseram a você que nós éramos um bando de viciados caprichosos, chafurdando em ilusões e falsos *samadhis.* Escute, Murugan, esqueça todo o linguajar ruim que lhe tem sido administrado. Esqueça-o pelo menos para ser capaz de fazer um simples experimento. Tome os quatrocentos miligramas da pílula de *moksha* e descubra por si mesmo o que ela faz, o que ela pode lhe dizer sobre sua própria natureza, sobre este estranho mundo em que você precisa viver, aprender, sofrer e finalmente morrer. Sim, até mesmo você vai ter de morrer um dia; talvez daqui a cinquenta anos, talvez amanhã. Quem sabe? Mas isso vai acontecer, e idiota é aquele que não está preparado para isso." Ele voltou-se a Will: "Você gostaria de vir enquanto tomamos nosso banho e nos trocamos?".[79]

79 Idem, pp. 192-8.

Capítulo 38

1963
Correspondência

O último ano da vida de Huxley começou com a conclusão de Literatura e ciência, *publicado em setembro. O retorno do câncer e a retomada da radioterapia obrigaram-no a cancelar algumas palestras, mas ele conseguiu viajar mais uma vez à Europa para uma reunião da Academia Mundial de Arte e Ciência, para a qual planejava editar um volume sobre recursos humanos, junto com Osmond. Ele diz o que pensa sobre as diferenças entre a experiência individual e em grupo ao editor da* Psychedelic Review *e repassa a Leary, em Harvard, o aviso de Osmond sobre* LSD *adulterado; a Leary também ele dá uma resposta positiva sobre a ideia de um centro de treinamento dedicado à expansão da consciência (a Castalia Foundation foi fundada em Millbrook, N. Y., em 1964).*

Huxley foi ficando cada vez mais debilitado; seus meses finais foram passados em casa, trabalhando no que viria a ser seu último artigo: "Shakespeare e religião". Na página final, Huxley afirma: "Devemos nos manter continuamente atentos quanto aos modos por meio dos quais podemos ampliar nossa consciência".

Ao dr. Humphry Osmond [Smith 915]

6233 Mulholland,
Los Angeles, 28, Califórnia
7 de janeiro de 1963

Caro Humphry,

Obrigado pela sua carta. Podemos ver em Christopher Smart um bom exemplo do que acontece com um homem quando ele recebe um excesso de inspiração. "Jubilate Agno" é o produto de uma fase aguda de seu transtorno mental, quando ele não tinha o menor controle sobre a sua mente pré-consciente e sua enxurrada de imagens, noções, palavras e ritmos. *David* e seu poema "Natividade" foram escritos quando estava louco o suficiente para esquecer que era um produto do seu condicionamento do século XVIII, mas não louco a ponto de ser incapaz de organizar sua escrita automática de uma forma artística. E então temos os poemas tediosos e convencionais que ele produziu quando estava são demais, demasiadamente bem-ajustado ao século XVIII. O uso frequente e excessivo de LSD provavelmente seria fatal à arte — tão fatal quando a falta de LSD ou qualquer equivalente de ocorrência espontânea.

Passe-me o seu endereço em Princeton para que eu possa contatá-lo se e quando eu for ao não tão esplêndido oriente[80].

80 A expressão aparece em *Admirável mundo novo*, descrevendo os prazeres do soma, mas aqui o oriente não tão esplêndido é a costa leste dos EUA, onde fica a Universidade de Princeton. (N.T.).

Meu amor a Jane e às crianças.

Afetuosamente,
Aldous

A Paul Lee[81]

6233 Mulholland
Los Angeles, 28, Califórnia
3 de março de 1963

Caro sr. Lee,

Obrigado por sua carta e seu convite para contribuir com um artigo para sua revista. No momento, não posso assumir mais nenhum compromisso, pois tenho coisas demais a fazer como estou.

Não vi o artigo de Buber, pois não leio a *Review of Metaphysics* e a edição relevante não me foi enviada. Já escrevi sobre psicodélicos várias vezes desde a publicação das *Portas da percepção*, que descreve a minha primeira experiência, um tanto limitada, com a mescalina.

Quanto à privacidade — toda experiência imediata é estritamente privada. Ninguém é capaz de *vivenciar* a dor ou o prazer do outro, nem seu modo de ver o mundo. Tudo que podemos vivenciar é um conjunto de indícios e símbolos, por meio dos quais, num grau ou outro de distanciamento, é possível inferir a vivência do outro. No nível não verbal, existe

81 Coeditor da *Psychedelic Review*. Esta carta não consta em Smith.

ou a solidão do ego isolado ou a Solitude da mente que fugiu da prisão do seu condicionamento e egoísmo culturais e se encontra plenamente receptiva à realidade dada, em todos os níveis, tanto quanto é possível para a criatura humana. Eu tive pouquíssima experiência com psicodélicos em grupo, mas presumo que, onde há uma boa relação, isso se dá pelo fato de a substância ter transformado um grupo de solidões isoladas num grupo de Solitudes abertas & receptivas.

Sinceramente,
Aldous Huxley

Ao dr. Timothy Leary [Smith 929]

6233 Mulholland,
Los Angeles, 28, Califórnia
20 de julho de 1963

Caro Tim,

Obrigado pelas suas cartas. Acredito que seja excelente a ideia de uma escola, pois o que é necessário explorar, mais do que qualquer outra coisa, é o problema de tomar aquilo que Wordsworth chama de "passividade sapiente" e ligá-la, de forma frutífera, à atividade sapiente — a receptividade e a experiência imediata com a conceitualização e a projeção da ordem inteligível sobre a experiência. Como podemos pegar o melhor dos *dois* mundos descritos pelos poemas "Admoestação e resposta" e "O jogo virado"? Isto é o que é preciso descobrir. E devemos fazer uso de todos os recursos disponíveis para tanto — os melhores métodos do ensino formal e também o LSD, a hipnose (usada, entre outras coisas, para ajudar as pessoas a entrarem de novo no estado do LSD sem precisarem recorrer à substância química), distorção temporal (para acelerar o processo de aprendizado), autocondicionamento para controle dos processos autônomos e aguçamento da resistência física e psicológica ao trauma e à enfermidade etc., etc...

Atenciosamente,
Aldous

Capítulo 39

1963
A cultura e o indivíduo

Aldous Huxley

Ao oferecer este ensaio aos editores da primeira antologia popular sobre o LSD, *Huxley "deliberadamente [...] tratou em termos mais gerais de todo o problema da relação do indivíduo com sua cultura — um problema para o qual os psicodélicos podem, sem dúvida, ajudar a encontrar uma solução"* (Carta *a T. Leary, 3 de junho de 1963). O valor das substâncias psicodélicas se encontra em "potencializar a educação não verbal [do indivíduo]", permitindo-lhe transcender seu condicionamento social e, como consequência, realizar as reformas culturais necessárias. Huxley convoca um "experimento empírico [...] em larga escala" no tempo limitado que nos resta.*

Entre a cultura e o indivíduo a relação é, e sempre foi, estranhamente ambivalente. Somos, ao mesmo tempo, os beneficiados de nossa cultura e suas vítimas. Sem a cultura e sem aquilo que é pré-condição de toda cultura, a linguagem, o homem nada mais seria que outra espécie de babuíno. É à língua e à cultura que devemos a nossa humanidade. E "Que obra-prima, o homem!", diz Hamlet; "Quão nobre pela razão! Quão infinito pelas faculdades! [...] nos atos quão semelhante aos anjos! Na apreensão, como se aproxima dos deuses!"[82]. Mas, infelizmente, nos intervalos entre um e outro momento em que ele é nobre, racional e potencialmente infinito,

> *o homem, orgulhoso homem,*
> *Trajado na mais breve autoridade,*
> *Mais ignora o implacável, a sua essência*
> *Cristalina, assim como um símio irado,*
> *Sob os céus arma truques tão fantásticos,*
> *Que aos anjos causam pranto.*
>
> [*Medida por medida*, ato II, cena 2]

Gênio e símio irado, saltimbanco dos truques fantásticos e argumentador divino — em todos esses papéis, os indivíduos são o produto de uma língua e uma cultura. Operando nos 12 ou 13 bilhões de neurônios do cérebro humano, a linguagem e a cultura nos deram o direito, a ciência, a ética, a filosofia; possibilitaram todos os nossos feitos do talento e da santidade. Também nos deram o fanatismo, a superstição e a arrogância dogmática; a idolatria nacionalista e o genocídio em nome de Deus; a propaganda demagoga e a mentirada organizada. E, junto com o sal da terra, elas nos deram, geração após geração, incontáveis milhões

82 Shakespeare, William. *Hamlet*. Tradução de Carlos Alberto Nunes. São Paulo: Ediouro, 1997.

de conformistas hipnotizados, as vítimas predestinadas de governantes com sede de poder que são eles mesmos as vítimas de tudo que é mais absurdo e desumano em sua tradição cultural.

Graças à linguagem e à cultura, o comportamento humano pode ser incomparavelmente mais inteligente, mais original, criativo e flexível do que o comportamento dos animais, cujos cérebros são pequenos demais para acomodar o número de neurônios necessários para a invenção da linguagem e a transmissão do conhecimento acumulado. Mas, de novo, graças à linguagem e à cultura, os seres humanos muitas vezes se comportam com uma estupidez, uma falta de realismo e total inadequação das quais os animais são incapazes.

Não importa se nascido nas ilhas Trobriand ou em Boston, se é um católico da Sicília ou um budista do Japão, cada um de nós nasce numa cultura e passa sua vida dentro dos seus limites. Entre cada consciência humana e o restante do mundo ergue-se uma cerca invisível, uma rede de padrões tradicionais de pensar e sentir, de noções de segunda mão que se tornam axiomas, de antigos slogans reverenciados como revelações divinas. O que vemos por entre as tramas dessa malha nunca é, claro, a incognoscível "coisa em si". Na maioria dos casos, não é nem mesmo a coisa tal como ela se apresenta aos sentidos e como o nosso organismo reage espontaneamente a ela. Aquilo que consumimos e a que respondemos, de modo ordinário, é uma mistura curiosa de experiência imediata com símbolos culturalmente condicionados, impressões sensoriais com ideias preconcebidas sobre a natureza das coisas. E para a maioria das pessoas, os elementos simbólicos nesse coquetel da percepção são entendidos como mais importantes do que os elementos que fazem parte da contribuição da experiência imediata. E isso é inevitável, pois, para aqueles que aceitam sua cultura de modo total e acrítico, as palavras no idioma familiar não representam (por mais inadequada que possa ser a representação) as coisas. Ao contrário, são as coisas que representam palavras familiares. Cada evento único de sua vida atual é classificado de modo instantâneo e automático como mais uma ilustração concreta de uma das abstrações verbalizadas e santificadas pela cultura que foram marteladas em suas cabeças pelo condicionamento durante a infância.

Sequer é preciso dizer que muitas dessas ideias que nos foram repassadas pelos transmissores da cultura destacam-se por serem razoáveis e realistas (se não fossem, a espécie humana estaria extinta a esta altura). Mas, junto com esses conceitos úteis, cada cultura repassa também todo um repertório de noções irreais, algumas das quais nunca fizeram sentido algum, ao passo que outras podem ter sido de valor para nossa sobrevivência no passado, mas agora se tornaram completamente irrelevantes dentro das circunstâncias modificadas e em constante modificação da história atual. Já que os seres humanos reagem a símbolos de uma forma imediata e inequívoca, assim como respondem aos estímulos de uma experiência direta, e já que a maioria das pessoas nutre uma crença ingênua na ideia de que as palavras santificadas pela cultura sobre as coisas são tão reais quanto — ou até mesmo mais reais que — suas percepções das próprias coisas, essas noções ultrapassadas ou intrinsecamente absurdas fazem um mal imenso. Graças às ideias realistas repassadas pela cultura, a humanidade sobreviveu e é capaz de progredir, em certas áreas. Mas graças aos absurdos perniciosos martelados nas mentes de cada indivíduo ao longo de seu processo de aculturação, a humanidade, embora ainda sobreviva e progrida, sempre se viu em maus lençóis. A história é um registro, dentre outras coisas, dos truques fantásticos e diabólicos que a humanidade, ensandecida pela cultura, armou contra si mesma. E esse jogo hediondo segue ainda.

O que é que o indivíduo pode ou deve fazer para melhorar a relação ironicamente equívoca com a cultura em que ele se flagra inserido? Como pode ele desfrutar dos benefícios da cultura sem ficar, ao mesmo tempo, estupefato ou sem ser embriagado freneticamente pelos seus venenos? Como é possível se tornar aculturado com discernimento, rejeitando aquilo em seu condicionamento que é besteira ou maligno de fato e atendo-se àquilo que constitui um comportamento inteligente e humanizado?

Uma cultura não pode ser aceita com discernimento, que dirá modificada, exceto pelas pessoas capazes de enxergar suas armadilhas — as pessoas que abriram buracos na paliçada limitante dos símbolos verbalizados e por isso são capazes de olhar para o mundo e, como reflexo disso, para si mesmas, de maneiras novas e relativamente livres de preconceitos. Tais pessoas não meramente nascem assim; elas precisam ser criadas. Mas como?

Na área da educação formal, é o conhecimento a principal necessidade daquele que pretende abrir esses buracos — o conhecimento do passado e da história atual das culturas, em toda sua variedade fantástica, e o conhecimento da natureza e suas limitações, os usos e abusos da linguagem. Um homem que sabe que há muitas culturas e que cada cultura alega ser a melhor e mais verdadeira de todas vai ter dificuldade em levar a sério as fanfarronices e os dogmas de sua própria tradição. De modo semelhante, um homem que sabe como os símbolos se relacionam à experiência e que pratica o tipo de autocontrole linguístico que é ensinado pelos expoentes da semântica geral provavelmente não vai levar muito a sério a bobagem absurda ou perigosa que cada cultura confunde com filosofia, sabedoria prática ou argumentação política.

É certo que esse tipo de educação intelectual é valioso como um preparativo para esse abrir de buracos, mas é certo também que não é suficiente para isso. O treinamento em nível verbal precisa ser suplementado pelo treinamento com a vivência sem palavras. Devemos aprender a cultivar o silêncio mental, cultivar a arte da pura receptividade.

Manter-se receptivo, em silêncio — chega a ser infantil de tão simples que isso parece! Mas, na verdade, logo descobrimos, como é difícil! O universo em que os homens passam suas vidas é a criação daquilo que os filósofos indianos chamam de *Nama-Rupa*, Nome e Forma. A realidade é um contínuo, um Algo insondavelmente misterioso e infinito, cujos aspectos externos são o que chamamos de Matéria e cuja interioridade é o que chamamos de Mente. A linguagem é um aparato para tirar o mistério da Realidade e torná-la tangível para a compreensão e manipulação humanas. O homem aculturado decompõe esse contínuo, põe rótulos em alguns dos fragmentos, projeta rótulos no mundo exterior e assim cria para si mesmo um universo demasiadamente humano de objetos separados, cada um dos quais é mera encarnação de um nome, uma ilustração em particular de alguma abstração tradicional. Aquilo que percebemos assume o padrão das treliças conceituais pelo qual é filtrado. A pura receptividade é difícil, porque a consciência em vigília, a consciência normal do homem, é sempre culturalmente condicionada. Mas a consciência normal, em vigília, como apontado por William James muitos anos atrás, "é senão um dos tipos de consciência, ao passo que ao seu redor, apartadas dela pela mais fina das barreiras, repousam formas de consciência em potencial inteiramente distintas. Podemos passar a vida toda sem suspeitar da sua existência, mas basta aplicar o estímulo necessário e a um toque lá estão elas, em toda sua completude, tipos definidos de mentalidade que provavelmente têm seu leque de aplicações e adaptações. Nenhuma descrição definitiva do universo em sua totalidade pode existir que ignore essas formas de consciência".

Assim como a cultura pela qual é condicionada, a consciência em vigília normal é ao mesmo tempo nossa melhor amiga e o mais perigoso inimigo. Ela nos ajuda a sobreviver e progredir, mas, ao mesmo tempo, nos impede de concretizar algumas de nossas potencialidades mais valiosas e, de vez em quando, nos mete em todo tipo de enrascada. Para se tornar plenamente humano, o homem, o homem orgulhoso, o saltimbanco dos truques fantásticos, precisa aprender a sair do próprio caminho: apenas então as suas infinitas faculdades de apreensão angelical terão uma chance de vir à tona. Nas palavras de Blake, devemos "limpar as portas da percepção", pois quando elas forem limpas "tudo aparecerá ao homem tal como é — infinito". À consciência em vigília normal, as coisas são estritamente finitas e encarnações isoladas de rótulos verbais. Como podemos romper com esse hábito automático de impor sobre a experiência imediata os nossos preconceitos e a memória de palavras santificadas pela cultura? Resposta: pela prática da pura receptividade e do silêncio mental. Assim é possível limpar as portas da percepção e, no processo, permitir a emergência de outras formas de consciência além da normal — a consciência estética, a consciência visionária, a consciência mística. Graças à cultura, somos os herdeiros de vastos acúmulos de conhecimento, um tesouro inestimável de métodos lógicos e científicos, milhares e milhares de itens úteis da tecnologia e do *know-how* organizacional. Mas a mente-corpo humana possui outras fontes de informação, faz uso de outros tipos de raciocínio e é dotada de uma sabedoria intrínseca independente do condicionamento cultural.

Wordsworth escreve que "nosso intelecto [a parte da mente que usa a linguagem para privar a realidade do seu mistério] intrometido deforma as belas formas das coisas: nós matamos para dissecar". Desnecessário dizer, é impossível nos darmos bem com nosso intelecto intrometido. O pensamento conceitual verbalizado é indispensável. Mas mesmo quando bem utilizados, os conceitos verbalizados deformam as "belas formas das coisas". E quando mal utilizados (como tantas vezes acontece), eles deformam nossas vidas ao racionalizarem antigas parvoíces, instigando genocídios, perseguições e todos os outros truques horrendos fantásticos e que causam pranto aos anjos. A passividade não verbal e sapiente é um antídoto à atividade verbal e tola, além de um corretivo necessário à atividade verbal sapiente. Conceitos verbalizados sobre a experiência precisam ser suplementados pela familiaridade direta, sem qualquer mediação, com os eventos tais como eles se apresentam a nós.

É a velha história da letra e do espírito. A letra é necessária, mas jamais deve ser levada excessivamente a sério, pois, divorciada do espírito, prende e por fim mata. Quanto ao espírito, ele "assopra onde quer" e, quando não consultamos os melhores mapas culturais, podemos nos desviar do caminho e naufragar. No presente, a maioria de nós faz uso do pior dos dois mundos. Ignorando os ventos do espírito, que livremente sopram, e fiando-nos nos mapas culturais que podem estar desatualizados há séculos, nós avançamos, com toda velocidade, sob o vapor de alta pressão de nossa autoconfiança exagerada. Os bilhetes que vendemos a nós mesmos nos garantem que nosso destino é algum porto na Ilha dos Bem-Aventurados. Como logo descobrimos, o mais comum é vermos que é, na verdade, a Ilha do Diabo.

A autoeducação em nível não verbal é algo tão antigo quanto a civilização. "Aquietai-vos, e sabei que eu sou Deus" — para os visionários e místicos de todos os tempos e lugares, este é o primeiro e maior dos mandamentos. Os poetas dão ouvidos à sua Musa e, do mesmo modo, o visionário e o místico aguardam pela inspiração num estado de passividade sapiente, de vacuidade dinâmica. Na tradição ocidental, esse estado é chamado de "prece da simples admiração". Do outro lado do mundo, é descrito em termos que são psicológicos, mais do que teístas. No silêncio mental, nós "olhamos para a própria Natureza de nós mesmos", nos "atemos ao Não Pensamento que subjaz ao pensamento", nós nos "tornamos aquilo que sempre fomos em essência". Por meio da atividade sapiente, adquirimos conhecimentos analíticos úteis sobre o mundo, conhecimentos que podem ser comunicados por meio de símbolos verbais. No estado de passividade sapiente, possibilitamos a emergência de formas de conhecimento além da consciência utilitária da vigília da vida normal. O conhecimento analítico útil sobre o mundo é substituído por algum tipo de familiaridade com o mundo biologicamente inessencial, mas iluminador em nível espiritual. Por exemplo, é possível ter a experiência da familiaridade estética direta com o mundo na forma da beleza. Ou ter a familiaridade direta com a estranheza intrínseca da existência, sua implausibilidade absurda. E, por fim, é possível ter a familiaridade direta com a unidade do mundo. Essa experiência mística imediata de estar em harmonia com a Unidade fundamental que se manifesta na diversidade de coisas e mentes jamais pode ser expressa em palavras de um modo adequado. Assim como a experiência visionária, a experiência do místico pode ser discutida apenas por fora. Os símbolos verbais jamais podem transmitir sua interioridade.

É por meio do silêncio mental e da prática da passividade sapiente que os artistas, visionários e místicos se prepararam para a experiência imediata do mundo enquanto beleza, mistério e unidade. Mas o silêncio e a passividade sábia não são as únicas saídas do universo demasiadamente humano criado pela consciência normal condicionada pela cultura. Em "Admoestação e resposta", um amigo erudito de Wordsworth, Matthew, censura o poeta, porque:

Olhas ao redor na Mãe Terra,
Como se gestado de graça,
Como se o único filho dela,
E foste o primeiro da raça!

Da perspectiva da consciência em vigília normal, temos aqui um caso de pura delinquência intelectual. Mas é o que o artista, o visionário e o místico devem fazer e realmente sempre fizeram. "Olhe para uma pessoa, uma paisagem, qualquer objeto comum, como se o estivesse vendo pela primeira vez." Este é um dos exercícios de percepção imediata, não verbalizada, prescritos nos antigos textos do Budismo Tântrico. Artistas, visionários e místicos se recusam a ser escravizados pelos hábitos culturalmente condicionados de sentir, pensar e agir, os quais sua sociedade considera corretos e naturais. Sempre que parece desejável, eles deliberadamente refreiam a mente em seu ato de projetar na realidade aqueles padrões verbais santificados tão abundantes no repertório de todas as mentes humanas. Eles sabem muito bem que a cultura e a língua na raiz de cada cultura são absolutamente necessárias e que, sem elas, o indivíduo não seria humano. Mas, de um modo mais vívido que o restante da humanidade, eles sabem também que, para ser *plenamente* humano, o indivíduo deve aprender a se descondicionar, deve ser capaz de abrir buracos na cerca de símbolos verbalizados que o confina.

Na exploração do vasto e misterioso mundo de potencialidades humanas, os grandes artistas, visionários e místicos sempre foram pioneiros. Mas os outros podem seguir pelos caminhos que eles abriram e pelos quais passaram.

Todos nós somos potencialmente "infinitos pelas faculdades" e "na apreensão, próximos dos deuses". Modos de consciência diferentes da consciência em vigília normal estão ao alcance de qualquer um que saiba aplicar os estímulos necessários. O universo em que o ser humano vive pode ser transfigurado numa nova criação. Precisamos apenas abrir um buraco na cerca e olhar ao nosso redor com aquilo que o filósofo Plotino descreve como "aquele outro tipo de visão, a qual todos têm, mas da qual poucos fazem uso".

Dentro dos nossos sistemas educacionais atuais, o treinamento em nível não verbal é, em quantidade, escasso e, em qualidade, deficiente. Além do mais, seu propósito, que é meramente ajudar os alunos a, "na apreensão, se aproximar dos deuses", não é exprimido de forma clara, nem levado a cabo com qualquer consistência. Nesse campo tão importante, nós poderíamos e, para ser mais enfático, deveríamos fazer mais do que fazemos agora. A sabedoria prática das civilizações antigas e os achados dos espíritos aventureiros em nossa própria tradição e em nossa era estão livremente acessíveis. Com seu auxílio, um currículo e uma metodologia de treinamento não verbal poderiam ser elaborados sem grande dificuldade. Infelizmente, a maioria das autoridades tem um interesse velado em manter as cercas culturais. Elas condenam esse abrir de buracos como um ato subversivo e desconsideram o "outro tipo de visão" de Plotino como um sintoma de perturbação mental. Se um sistema eficaz de educação não verbal pudesse ser elaborado, será que as autoridades permitiriam que tivesse ampla aplicação? Essa pergunta fica em aberto.

Do mundo não verbal da consciência livre de contaminações culturais, passamos ao mundo subverbal da fisiologia e da bioquímica. Um ser humano é um temperamento e produto do condicionamento cultural; ele é também e primariamente um sistema bioquímico complexo e delicado ao extremo, cuja interioridade, conforme o sistema se altera de um estado de equilíbrio para outro, é uma consciência igualmente alterada. E é pelo fato de cada um de nós ser um sistema bioquímico que (segundo Housman):

Mais que Milton o malte já fez
Para justificar de Deus as leis.

A cerveja obtém seus triunfos teológicos porque, nas palavras de William James, "a embriaguez é o grande estimulador da função do *Sim* no homem". E ele acrescenta que "É parte de um mistério mais profundo e da tragédia da vida que os laivos e relances de algo que reconhecemos de imediato como excelente devam ser garantidos a tantos de nós apenas nos primeiros estágios fugazes daquilo que em sua totalidade é um veneno tão degradante". Cada árvore é conhecida pelo seu fruto, e os frutos da dependência do álcool etílico para estimular a função do *Sim* são amargos de fato. Não menos amargos são os frutos da dependência de tais sedativos, alucinógenos e estabilizadores do humor, todos viciantes, como o ópio e seus derivados, como a cocaína (outrora recomendada levianamente pelo dr. Freud a seus amigos e pacientes), os barbitúricos e a anfetamina. Mas, nos últimos anos, os farmacologistas conseguiram extrair ou sintetizar vários compostos dotados de um efeito poderoso sobre a mente sem qualquer malefício para o corpo, seja na hora da ingestão ou posteriormente, como vício. Por meio desses novos psicodélicos, a consciência em vigília normal do indivíduo pode ser modificada de muitos modos diferentes. É como se, para cada indivíduo, seu eu mais profundo decidisse o tipo de experiência que lhe será mais vantajosa. Tendo decidido, ele faz uso dos poderes da droga de alterar a consciência a fim de dar àquela pessoa aquilo de que precisa. Portanto, se lhe for benéfico desenterrar lembranças profundamente reprimidas, então lembranças profundamente reprimidas serão devidamente desenterradas. Em casos em que isso não teria grande importância, outra coisa acontecerá, em vez disso. A consciência normal em vigília pode ser substituída pela consciência estética e o mundo será percebido em toda sua beleza inimaginável, toda a intensidade faiscante de sua presença. E a consciência estética pode ser modulada até se tornar a consciência visionária. Graças a outro tipo ainda de visão, o mundo agora há de se revelar como não apenas um lugar de uma beleza inimaginável, mas também fonte insondável de mistério — um abismo multitudinário de possibilidades eternamente a se concretizar em formas sem precedentes. Novas revelações sobre esse novo mundo transfigurado a partir de sua datidade, novas combinações de pensamento e fantasia — o fluxo de novidades se derrama pelo mundo numa torrente, na qual cada gota se encontra carregada de significado. Existem símbolos cujo significado se encontra fora de si mesmos nos fatos dados da experiência visionária e há os fatos dados que são os significados de si próprios. Mas o si-mesmo é também "nada menos que o fundamento divino de todo ser". "Nada além disso" é, ao mesmo tempo, "a Quididade de tudo". E agora a consciência estética e visionária se aprofunda na direção da consciência mística. O mundo é visto então como uma diversidade infinita que, no entanto, é também uma unidade, e o admirador têm a experiência de si como um ser unido ao Uno infinito que se manifesta, totalmente presente, em cada ponto do espaço, em cada instante no fluxo do perpétuo perecer e perpétuo renovar-se. Nossa consciência normal condicionada pelo mundo cria um universo de distinções nítidas, preto no branco, isto e aquilo, eu e você e aquilo. Na consciência mística de estar em harmonia com o Uno infinito, há uma reconciliação de opostos, uma percepção do Não Particular nos particulares, uma transcendência das relações, arraigadas em nós, de sujeito e objeto que estabelecemos com as pessoas e as coisas; há uma experiência imediata de nossa solidariedade com todo ser e um tipo de convicção orgânica de que, apesar das impenetrabilidades do destino, apesar de nossas próprias parvoíces sombrias e malevolência deliberada, sim, apesar de tudo que está patentemente errado no mundo, de algum modo profundo, paradoxal e inteiramente inexprimível, está Tudo Bem. Para a consciência em vigília normal, a frase "Deus é Amor" não é mais do que um exemplo de pensamento ilusório. Para a consciência mística, é uma verdade autoevidente.

Rápidas mudanças tecnológicas e demográficas, sem precedentes, aumentam cada vez mais os perigos que nos cercam e, ao mesmo tempo, diminuem num ritmo constante a relevância dos padrões tradicionais de sentimento e comportamento impostos pela cultura a todos os indivíduos, governantes e governados igualmente. O treinamento generalizado na arte de abrir buracos em cercas culturais, sempre desejável, é agora a mais urgente das necessidades. Será que é possível acelerar esse treinamento e torná-lo mais eficaz com a aplicação judiciosa dos psicodélicos fisicamente inofensivos que temos à disposição hoje? Com base na experiência pessoal e nas evidências publicadas, eu acredito que sim. Em minha fantasia utópica, *A ilha*, eu especulei em termos ficcionais sobre os possíveis modos de utilizar uma substância semelhante à psilocibina para potencializar a educação não verbal de adolescentes e lembrar os adultos de que o mundo real é muito diferente do universo deformado que eles criaram para si mesmos por meio de seus preconceitos culturalmente condicionados. "Fazendo farra com fungos" — foram as palavras que um resenhista cheio de graça usou para desconsiderar a questão. Mas o que é melhor: fazer farra com fungos ou ter a idiotia por ideologia, fazer guerra por conta de palavras, sofrer os erros de amanhã por conta dos equívocos de ontem?

Como se deve administrar os psicodélicos? Sob quais circunstâncias, com que tipo de preparação e acompanhamento? São perguntas que devem ter respostas empíricas, obtidas via experimentos em larga escala. A mente coletiva do homem tem um alto grau de viscosidade e flui de uma posição a outra com a deliberação relutante de uma vazante de lodo. Mas, num mundo de crescimentos populacionais explosivos, de avanços tecnológicos precipitados e nacionalismo militante, o tempo à nossa disposição é estritamente limitado. Devemos descobrir — e logo — novas fontes energéticas para superar a inércia psicológica de nossa sociedade, melhores solventes para liquefazer a viscosidade lodosa de nosso estado de espírito anacrônico. Em nível verbal, uma educação sobre a natureza e limitações, usos e abusos, da linguagem; em nível não verbal, uma educação sobre o silêncio mental e a pura receptividade; e por fim, pelo uso de psicodélicos inofensivos, um curso em êxtases e experiências de conversão quimicamente provocadas — tais, acredito, hão de fornecer todas as fontes de energia mental, todos os solventes do lodo conceitual, de que um indivíduo necessita. Com seu auxílio, ele deve ser capaz de se adaptar à sua cultura de modo seletivo, rejeitando seus males, suas parvoíces e irrelevâncias, aceitando com gratidão seus tesouros de conhecimento acumulado, de racionalidade, de humanidade e sabedoria prática. Se o número de tais indivíduos for suficientemente grande, se sua qualidade for suficientemente alta, eles podem sair desse ponto de partida em que usam o discernimento para aceitar a sua cultura e seguirem rumo a usá-lo para modificá-la e reformá-la. Seria esse um sonho esperançosamente utópico? Os experimentos podem nos dar uma resposta, pois o sonho é pragmático; as hipóteses utópicas podem ser testadas de modo empírico. E nesses tempos opressores, um pouco de esperança é um visitante muito bem-vindo.

Capítulo 40

1963
Ó tu, de nobre nascimento!

Laura Huxley

A morte de Aldous Huxley — nas palavras de Laura — foi "uma continuação de sua obra" e um "gesto final de uma importância duradoura". Havia dois anos que Huxley não tomava psicodélicos. Nas suas últimas semanas de vida, ele havia considerado a ideia, mas decidiu esperar até se sentir melhor. Sua condição piorou; e em suas horas finais, ele seguiu, consciente e corajosamente, um programa que havia testado tanto em sua vida (quando Maria morreu) quanto em seus escritos (a morte de Lakshmi em A ilha*). Ele pediu* LSD *— o equivalente mais próximo à sua disposição das pílulas de* moksha*. Laura administrou, duas vezes, dosagens de 100 microgramas e improvisou a leitura, para ele, de um manuscrito de Leary, Alpert e Metzner que faria parte de seu manual para experiências psicodélicas, logo a ser publicado, baseado no* Livro tibetano dos mortos*. Aldous morreu em paz, com total lucidez e aparentemente sem dor alguma, tendo limpado as portas da percepção.*

Escrito originalmente para a leitura de um pequeno número de amigos e familiares, Laura depois incorporou este re-

lato ao livro de memórias que escreveu sobre seu marido. Por volta de meados de 1960, o dr. Eric Kast já estava utilizando o LSD *para aliviar a dor e a ansiedade de seus pacientes terminais.*

ALDOUS MORREU do modo como viveu, se esforçando ao máximo para desenvolver plenamente em si uma das características essenciais que recomendava aos outros: a *Consciência*.

Quando se deu conta de que os esforços de seu corpo para abandonar esta vida poderiam diminuir a lucidez de sua consciência, Aldous prescreveu seu próprio remédio ou — para expressá-lo de outra forma — seu próprio sacramento e extrema-unção.

"Esses ritos de morte deveriam servir para aguçar a consciência e não embotá-la", ele muitas vezes dizia, "torná-la mais e não menos humana." Numa carta ao dr. Osmond, que havia lembrado Aldous de que seis anos se passaram desde o seu primeiro experimento com a mescalina, ele respondeu: "Sim, seis anos desde aquele primeiro experimento. 'Ó, Morte em Vida, os anos que não mais são' — e também, Ó Vida na Morte...". Também escrevendo a Osmond, ele diz: "Minha própria experiência com Maria me convenceu de que os vivos podem fazer muito para facilitar a passagem para os que morrem, elevar o ato mais puramente fisiológico da existência humana ao nível da consciência e talvez até mesmo da espiritualidade".

Com muita frequência, pessoas inconscientes ou moribundas são tratadas como "coisas", como se não estivessem presentes. Mas muitas vezes elas estão muitíssimo presentes, sim. Embora uma pessoa moribunda tenha cada vez menos modos de exprimir o que sente, ela ainda está receptiva à comunicação. Nesse sentido, a pessoa muito doente ou moribunda é como uma criança: ela não pode nos dizer o que sente, mas absorve nossos sentimentos, nossa voz e, mais que tudo, nosso toque. Na infância, o maior canal de comunicação é a pele. De modo semelhante, para o indivíduo mergulhado na imensa solidão da enfermidade e da morte, o toque de uma mão é capaz de desmanchar essa solidão e até mesmo iluminar, com uma luz calorosa, esse universo desconhecido. Ao de "nobre nascimento", tanto quanto ao de "nobre morte", a comunicação pela pele e pela voz pode fazer uma diferença imensurável.

A psicologia moderna descobriu o quanto o trauma do nascimento pode ter um impacto poderoso na vida do indivíduo. Mas e quanto ao "trauma da morte"? Se acreditamos na continuidade da vida, por que não damos a essa questão a mesma consideração?

O *Livro tibetano dos mortos* considera de maior importância o estado de consciência na hora da morte. Esse guia sempre se dirige ao moribundo com a saudação "Ó, tu de nobre nascimento!" e pede: "Não deixes que tua mente se distraia". O guia não para de repetir ao moribundo o lembrete de que ele não deve se embrenhar nas visões, celestiais ou infernais, que não são verdadeiras, mas apenas projeções ilusórias de seus pensamentos e emoções, medos e desejos. Os moribundos são persuadidos a seguirem "praticando a arte de viver mesmo enquanto estão morrendo. Sabermos quem de fato somos, sermos conscientes da vida impessoal e universal que vive por si em cada um de nós: essa é a arte de viver, e é em relação à sua prática que ajudamos os que estão morrendo. Para que a pratiquem até o fim"[83].

"Ó, tu de nobre nascimento!" — é muito inspiradora essa marca de respeito e reconhecimento, que me parece mais condutiva a uma vida melhor — aqui ou depois — do que a imagem do pecador batendo no peito e implorando desesperadamente por perdão: "Pelo que devo eu, frágil homem, suplicar? Quem intercederá por mim, quando aos justos falta misericórdia?".

O dia 22 de novembro de 1963 seria o último dia na Terra para dois homens de boa vontade. Embora pertencessem a duas gerações diferentes, países diferentes e origens diferentes, John F. Kennedy e Aldous Huxley lutaram numa luta em comum contra a ignorância e a má vontade; ambos dedicaram suas vidas a ajudar a humanidade a se compreender e amar. Ambos morreram no mesmo dia: não existe imaginação fértil o suficiente para conceber dois modos de morrer tão opostos quanto estes. Havia boatos distorcidos circulando acerca da morte de Aldous. Eu relatei os eventos reais daquele dia numa gravação apenas para parentes e alguns amigos, feita três semanas após a sua morte. Estes são os fatos.

> Caro ———
>
> Há tanto que eu quero lhe contar da última semana de vida de Aldous, particularmente o último dia. O que aconteceu é importante, porque é uma conclusão ou, melhor dizendo, uma continuação de sua própria obra.

83 *A ilha*, p. 335.

Antes de tudo, devo lhe confirmar, com a mais completa certeza subjetiva, que Aldous não havia considerado conscientemente o fato de que poderia vir a morrer muito em breve até o dia em que morreu. Em nível subconsciente, tudo estava lá, e isso pode ser verificado pessoalmente, porque de 15 até 22 de novembro eu tenho muitos dos comentários de Aldous registrados em fita. Aldous nunca foi muito de abrir mão do papel e da caneta em prol de ditar suas notas ou gravá-las num gravador. Ele usava o ditafone só para registrar trechos de obras literárias de que gostava, os quais escutava em momentos de silêncio à noite antes de ir dormir. No começo de novembro, quando Aldous estava no hospital, Ginny nos deu um gravador — uma coisa pequena, fácil de manejar e discreta. Após ter praticado com ele pessoalmente durante uns dias, eu o mostrei a Aldous, que ficou muito feliz com ele, e a partir do dia 15 passamos a usá-lo um pouco todos os dias, registrando os seus sonhos e notas para escritos futuros.

O período de 15 de novembro até o dia 22 marcou, pelo que me pareceu, um período de intensa atividade mental para Aldous. Aos poucos fomos diminuindo todas as drogas, tanto quanto possível — usamos apenas analgésicos como Percodan, um pouco de Amytal e alguma coisa para a náusea. Ele também tomou algumas poucas injeções de ½ cc de Dilaudid, um derivado da morfina; segundo o médico, é uma dosagem baixíssima de morfina.

Agora, para retomar o que eu estava falando: em seus sonhos, tanto quanto em seu discurso, às vezes, parecia óbvio e transparente que, num nível subconsciente, ele sabia que estava para morrer. Mas nem uma única vez ele tocou no assunto, o que não tinha nada a ver com a ideia, que alguns de seus amigos propuseram, de que ele quisesse me poupar. Não era isso, porque Aldous nunca foi capaz de interpretar qualquer papel, dizer uma única mentira; ele era, de sua própria constituição, incapaz de mentir, e se quisesse me poupar certamente teria falado com Ginny.

Ao longo dos últimos dois meses, quase todos os dias, eu lhe dei uma oportunidade, uma abertura, para falarmos da morte, mas é claro que essa abertura sempre poderia ser interpretada de duas maneiras — como uma abertura tanto para a vida quanto para a morte; e era sempre à vida que ele se voltava. Nós lemos todo o manual que o dr. Leary escreveu baseado no *Livro tibetano dos mortos*[84]. Ele pode até ter me avisado, fazendo graça: "Não esqueça de me lembrar quando chegar a hora". Mas o que ele queria dizer, em vez disso, era sobre o problema da "reentrada" após a sessão psicodélica. É verdade que ele às vezes dizia coisas como: "Se eu sair dessa", quando falava de novas ideias de coisas para escrever, e se perguntava se teria forças para trabalhar. Ele estava bastante ativo mentalmente e era como se novos níveis de sua mente estivessem sendo mobilizados.

Na véspera de sua morte (quinta à noite), por volta das oito horas, de repente lhe veio uma ideia.

"Querida", ele disse, "acabou de me ocorrer que estou sendo um incômodo para Ginny — ter alguém doente como eu em casa, com duas crianças — é um incômodo real." Ginny não estava em casa na hora, por isso eu disse: "Bom,

84 *The Psychedelic Experience* (1964). Vide o apêndice.

quando ela voltar eu digo isso para ela — vai ser bom para dar risada".

"Não", ele disse com uma insistência incomum. "Deveríamos fazer algo a respeito." "Bem", eu respondi, tentando manter o clima leve, "tudo bem, levante-se. Vamos viajar." "Não", ele disse. "É sério. Devemos pensar a respeito — todas essas enfermeiras em casa. O que podemos fazer, poderíamos alugar um apartamento durante esse período. Só durante esse período." Estava muito claro o que ele quis dizer. Era transparente. Ele pensou que talvez pudesse passar mais umas três ou quatro semanas seriamente doente, e depois voltaria e recomeçaria sua vida normal. A ideia de recomeçar a vida normal lhe ocorria com bastante frequência. Nas últimas duas ou três semanas, várias vezes ele ficou chocado com a sua fraqueza ao perceber o quanto de força havia perdido, e o quanto demoraria para voltar ao normal. Alguns dias antes, na hora de ir dormir, eu lhe havia perguntado: "Sobre o que você está pensando?".

"Estou pensando que é preciso encontrar um modo de acelerar minha recuperação; é verdade que eu estou melhor, minhas costas estão melhores, mas é deprimente não ter forças para fazer o que se quer fazer."

Naquela quinta à noite ele fez aquele comentário sobre o apartamento num raro acesso de energia, mas alguns minutos depois e ao longo do restante da noite eu fiquei com a impressão de que ele estava sumindo, perdendo rapidamente as forças. Comer estava quase fora de questão. Ele havia conseguido engolir algumas colheradas de líquido e purê, mas começava a tossir toda vez que tomava qualquer coisa. Na quinta à noite eu liguei para o médico e lhe disse que seus batimentos estavam muito acelerados — 140; ele estava com um pouco de febre, e a minha impressão era de que era a iminência da morte. A enfermeira e o médico disseram que não achavam que fosse o caso, mas que, se eu quisesse, o médico poderia vir visitá-lo naquela noite. Então voltei ao quarto de Aldous e decidimos aplicar-lhe uma injeção. Era por volta das nove horas. Ele foi dormir e eu disse ao médico para que voltasse na manhã seguinte. Aldous dormiu até umas duas da manhã, então tomou mais uma injeção, e eu o vi de novo às seis e meia. Senti que a vida o abandonava, que havia alguma coisa mais séria que de costume, mas eu não sabia ao certo o quê. Pouco tempo depois mandei um telegrama a você, a Matthew e Ellen. Então, por volta das nove da manhã, Aldous começou a se agitar, estava tão desconfortável e inquieto. Queria ser mexido o tempo todo. Nada estava certo. O médico retornou por volta daquele horário e decidiu lhe dar uma injeção que havia sido aplicada antes, algo intravenoso que entra bem devagar. Demora cinco minutos para aplicar e é uma droga que dilata os brônquios para facilitar a respiração.

Essa droga o havia deixado desconfortável da última vez — deve ter sido umas três sextas-feiras antes — quando ele teve aquela crise sobre a qual eu lhe contei. Só que daquela vez ajudou e desta vez ele ficou inquieto. Ele não conseguia se expressar, mas estava com uma sensação pavorosa — nada estava certo, nenhuma posição conseguia aliviá-lo. Tentei lhe perguntar o que estava acontecendo. Ele tinha dificuldade para falar, mas conseguiu dizer: "Só de tentar lhe dizer já piora". Ele queria o tempo todo ser mexido. "Mexe meu corpo", "mexe as minhas pernas", "mexe os meus braços", "mexe a minha cama". Ele tinha um daqueles leitos que erguem e levantam a parte da cabeça e dos pés a um toque dos botões e o tempo todo parecia que ele queria que mexesse para cima e para baixo, para cima e para baixo. Fizemos isso várias vezes, o que, de algum modo, parecia lhe trazer algum alívio, mas era muito, muito pouco.

Bem de repente — devia ser umas dez horas —, ele mal conseguia falar, mas sussurrou que queria "um pedaço, grande, bem grande, de papel, para escrever". Eu não queria sair do quarto para ir atrás desse papel, por isso peguei uma resma da máquina de escrever que estava por perto, coloquei numa grande bandeja e segurei. Aldous escreveu "Se eu me for", e me deu as instruções para o seu testamento.

Eu sabia o que ele quis dizer. Ele havia assinado o seu testamento, como eu lhe contei, na semana anterior, pelo qual transferia a sua apólice do seguro de vida para mim — eu lhe perguntei: "Você quer que eu vá conferir se transferiram o seguro de vida?".

Ele disse "Sim".

Eu disse: "Os documentos para a transferência acabaram de chegar. Se você quiser, pode assinar, mas não é necessário, porque já está declarado no seu testamento".

Então ele deu uma arfada de alívio de não precisar assinar. Eu lhe pedi no dia anterior para que assinasse alguns papéis importantes e ele disse: "Vamos esperar um pouco". Este, aliás, era então o seu modo de dizer que não conseguia fazer alguma coisa. Se eu lhe pedisse para comer, ele dizia: "Vamos esperar um pouco". E então quando pedi no dia seguinte para dar umas assinaturas importantes, ele disse: "Vamos esperar um pouquinho". Ele queria lhe escrever uma carta. "E especialmente sobre o livro de Juliette, é lindo", ele me disse várias vezes. Quando eu lhe propunha que escrevesse, respondia: "Sim, logo mais", com uma voz tão cansada e tão totalmente diferente de seu modo de fazer as coisas, tudo de uma vez. Por isso, quando eu lhe disse que não era necessário assinar e que estava tudo em ordem, ele deu um suspiro de alívio.

"Se eu me for", esta era a primeira vez que ele havia dito isto em referência ao *agora*. Ele escreveu no papel. Eu tinha a impressão, eu sabia, que pela primeira vez estava diante da morte — agora. Cerca de meia hora antes, eu havia ligado para S.C.[85], um psiquiatra que era um dos pioneiros no uso do LSD. Eu lhe perguntei se alguma vez já havia dado LSD para um homem nessas condições. Ele disse que o havia feito apenas duas vezes, e num dos casos a experiência trouxe um tipo de reconciliação com a morte e no outro não fez qualquer diferença. Eu lhe perguntei se seria recomendável dar para Aldous em sua condição. Eu lhe disse que havia feito a oferta a ele várias vezes ao longo dos últimos dois meses, mas Aldous sempre disse que queria esperar até ficar melhor.

O dr. C. disse: "Eu não sei, acho que não. O que a senhora acha?".

Eu disse: "Não sei. Devo oferecer para ele?".

Ele disse: "Eu ofereceria de um jeito bem indireto. Diga apenas: 'O que você acha de tomar LSD?'".

Essa resposta, um tanto vaga, tinha sido bem comum entre alguns dos pesquisadores da área aos quais eu fiz a

85 Dr. Sidney Cohen.

pergunta "O senhor aplica LSD *in extremis*?". Em *A ilha*, há uma única referência clara de que eu saiba. Devo ter conversado com o dr. C. por volta das 9h30. A condição de Aldous parecia estar piorando minuto a minuto — ele não conseguia dizer o que queria; eu não conseguia entender. Em certo ponto ele falou alguma coisa. Ele disse: "Quem está comendo da minha tigela?". Eu não sabia o que ele queria dizer com isso, por isso perguntei. Ele conseguiu fazer apenas um vago sorriso de quem está achando graça e disse: "Ah, deixa para lá, é só uma piada". Depois, percebendo a minha necessidade de saber um pouco para eu poder fazer alguma coisa, ele disse, de um jeito agonizante: "A esta altura tem pouca coisa para partilhar". Então eu soube que ele estava indo já. Porém, essa incapacidade de se expressar era apenas muscular. Seu cérebro estava lúcido e, na verdade, pelo que eu percebi, num pico de atividade.

Em algum momento ao longo da manhã, um novo tanque de oxigênio foi trazido por um jovem que já havia estado lá várias vezes antes. Ele disse, com um tom meio alto de voz: "Vocês ouviram falar que o presidente Kennedy...".

Eu o fiz parar com o olhar. Aldous nem reparou, talvez por estar preocupado com a gorjeta.

"Esses tanques são pesados; dá um dólar para ele."

Aldous sempre se apressava para dar gorjeta, como se a oportunidade para isso fosse logo desaparecer. Era a mesma coisa hoje. Eu disse que sim, mas estava pensando que não tinha dinheiro no quarto e onde estava a minha bolsa? Aldous deve ter percebido minha hesitação, porque repetiu: "Dá um dólar para ele. Tem algum dinheiro no bolso da calça no closet". Ele falava com a voz muito baixinha, mas desta vez bem nítida.

Então, eu não sei ao certo que horas eram, ele me pediu o papel e escreveu: "Teste LSD 100 µg intramuscular". Como se pode ver a partir dessa reprodução, não era uma mensagem das mais claras, mas eu entendi o que ele quis dizer. Li em voz alta e ele confirmou. De repente, algo ficou muito claro para mim, após esses diálogos tortuosos dos últimos dois meses. Eu soube então, eu soube o que era para fazer. Fui rapidamente buscar o LSD, que estava na caixa de remédios na salinha do outro lado do corredor. Havia uma TV naquela sala, que raramente era usada. Mas eu percebi que, ao longo da última hora mais ou menos, ela estava ligada. Então, quando entrei lá, Ginny, o médico, a enfermeira e todo mundo na casa estava olhando para a tela. Um pensamento disparou pela minha mente: "Que loucura, essa gente toda olhando para a televisão enquanto Aldous está morrendo". Um segundo depois, enquanto abria a caixa contendo o frasco com LSD, ouvi que o presidente Kennedy havia sido assassinado. Só então compreendi o estranho comportamento das pessoas naquela manhã.

Eu disse: "Vou lhe dar uma dose de LSD — ele pediu".

O médico teve um momento de agitação — você sabe muito bem o desconforto dos médicos em torno dessa droga. Mas nenhuma "autoridade", nem mesmo um exército de autoridades, poderia ter me impedido. Entrei no quarto de Aldous com o frasco de LSD e preparei a seringa. O médico me perguntou se ele não queria que eu o deixasse aplicar — talvez por ter reparado que minhas mãos tremiam. O fato de ele ter me perguntado me fez perceber isso e eu disse:

"Não, devo fazer isso eu mesma". Eu me acalmei e quando apliquei a injeção minhas mãos estavam firmes.

Então, de algum modo, um grande alívio se abateu sobre nós. Era 11h45 quando lhe dei a primeira dose de 100 µg. Eu me sentei perto da cama e disse: "Querido, talvez daqui a pouquinho eu possa tomar com você. Você quer que eu tome também daqui a pouquinho?". Eu disse "daqui a pouquinho" porque não tinha ideia de quando eu poderia tomar. E ele indicou que sim. Devemos manter em mente que, a essa altura, ele falava muito, muito pouco.

Então eu disse: "Você gostaria que Matthew tomasse com você também?".

E ele disse sim.

"E quanto a Ellen?" Ele disse sim também. Então mencionei mais duas ou três pessoas que vinham trabalhando com LSD e ele respondeu: "Não, não, *basta, basta*".

Então perguntei: "E quanto a Ginny?".

E ele respondeu com um "sim" enfático. Depois ficamos em silêncio. Eu só fiquei lá sentada sem falar nada por um tempo. Aldous não estava tão agitado fisicamente. Parecia — de algum modo parecia que ele sabia —, nós dois sabíamos o que estávamos fazendo, e isso sempre foi um grande alívio para Aldous. Eu vi que às vezes, durante o seu período de enfermidade, ele ficava incomodado só até saber o que iria fazer; depois, uma vez tomada a decisão, não importasse o quanto fosse drástica, havia uma mudança total. Essa sensação enorme de alívio se abatia sobre ele, e não precisava se preocupar mais com isso. Dizia "vamos fazer isso" e nós fazíamos, e então ele era um homem livre. E agora eu tive a mesma sensação: uma decisão havia sido tomada. De repente ele aceitava o fato da morte; agora havia tomado a pílula de *moksha* na qual acreditava. Mais uma vez ele fazia aquilo sobre o qual havia escrito em *A ilha*, e eu tinha a sensação de que ele estava interessado, aliviado e tranquilo.

Após meia hora, a expressão em seu rosto começou a se alterar um pouco, e eu lhe perguntei se estava sentindo os efeitos do LSD, mas ele indicou que não. Porém, acredito que algo já estivesse acontecendo. Esta era uma das características de Aldous. Ele sempre demorava até reconhecer os efeitos de qualquer remédio, mesmo quando o efeito estivesse certamente lá; a não ser que o efeito fosse muito, muito forte, ele negava. Agora a expressão em seu rosto começava a parecer a expressão que fazia quando tomava sua pílula de *moksha*, essa imensa expressão de completo êxtase e amor. Não era o caso agora, mas houve uma mudança em comparação à expressão em seu rosto duas horas antes. Deixei mais meia hora passar e decidi aplicar mais 100 μg. Eu lhe comuniquei o que ia fazer e ele concordou. Dei mais uma dose e comecei a conversar com ele. Ele estava bem quieto agora e suas pernas começaram a ficar geladas; cada vez mais e mais eu podia ver partes em estado de cianose. Então comecei a falar com ele, dizendo: "Livre e leve". Eram sugestões que eu vinha lhe dando à noite, antes de dormir, ao longo das últimas semanas, mas que agora eu pronunciava de um modo mais intenso e convincente.

"Livre e leve, você se liberta; avante e acima. Você segue avante e acima; você avança na direção da luz. Voluntária e conscientemente, você avança, voluntária e conscientemente, você avança lindamente; avança lindamente

— você segue na direção da luz — você segue na direção da luz — rumo ao amor maior — avante e acima. É tão fácil — é tudo tão lindo. Você avança lindamente, com facilidade. Livre e leve. Avante e acima. Com o meu amor, você vai até o amor de Maria [Huxley]. Você avança na direção do amor maior que você já conheceu. Você avança rumo ao amor melhor, maior, e é fácil, tão fácil, e você avança lindamente."

Acredito que eu devo ter começado a falar com ele — devia ser uma ou duas da tarde. Era muito difícil, para mim, manter a noção do tempo. Mais uma vez eu lhe perguntei: "Você me ouve?". Ele apertou minha mão; estava me ouvindo sim. Eram 15h15, segundo os registros da enfermeira. Eu fui tentada a fazer mais perguntas, mas de manhã ele havia me implorado para que eu não perguntasse mais nada, e eu tive a sensação de que estava tudo bem. Não ousei perguntar, perturbá-lo, e essa foi a única pergunta que eu fiz: "Você está me ouvindo?".

Mais tarde, perguntei de novo, mas ele não mexeu mais a mão. Das duas da tarde até a hora de sua morte, às 17h20, a paz foi completa, exceto durante um único momento. Devia ser por volta das 15h30 ou 16h, quando vi o seu lábio inferior começar a tremer. Ele tremia como se tivesse dificuldade para respirar. Então eu lhe dei as instruções de um modo mais vigoroso:

"É fácil, e você avança consciente e lindamente, em plena consciência, plena consciência, querido, você avança na direção da luz".

Repeti essas palavras, ou palavras parecidas, durante as últimas três ou quatro horas. De vez em quando, eu ficava emocionada demais para continuar, mas quando isso acontecia eu levantava da cama por uns dois ou três minutos e voltava só após conseguir controlar minhas emoções. O tremor no seu lábio inferior não durou muito tempo, e ele parecia reagir completamente ao que eu dizia.

"Fácil, fácil, e você avança voluntária e conscientemente, lindamente — avante e acima, livre e leve, avante e acima, rumo à luz, rumo à luz, rumo ao amor completo."

O tremor cessava, ele passou a respirar mais e mais devagar, e não havia absolutamente a menor indicação de contração, de agonia. Era só como se a respiração fosse ficando mais lenta — e mais lenta — e mais lenta; o cessar da vida não era drama algum, mas uma peça musical encerrando-se de um modo suave, num eterno *più piano, dolcemente*... e às 17h20 a respiração parou.

E agora, após passar os últimos dias sozinha, sem ser tão bombardeada pelos sentimentos alheios, o sentido desse último dia se torna cada vez mais e mais nítido para mim e mais e mais importante. Aldous ficou assombrado, acredito (e eu certamente fico) com o fato de não terem levado a sério o que ele escreveu em *A ilha*. A obra foi tratada como ficção científica, quando não era ficção nenhuma, porque cada um dos modos de viver descritos em *A ilha* era não um produto de sua fantasia, mas algo que havia experimentado num ou outro lugar, às vezes em nossa própria vida cotidiana. Se as pessoas soubessem do modo como ele morreu, talvez despertassem para o fato de que não apenas este, mas muitos outros fatos descritos em *A ilha* eram possíveis aqui e agora. Aldous ter me pedido as pílulas de *moksha* enquanto morria não é apenas uma confirmação do quanto ele era corajoso e tinha a mente aberta, mas também um gesto final de uma importância duradoura. Um tal gesto pode ser interpretado de formas ignorantes e equivocadas; mas faz parte da história, já que é a ignorância que deve temer os Huxley, e não o contrário.

Por acaso o seu modo de morrer há de ser para nós, e apenas para nós, um alívio e uma consolação, ou será que outras pessoas também devem se beneficiar disso? Não somos todos nós indivíduos de nobre nascimento e dignos de uma morte nobre?

Apêndice

Instruções para uso durante uma sessão psicodélica

As instruções para o primeiro estado de *Bardo*

Ó *(nome do viajante)*,

É chegada a hora para você buscar novos níveis da realidade.

Seu ego e o jogo do *(nome)* estão prestes a cessar.

Você está prestes a se ver face a face com a Luz Clara.

Você está prestes a vivenciá-la em sua realidade.

No estado livre do ego, em que todas as coisas são como o céu vazio e sem nuvens,

E o intelecto imaculado e nu é como um vácuo transparente;

Nesse momento, conheça a si mesmo e demore-se nesse estado.

Ó *(nome do viajante)*,

Aquilo que é chamado de morte do ego está vindo para você.

Lembre-se:

Esta é agora a hora da morte e do renascimento.

Aproveite esta morte temporária para obter o estado de perfeição — a Iluminação.

Concentre-se na unidade de todos os seres viventes.

Atente-se à Luz Clara.

Use-a para obter entendimento e amor.

Se não conseguir manter o êxtase da iluminação e se estiver escorregando de volta para o contato com o mundo externo,

Lembre-se:

As alucinações que você está tendo agora,

As visões e revelações,

Hão de lhe ensinar muita coisa sobre você mesmo e sobre o mundo.

O véu da percepção rotineira será rasgado diante dos seus olhos.

Lembre-se da unidade de todas as coisas viventes.

Lembre-se do êxtase da Luz Clara.

Deixe que ela seja seu guia pelas visões desta experiência.

Deixe que ela seja seu guia rumo à nova vida por vir.

Se você se sentir confuso, invoque a memória dos seus amigos e o poder da pessoa a quem você mais admira.

Ó (*nome*),

Tente alcançar e manter a experiência da Luz Clara.

Lembre-se:

A luz é a energia vital.

A infinita chama da vida.

Um rebuliço eternamente cambiável de cores pode envolver a sua visão.

Esta é a transformação incessante da energia.

O processo vital.

Não a tema.

Entregue-se a ela.

Una-se a ela.

É parte de você.

Você é parte dela.

Lembre-se também:

Além da eletricidade inquieta e fluida da vida encontra-se a realidade definitiva — o Vazio.

Sua própria consciência, ainda desprovida de forma ou cor, é naturalmente vazia.

A Realidade Final.

Todo o Bem.

Toda a Paz.

A Luz.

O Esplendor.

O movimento é o fogo vital do qual todos viemos.

Una-sc a clc.

É parte de você.

Além da luz da vida encontra-se o silêncio pacífico do vazio.

O êxtase calmo além de todas as transformações.

O sorriso do Buda.

O Vazio não é o nada.

O Vazio é o começo e fim em si.

Sem obstruções; reluzente, emocionante, extasiante.

A consciência do diamante.

O Buda Onibondoso.

Sua própria consciência, desprovida de forma,

Nenhum pensamento, nenhuma visão, nenhuma cor, é o vazio.

O intelecto fulgurante, em êxtase, e silencioso —

Este é o estado da perfeita iluminação.

Sua própria consciência, fulgurante, vazia e inseparável do grande corpo de esplendor, sem nascimento e sem morte.

É a luz imutável a quem os tibetanos chamam de Buda Amitaba,

A consciência do princípio amorfo.

Sabê-lo já basta.

Reconheça que o vazio de sua própria consciência é o estado de Buda.

Mantenha esse reconhecimento e você conseguirá manter o estado da mente divina do Buda.

Coda

Cabe a nós escolher. Pois que eu escolha
A árdua via de Prometeu, longa arte,
Docemente a abanar, cuidar, nutrir
A brasa interna, cuja chama incerta,
Se viva ou se extinta, cria
O homem que cada um é, se nobre ou crasso,
Os mundos que habitamos e o destino,
Nosso astro fulgente ou baço.

—*Aldous Huxley*
de Órion, *1931*

Fontes

Capítulo 1, "A Treatise on Drugs", publicado em *The Chicago Herald and Examiner*, 10 de outubro de 1931. Reimpresso sob o título "Drugs" na *Nash's Pall Mall Magazine* (março de 1932), p. 54.

Capítulo 2, "Wanted, A New Pleasure" de *Music at Night, and Other Essays* (Londres: Chatto & Windus, 1931), pp. 248-57.

Capítulo 3, "Soma" de *Brave New World* (Nova York: Harper, 1932), pp. 62-66; 93-96. Tradução de Vidal de Oliveira, *Admirável mundo novo* (São Paulo: Globo, 2014), pp. 75-78; 105-108.

Capítulo 4, "Propaganda and Pharmacology", de *The Olive Tree, and Other Essays* (Londres: Chatto & Windus, 1936), pp. 29-30.

Capítulo 5, "A Boundless Absence", de *Time Must Have A Stop* (Nova York: Harper, 1944), p. 138-43. Tradução de Maria Luísa Alba, *O tempo deve parar* (Rio de Janeiro: Biblioteca Azul, 2020), pp. 193-201.

Capítulo 6, "Downward Transcendence" do epílogo de *The Devils of Loudun* (Nova York: Harper, 1952), pp. 313-

15; 323-24. Tradução de Sylvia Taborda, *Os demônios de Loudun* (São Paulo: Biblioteca Azul, 2014), pp. 377-390.

Capítulo 8, "The Wise and Gentle Triphibian", de *Aldous Huxley, 1894-1963: A Memorial Volume* (Nova York: Harper, 1965), pp. 114-22.

Capítulo 10, "The Doors of Perception", de *The Doors of Perception* (Nova York: Harper, 1954), pp. 9-12; 55-62. Tradução de Marcelo Brandão Cipolla e Thiago Blumental, *As portas da percepção* e *Céu e inferno* (São Paulo: Biblioteca Azul, 2015), pp. 9-12; pp. 46-51.

Capítulo 12, "The Far Continents of the Mind", de uma palestra dada no International Philosophic Symposium of Parapsychological Studies, sediado em Saint-Paul-de-Vence, na França, entre 20 e 26 de abril de 1954. Publicada nos anais do simpósio, *Proceedings of Four Conferences of Parapsychological Studies* (Nova York: Parapsychology Foundation, 1957), pp. 6-8.

Capítulo 13, "Mescaline and the 'Other World'", de *Proceedings of the Round Table on Lysergic Acid Diethylamide and Mescaline in Experimental Psychiatry*, evento sediado na Annual Meeting of the American Psychiatric Association, Atlantic City, N.J., 12 de maio de 1955 (Nova York: Grune & Stratton, 1956), pp. 46-50.

Capítulo 15, "Disregarded in the Darkness" de *This Timeless Moment: A Personal View of Aldous Huxley* (Nova York: Farrar, Straus & Cudahy, 1968), pp. 143-49.

Capítulo 17, "Heaven And Hell" de *Heaven and Hell* (Nova York: Harper, 1956), pp. 53-58. Tradução de Marcelo Brandão Cipolla e Thiago Blumental, *As portas da percepção* e *Céu e inferno* (São Paulo: Biblioteca Azul, 2015), pp. 105-108.

Capítulo 18, "Brave New World Revisited", publicado na *Esquire*, julho de 1956, pp. 31-32, sob o título "Brave New World Revisited: Proleptic Meditations on Mother's Day, Euphoria and Pavlov's Pooch". Reimpresso na *The Armchair Esquire* (Nova York, 1958), pp. 236-244.

Capítulo 18, "History of Tension", de uma palestra ministrada na *Conference on Meprobamate and Other Agents Used in Mental Disturbances*, sediada pela The New York Academy of Sciences, entre 18 e 19 de outubro de 1956. Reimpressa a partir dos anais do evento, *Annals of the New York Academy of Sciences*, n. 67, pp. 675-684, maio de 1957.

Capítulo 22, "Chemical Persuasion", de *Brave New World Revisited* (Nova York: Harper, 1958), pp. 84-94. Tradução de Fábio Fernandes, *Retorno ao admirável mundo novo* (Rio de Janeiro: Biblioteca Azul, 2021), pp. 95-105.

Capítulo 24, "Drugs that Shape Men's Minds", do *The Saturday Evening Post*, 18 de outubro de 1958. Reimpresso em *Adventures of the Mind* (Nova York, 1960), pp. 81-94.

Capítulo 26, "The Final Revolution" de Contact: *The San Francisco Journal of New Writing, Art and Ideas*, n. 2, 1959, pp. 5-18. O artigo se baseia numa palestra dada por Huxley no simpósio da Faculdade de Medicina da Universidade da Califórnia com o tema "A Pharmacological Approach to the Study of the Mind" [Uma abordagem farmacológica no estudo da mente], sediado em San Francisco, 26 de janeiro de 1959, e publicado também numa coletânea com esse título (Springfield, Ill.: Thomas, 1959).

Capítulo 28, "The Art of Fiction", da *The Paris Review*, n. 23 (primavera de 1960), pp. 66-69. A entrevista foi conduzida por George Wickes e Ray Frazer. Reimpressa em Writers at Work, Second Series (Nova York: Viking, 1964).

Capítulo 28, "Mushrooms for Lunch" de High Priest (Nova York: New American Library, 1968), pp. 64-67.

Capítulo 30, "Harvard Session Report", anotações feitas durante a sessão de uso de psilocibina conduzida pelo Projeto de Pesquisa em Drogas Psicodélicas, Universidade Harvard.

Capítulo 32, "London Interview", a partir de uma entrevista gravada com John Chandos, Landowne Studios, Londres, julho de 1961.

Capítulo 33, "Visionary Experience", de *Proceedings of the XIV International Congress of Applied Psychology*, transcrição *ipsis litteris*, com leves edições. Reimpresso em Clin. Psych. e pela International Federation for Internal Freedom.

Capítulo 34, "Exploring the Borderlands of the Mind", da *Fate Magazine*, v. 15, n. 9, setembro 1962, pp. 36-43. O texto foi traduzido para o francês sob o título "Quelle formidable machine que l'homme!" e publicado na *Planète* 3 (1962), pp. 35-39.

Capítulo 35, "Love and Work", de *This Timeless Moment*, pp. 163-186.

Capítulo 37, "Moksha", de *Island* (Nova York: 1962), pp. 156-162. Tradução de Bruno Gambarotto, *A ilha* (São Paulo: Biblioteca Azul, 2017), pp. 192-198.

Capítulo 39, "Culture and the Individual" da revista *Playboy*, novembro de 1963, pp. 84-88; 175-179. Reimpresso em LSD: *The Consciousness-Expanding Drug* (Nova York, 1964), pp. 29-30, sob o título "Culture and the Individual".

Capítulo 40, "Oh Nobly Born!", de *This Timeless Moment*, pp. 295-308.

Apêndice, "Instructions for Use During a Psychedelic Session", de T. Leary, R. Alpert, R. Metzner, *The Psychedelic Experience: A Manual Based on the Tibetan Book of the Dead* (Nova Hyde Park: University Press, 1964), pp. 115-17. Este manual foi dedicado a Huxley.

ESTE LIVRO, COMPOSTO NA FONTE FAIRFIELD,
FOI IMPRESSO EM PÓLEN NATURAL, NA GRÁFICA BMF.
SÃO PAULO, BRASIL, ABRIL DE 2022.